海绵城市建设技术与工程实践

以南昌市为例

李益飞 吴雪军 等 编著

HAIMIAN CHENGSHI JIANSHE JISHU YU GONGCHENG SHIJIAN

化学工业出版社

·北京·

内容提要

面对严峻的城市水环境问题，中国城市急需重新定位城市水系统的内涵并协调城市建设与水环境的关系，恢复和增强城市水系统的抵御力和修复力，形成安全的、可自我修复的城市水系统。“海绵城市”的概念应运而生。

本书基于国内城市，以南昌市为重点，介绍城市水环境治理的实践经验，分为理论篇和应用篇。理论篇共10章，主要从工程应用角度介绍了径流总量、径流峰值、径流污染、排水防涝、溢流污染等方面的理论和计算。应用篇共9章，主要把理论篇中的理论研究成果对实际案例进行应用和验证，并对应用效果进行了总结。

本书适合广大城市建设的决策者、规划设计师、海绵城市的建造商和运营商阅读，也可作为相关专业人员和学生等的参考书。

图书在版编目（CIP）数据

海绵城市建设技术与工程实践/李益飞等编著.—北京：化学工业出版社，2020.10（2022.8重印）

ISBN 978-7-122-37459-2

Ⅰ.①海… Ⅱ.①李… Ⅲ.①城市规划-研究-中国 Ⅳ.①TU984.2

中国版本图书馆CIP数据核字（2020）第140536号

责任编辑：张　蕾　　文字编辑：王文莉　陈小滔

责任校对：张雨彤　　装帧设计：史利平

出版发行：化学工业出版社（北京市东城区青年湖南街13号　邮政编码100011）

印　　装：涿州市般润文化传播有限公司

710mm×1000mm　1/16　印张18¾　字数363千字　2022年8月北京第1版第2次印刷

购书咨询：010-64518888　　售后服务：010-64518899

网　　址：http://www.cip.com.cn

凡购买本书，如有缺损质量问题，本社销售中心负责调换。

定　　价：98.00元

编写人员名单

李益飞　吴雪军　许秋海　李晓莉　许文斌

王　震　熊宇奇　丁其杰　郦歆飞　江竹青

吴　晗　刘　佳　黄　枭　古明哲　尹小斌

史俊伟　肖　涛　沈　盼　赵文辉　彭江喜

前言

“海绵城市”的概念于2012年4月在“2012低碳城市与区域发展科技论坛”中首次提出，短短几年时间，已上升到国家战略层面，成为我国落实生态文明建设，推进可持续发展的重要支撑理念。

近5年的时间，我国已开展了关于促进海绵城市建设的多方面工作。2014年10月，国家住房和城乡建设部出台了《海绵城市建设技术指南——低影响开发雨水系统构建（试行）》，为全国各城市在海绵城市与低影响开发规划、建设、管理等方面提出了初步总体的指导方法；2015年10月，国务院办公厅下发了《关于推进海绵城市建设的指导意见》(国办发〔2015〕75号)，部署了推进海绵城市建设工作，提出了海绵城市建设的近远期目标；2015年至2016年，国家启动了两批共30个海绵城市建设试点城市，为推广海绵城市建设探路；2016年3月，国家住房和城乡建设部印发了《海绵城市专项规划编制暂行规定》，明确海绵城市专项规划是建设海绵城市的重要依据，是城市规划的重要组成部分。

可以预见，海绵城市建设即将形成“燎原”之势，在全国各个城市全面开展。

海绵城市建设在我国宣传和推广都较为迅猛，但毕竟是一项新生事物，发展时间比较短暂，目前还处在探索和实践阶段。即使是北京、上海、广州、深圳等现代化程度比较高、经济基础较为深厚的城市，也普遍感受到以现有的规划、设计、管理技术力量支撑海绵城市建设还存在不小的问题。主要体现在以下几方面。

（1）技术较为粗犷，理论依据不足

目前我国各个部门和层面出台的技术指南、导则、标准图等技术内容虽较为全面，但由于时间短暂，还相对较为粗犷，主要体现在理论依据不足，尤其在径流总量、径流峰值、径流污染计算研究方面不够深入，指导性不强，技术人员容易盲目参考设计和实施，导致实施效果不佳和投资浪费。

（2）源头控制技术关注较多，城市排涝和水污染控制技术关注不足

我国已把水安全、水资源和水环境问题纳入海绵城市建设解决的内容，现有的海绵城市建设政策文件以关注源头控制为主，对水安全和水环境涉及的城市排涝和水污

染控制方面关注不足，而随着国民经济的发展和人民生活水平的提高以及国家政策的新要求，在水资源和水环境方面提出了更高的要求，所以在城市排涝和水污染控制方面应该有更多的政策文件出台、理论技术提升等层面的支持。

（3）现有的计算模型较为繁琐，不利于推广，缺乏简便实用的计算方法

现有的国内流行的海绵城市建设技术模型使用都较为繁琐，对基础资料格式和人员的操作素质要求较高，耗费工日也较长，缺乏相对简单实用的计算模型或方法，特别是对决策要求快的项目或资料和人员资源条件相对薄弱的地区，简便实用的技术模型和方法更为重要。

（4）照搬其他地区的经验和数据现象严重，造成很多方案适应性差、资金浪费、实施效果差的问题

我国很多地区都响应国家政策，相继出台了地方海绵城市建设技术导则、图集等技术文件，由于理论研究深度方面的欠缺，加之编制时间仓促，很多地方出台的技术文件存在照搬现象。我国幅员辽阔，各个城市的区域位置、水文特点以及气象条件等因素存在较大的差异，采用雷同的技术手段照搬显然是不合理的，比如南方水量丰沛的城市大量雨水净化利用、北方缺水城市注重提高排水标准等都是不太可取的。应因地制宜，根据各区域的实际情况，合理确定适用的海绵城市建设技术。

根据以上存在的问题，本书对径流总量、径流峰值、径流污染的理论计算，海绵组合计算模型、排涝水力模型、溢流污染控制等关键问题进行了研究，以期在海绵城市建设涵盖的核心内容方面分别总结出一套实用的理论计算的方法或模型。结合南昌市水文气候条件，利用理论研究出的方法和成果，分析总结出南昌市建设海绵城市的技术参数和手段的合理建议。本书在应用篇中还列举了南昌市或周边城市的一些相关的实际案例，这些案例均采用了本书理论研究的方法进行了计算和复核，证明了这些方法的实用性和合理性。本书可以为从事海绵城市建设领域的技术人员提供参考和指导。

南昌市于 2016 年申请为江西省海绵城市试点城市，相关部门加快部署有关海绵城市建设试点各方面的工作。南昌市城市规划设计研究总院作为南昌市海绵城市建设技术方案的主要编制单位，以海绵城市试点和本次研究项目为契机，本着科学指导、生态优先、因地制宜的原则，坚持以理论研究和实践应用并重，理论研究指导实践，实践检验和深化理论研究，并充分吸收总结国内外其他城市海绵城市建设的成功经验和不足，研究出一系列适合于南昌市水文、地质、气候特征的海绵城市建设技术理论、方法和技术方案，对技术应用的具体案例进行分析和总结，为南昌市开展海绵城市建设提供科学、合理、有效的技术指导，进而为南昌市真正成功建设成具有自然积存、自然渗透、自然净化功能的海绵城市做出贡献。

最后，感谢江西省建设厅为研究团队提供课题研究机会，感谢南昌市城市规划设计研究总院提供研究平台和经费支持，感谢研究团队各位成员的辛勤付出。

编著者

2020 年 6 月

（1）海绵城市（sponge city） 城市像“海绵”一样，在适应环境变化和应对自然灾害等方面具有良好的“弹性”，下雨时下垫面能够有效地吸水、蓄水、渗水、净水，需要时又可经适当的迁移和转化作用，将蓄存的水“释放”并加以利用。其本质是要科学地考虑城市生态需求并改善城市的水循环过程，让水在城市中迁移、转化和转换等过程中更加“自然”。

（2）低影响开发（low impact development， LID） 低影响开发是指在城市开发建设过程中，通过生态化措施，尽可能维持城市开发建设前后水文特征不变，有效缓解不透水面积增加造成的径流总量、径流峰值与径流污染等的增加对环境造成的不利影响。

（3）低影响开发设施（low impact development facilities） 依据低影响开发原则设计的“渗、滞、蓄、净、用、排”等多种工程设施的统称，其包括透水铺装、渗井、渗渠、入渗池、生物滞留设施、植草沟、下凹式绿地、屋顶绿化、干塘、湿塘、人工湿地、雨水罐、调蓄池、植被缓冲带、砂滤系统等。

（4）年径流总量控制率（volume capture ratio of annual rainfall） 根据多年日降雨量统计数据分析计算，通过自然和人工强化的渗透、储存、蒸发（腾）等方式，场地内累计全年得到控制（不外排）的雨量占全年总降雨量的百分比。

（5）年径流污染削减率（annual runoff pollution removal rate） 雨水经过预处理措施和低影响开发设施的物理沉淀、生物净化等作用，场地内累计一年得到控制的雨水径流污染物总量占全年雨水径流污染物总量的比例。

（6）下凹式绿地（depressed green space） 低于周边地面标高，可积蓄、下渗自身和周边雨水径流的绿地。

（7）下凹式绿地率（depressed green ratio） 下凹式绿地面积占绿地总面积的比例。

（8）绿色屋顶（green roof） 表面铺装一定厚度滞留介质，并种植植物，底部设有排水通道的屋面。根据种植基质深度和景观复杂程度，绿色屋顶又分为简单式和花园式。

（9）绿色屋顶覆盖率（green roof ratio）　绿色屋顶面积占屋顶总面积的比例。

（10）透水铺装（permeable pavement）　可渗透、滞留雨水的地面铺装结构，包括透水砖、透水水泥混凝土和透水沥青混凝土。

（11）合流制管道溢流（combined sewer overflow，CSO）　合流制排水系统降雨时，超过截流能力的水排入水体的状况。

（12）雨水收集回用（rain harvesting）　利用一定的集雨面收集雨水作为水源，经过适宜的处理并达到一定的水质标准后，通过管道输送或现场使用方式予以利用的全过程。

（13）下垫面（underlying surface）　降雨受水面的总称，包括屋面、路面、绿地、水面等。

（14）土壤渗透系数（permeability coefficient of soil）　单位水力坡度下水的稳定渗透速度。

（15）流量径流系数（discharge runoff coefficient）　形成峰值流量的历时内产生的径流量与降雨量之比。

（16）雨量径流系数（pluviometric runoff coefficient）　设定时间内降雨产生的径流总量与总雨量之比。

（17）面源污染（diffuse pollution）　降雨和地表径流冲刷，将大气和地表中的污染物带入受纳水体，使受纳水体遭受污染的现象。

（18）初期雨水径流（first flush）　一场降雨初期产生的一定厚度的降雨径流。

（19）雨水储存（stormwater retention or storage）　采用具有一定容积的设施，对径流雨水进行滞留、集蓄，削减径流总量，以达到集蓄利用、补充地下水或净化雨水等目的。

（20）雨水调节（stormwater detention）　在降雨期间暂时储存一定量的雨水，削减向下游排放的雨水峰值流量，延长排放时间，一般不减少排放的径流总量，也称调控排放。

（21）超标雨水（excess stormwater runoff）　超出排水管渠设施承载能力的雨水径流。

（22）径流污染控制径流深度（precipitation depth for NPS control）　为满足低影响开发面源污染控制目标而需要控制的径流深度。

（23）地面集水时间（time of concentration）　雨水从相应汇水面积的最远点地面径流到雨水管渠入口的时间，简称集水时间。

（24）水质预处理设施（pretreatment practices）　为满足低影响开发设施进水要求，用于初步处理雨水径流的设施。

（25）生物滞留设施（bioretention）　通过土壤的过滤和植物的根部吸附、吸收等作用去除雨水径流中污染物，延缓雨水的人工设施。包括入渗型、过滤型及植生滞留槽三种类型。

（26）生态树池（ecological tree pool） 在有铺装的地面上栽种树木时，在树木的周围保留的一块没有铺装且标高低于周边铺装的土地，可吸纳来自步行道、停车场和街道的雨水径流，是下凹式绿地的一种。

（27）生态护岸（ecological slope protection） 包括生态挡墙和生态护坡，指采用生态材料修建、能为河湖生境的连续性提供基础条件的河湖岸坡，以及边坡稳定且能防止水流侵袭、淘刷的自然堤岸的统称。

（28）穿孔管（perforated pipe） 管壁按照一定规则分布有细小孔隙的管道，用于过滤收集下渗后的雨水，孔隙直径与排水层土壤粒径相关，通常在1~ 3mm之间。

（29）清淤立管（cleanout pipe） 用于清除穿孔管内淤泥积沙的立管，通常用于带地下穿孔管的低影响开发设施中。

（30）孔隙率（void ratio） 土壤或砾石等材料中可存水部分体积与总体积之比。

（31）蓄水模块（rainwater storage module） 以聚丙烯为主要材料，采用注塑工艺加工成型，并能承受一定外力的矩形镂空箱体。

（32）不透水地面（impervious surface） 人工行为使自然地面硬化形成的不透水或弱透水路面。

（33）保护层（protection layer） 绿色屋顶中置于防渗层上，用于防止植物根系刺穿防渗层。

（34）植草沟（grassed swale） 一种收集雨水、处理雨水径流污染、排水并入渗雨水的植被型草沟。包括排水型和入渗型两种类型。

（35）入渗设施（infiltration practices） 使雨水分散并被渗透到地下的人工设施。包括渗透井管、渗透洼地、渗透沟等。

（36）渗井（infiltration well） 雨水通过侧壁和井底进行入渗的设施。

（37）过滤设施（filtration practices） 采用沙、土壤或泥炭等介质过滤雨水达到低影响开发目标的设施。

（38）滞留（流）设施（retention & detention practices） 通过滞留或滞流雨水、沉淀等方式达到低影响开发目标的设施。

（39）人工湿地（constructed wetland） 通过模拟天然湿地的结构，以雨水沉淀、过滤、净化和调蓄以及生态景观功能为主，人为建造的由饱和基质、挺水和沉水植被、动物和水体组成的复合体。

（40）底部渗排（underdrain） 为疏导入渗的雨水，在生物滞留设施、透水铺装等具有雨水下渗功能的低影响开发设施底部设置穿孔管或开槽管将雨水排向下游。

（41）断接（disconnection） 通过切断硬化面或建筑雨落管的径流路径，将径流合理连接到绿地等透水区域，通过渗透、调蓄及净化等方式控制径流雨水的方法。

（42）设计降雨量（design rainfall depth） 为实现一年的年径流总量控制目标（年径流总量控制率），用于确定低影响开发设施设计规模的降雨量控制值。一般通过当地多年日降雨资料统计数据获取，通常用日降雨量（mm）表示。

（43）单位面积控制容积（volume of LID facilities for catchment runoff control）以径流总量为控制目标时，单位汇水面积上所需低影响开发设施的有效调蓄容积（不包括雨水调节容积）。

（44）雨水调蓄（stormwater detention， retention/storage） 雨水储存和调节的统称。

（45）雨水渗透（stormwater infiltration） 利用人工或自然设施，使雨水下渗到土壤表层以下，以补充地下水。

（46）排水体系（sewerage system） 在一个区域内收集、输送污水和雨水的方式，有合流制和分流制两种基本方式。

（47）排水设施（wastewater facilities） 排水工程中的管道、构筑物和设备等的统称。

（48）合流制（combined system） 用同一管渠系统收集、输送污水和雨水的排水方式。

（49）分流制（separate system） 用不同管渠系统分别收集、输送污水和雨水的排水方式。

（50）旱流污水（dry weather flow） 合流制排水系统晴天时的城镇污水。

（51）生活污水（domestic wastewater， sewage） 居民生活产生的污水。

（52）总变化系数（peaking factor） 最高日最高时污水量与平均日平均时污水量的比值。

（53）径流系数（runoff coefficient） 一定汇水面积内地面径流量与降雨量的比值。

（54）径流量（runoff） 降落到地面的雨水，由地面和地下汇流到管渠至受纳水体的流量的统称。径流包括地面径流和地下径流等。在排水工程中，径流量指降水超出一定区域内地面渗透、滞蓄能力后多余水量产生的地面径流量。

（55）暴雨强度（rainfall intensity） 单位时间内的降雨量。工程上常用单位时间单位面积内的降雨体积来计，其计量单位以 $L/(cs \cdot hm^2)$ 表示。

（56）重现期（recurrence interval） 在一定长的统计期间内，等于或大于某统计对象出现一次的平均间隔时间。

（57）降雨历时（duration of rainfall） 降雨过程中的任意连续时段。

（58）汇水面积（catchment area） 雨水管渠汇集降雨的流域面积。

（59）内涝（local flooding） 强降雨或连续性降雨超过城镇排水能力，导致城镇地面产生积水灾害的现象。

（60）截流倍数（interception ratio） 合流制排水系统在降雨时被截流的雨水径流量与平均旱流污水量的比值。

目录

第8章 ▶ 排水体制、溢流污染控制研究

第9章 ▶ 城市雨水排水及防涝水力模型研究

上篇

理论篇

第1章 海绵城市概念及政策要求

为较好地展开后续海绵城市建设技术的理论和应用研究，本章从海绵城市概念与国家、地方各种政策文件和要求方面进行介绍，为理论研究更具有针对性和适用性提供基础性背景条件。

1.1 理念的起源

20 世纪 70～80 年代首先在美国出现“雨水花园”的设计理念，即用自然形成或人工挖掘的浅凹绿地，汇聚并吸收来自屋顶或地表的雨水，通过植物、沙土的综合作用使雨水得到净化，并使之逐渐渗入土壤，涵养地下水，或补给景观用水等城市用水。但真正意义上的雨水花园形成于 20 世纪 90 年代，在美国马里兰州乔治王子县萨默塞特地区，“雨水花园”被广泛地建造使用，每一栋住宅都配建 30～40m^2 的雨水花园，建成后对其进行数年追踪监测，证明雨水花园平均减少 75%～80% 地面雨水径流量。它与传统的灰色基础设施形成了鲜明对比。1999 年该县编制出第一部 LID（low impact development，低影响技术开发）设计技术规范，后来在美国得到了推广。

1.2 国外不同的提法

澳大利亚叫作“水敏感城市设计（water sustainable urban design，WSUD)”，是一种对雨水实施源头控制的理念。

英国称为“可持续排水系统（sustainable drainage systems，SuDS)”。它的设计理念是尽量模仿自然过程，让城区内的雨水实现储蓄后缓慢释放，促进雨水下渗到基础下的土壤中，过滤污染物。

新西兰推行“低影响的城市设计与发展（low impact urban design and development，LIUDD)”。强调本地植物群落在城市低影响设计中的应用，凸显生态功能与地域特色的结合，使得城市绿地在保护生物多样性中也能起到重要作用。

德国和法国称作“最佳雨洪管理（best management practicies，BMP)”，在德国最广泛的 BMP 利用类型是“分散暴雨管理的概念”，技术上叫“湿地过滤沟系统（MR)”。在法国则因为经济和美学的因素，频繁使用“滞留池塘”。

荷兰是首个采用“海绵城市”名词的国家。荷兰是一座“低地之国”，60%的土地位于海平面以下，荷兰有800年“水环境管理”的历史，“水环境管理”渗透至荷兰的每一寸土地，因此我们将荷兰称作“海绵国度”。

1.3 我国的海绵城市概念

2012年4月，在“2012低碳城市与区域发展科技论坛”中，“海绵城市”概念首次被提出。解决城市缺水问题，必须顺应自然。比如，在提升城市排水系统时要优先考虑把有限的雨水留下来，优先考虑更多利用自然力量排水，建设自然积存、自然渗透、自然净化的海绵城市。由此可见，海绵城市建设已经上升到国家战略层面了。

2014年10月，国家住房和城乡建设部（以下简称住建部）发布了《海绵城市建设技术指南——低影响开发雨水系统构建（试行）》（建城函〔2014〕275号，以下简称《指南》），对“海绵城市”的概念给出了明确的定义，即城市能够像海绵一样，在适应环境变化和应对自然灾害等方面具有良好的“弹性”，下雨时吸水、蓄水、渗水、净水，需要时将蓄存的水“释放”并加以利用。提升城市生态系统功能和减少城市洪涝灾害的发生。

2015年10月11日，国务院办公厅印发的《关于推进海绵城市建设的指导意见》（国办发〔2015〕75号，以下简称《指导意见》）中也进一步提出海绵城市是指通过加强城市规划建设管理，充分发挥建筑、道路和绿地、水系等生态系统对雨水的吸纳、蓄渗和缓释作用，有效控制雨水径流，实现自然积存、自然渗透、自然净化的城市发展方式。

可以看出，我国海绵城市建设是通过建立尊重自然、顺应自然的低影响开发模式，是系统解决城市水安全、水资源、水环境问题的有效措施。通过“自然积存”，来实现削峰调蓄，控制径流量；通过“自然渗透”，来恢复水生态，修复水的自然循环；通过“自然净化”，来减少污染，实现水质的改善，为水的循环利用奠定坚实的基础。海绵城市是一种新型的城市发展方式，是落实生态文明理念，建设生态城市，推进可持续发展的重要支撑。

1.4 我国的海绵城市建设有关政策、法规

2014年10月，住建部发布了《海绵城市建设技术指南——低影响开发雨水系统构建（试行）》，为我国开展海绵城市规划、设计、实施等提供了技术指导。

2015年10月11日，国务院办公厅出台的《关于推进海绵城市建设的指导意见》要求，通过海绵城市建设，最大限度地减少城市开发建设对生态环境的影响，将70%的降雨就地消纳和利用。到2020年，城市建成区20%以上的面积达到目标

要求；到2030年，城市建成区80%以上的面积达到目标要求。《指导意见》从加强规划引领、统筹有序建设、完善支持政策、抓好组织落实等四个方面，提出了十项具体措施。

为加快推进海绵城市建设，国家层面出台了一系列的法规政策文件（表1-1）。

表1-1　我国海绵城市建设相关法规政策文件

发布时间	发布单位及文号	文件或相关会议名称	主要内容
2014.10	住建部 建城函〔2014〕275号	《海绵城市建设技术指南——低影响开发雨水系统构建(试行)》	说明海绵城市构建指南，实现径流总量控制、径流峰值控制、径流污染控制以及雨水资源化利用等方面的目标
2014.12	财政部、住建部、水利部 财建〔2014〕838号	《财政部 住房城乡建设部 水利部关于开展中央财政支持海绵城市建设试点工作的通知》	中央财政对海绵城市试点城市给予专项资金补助，一定三年，直辖市每年6亿元，省会城市每年5亿元，其他城市每年4亿元，对采用PPP模式的按上诉基数奖励10%
2015.4	财政部、住建部、水利部	《2015年海绵城市建设试点城市名单公示》	确定迁安、白城、镇江、嘉兴、池州、厦门、萍乡、济南、鹤壁、武汉、常德、南宁、重庆、遂宁、贵安新区和西咸新区16个城市为海绵城市试点城市
2015.7	住建部 建办城函〔2015〕635号	《关于印发海绵城市建设绩效评价与考核办法(试行)的通知》	海绵城市建设绩效评价与考核指标分为水生态、水环境、水资源、水安全、制度建设及执行情况、显示度六个方面。分三个阶段：城市自查、省级评价、部级抽查
2015.10	国务院 国办发〔2015〕75号	《关于推进海绵城市建设的指导意见》	目标要求将70%的降雨就地消纳和利用。到2020年，城市建成区20%以上面积达到目标要求，到2030年80%达到目标要求
2015.12	住建部、国家开发银行 建城〔2015〕208号	《住房城乡建设部、国家开发银行关于推进开发性金融支持海绵城市建设的通知》	要求各地国开行加大对海绵城市项目的信贷支持力度
2016.3	住建部	《关于印发海绵城市专项规划编制暂行规定的通知》	要求各地抓紧编制海绵城市专项规划。海绵城市专项规划的主要任务是：研究提出需要保护的自然生态空间格局；明确雨水年径流总量控制率等目标并进行分解；确定海绵城市近期建设的重点

续表

发布时间	发布单位及文号	文件或相关会议名称	主要内容
2016.3	住建部	海绵城市建设相关标准规范局部修订定稿会	集中完成了《城市水系规划规范》等10部相关规范的局部修订评审工作，涉及相关条文修订共计372条
2016.4	财政部、住建部、水利部	《2016年中央财政支持海绵城市建设试点城市名单公示》	确定福州、珠海、宁波、玉溪、大连、深圳、上海、庆阳、西宁、三亚、青岛、固原、天津、北京14个城市为海绵城市地第二批试点城市

1.5 江西省、南昌市海绵城市建设有关政策、法规

江西省、南昌市为贯彻落实国务院办公厅《关于推进海绵城市建设的指导意见》（国办发〔2015〕75号）精神，也相继出台了一些地方性政策文件（表1-2）。

表1-2 江西省、南昌市海绵城市建设相关法规政策文件

发布时间	发布单位及文号	文件或相关会议名称	主要内容
2016.1	江西省政府办公厅 赣府厅发〔2016〕4号	《江西省人民政府办公厅关于推进海绵城市建设的实施意见》	为贯彻落实国务院办公厅《关于推进海绵城市建设的指导意见》（国办发〔2015〕75号）精神，要求通过海绵城市建设，70%的雨水得到就地消纳和利用；到2020年，城市建成区20%以上的面积达到海绵城市建设要求；到2030年，城市建成区80%以上的面积达到海绵城市建设要求
2016.12	省住建厅、省财政厅、省水利厅	确定今年省级海绵城市建设试点城市	确定南昌市、吉安市、抚州市为2016年省级海绵城市建设试点城市；各试点城市要按照上报的实施方案，细化年度任务，因地制宜、扎实推进项目建设，严格按照有关技术要求对项目进展和实施效果进行跟踪分析评估，确保方案中各项工作落到实处，体现实用、有效、经济、明显效果
2017.1	江西省住建厅 赣建城〔2017〕4号	《关于加快推进全省海绵城市建设工作的通知》	省内城市各类规划编制要充分体现海绵城市建设要求；各类建设项目要落实海绵城市建设的具体要求；要求做好海绵城市建设工程设施验收；要求强化海绵城市建设保障

续表

发布时间	发布单位及文号	文件或相关会议名称	主要内容
2017.12	江西省住建厅 赣建城〔2017〕149号	关于印发《江西省海绵城市建设技术导则（试行）》的通知	《江西省海绵城市建设技术导则（试行）》已通过专家审查，要求结合实际，认真贯彻执行
2016.5	南昌市园林局	《南昌市建设项目附属绿地海绵城市建设指南（试行）》	为南昌市海绵城市建设提供技术指导
2017.1	南昌市政府办公厅 洪府厅发〔2017〕7号	《南昌市人民政府办公厅印发关于推进我市海绵城市建设工作的实施意见的通知》	围绕南昌市“鄱湖明珠·中国水都”等水系生态特征，自2016年起，全市所有的新建项目要全面落实海绵城市建设要求，各类新区、园区、开发区要率先执行海绵城市建设标准。建成区要结合棚户区（危房、老旧小区）改造整治、城市有机更新等项目建设，以解决城市内涝、雨水收集利用、黑臭水体治理等问题，推进建成区的整体治理
2017.8	南昌市城乡规划局	《南昌市海绵城市专项规划（2016—2020）》公示	重点建设区域为旧城内涝治理示范区、艾溪湖东岸海绵示范区、南塘湖海绵示范区、象湖湿地公园、红角洲海绵示范区和九龙湖海绵示范片区6个片区，2020年中心城海绵城市达标面积为$92km^2$，占规划区面积的25%
2017.11	南昌市建委	关于印发《南昌市海绵城市建设技术导则（试行）》《南昌市海绵城市建设施工、验收及维护技术导则（试行）》《南昌市海绵城市建设技术——低影响开发雨水控制和利用工程设计标准图集（试行）》的通知	出台了南昌市有关海绵城市建设地方性专业技术文件
2018.1	南昌市建委	关于印发《南昌市海绵城市建设施工图设计文件技术审查要点（试行）》的通知	主要就海绵城市建设涉及安全性的内容进行审查。审查要点分为城市道路，城市绿地、水系与广场，建筑与小区海绵性设计施工图审查等内容

1.6 南昌市海绵城市建设要求

综合国家、省、市各层面的政策、法规等文件要求，在海绵城市建设目标、任务和技术方面，南昌市海绵城市建设要求主要有以下重点内容。

(1) 总体目标　到2020年力争全市城市建成区20%以上的面积达到将70%的降雨就地消纳和利用的海绵城市建设目标要求，到2030年力争建成区80%以上的面积达到要求。实现“小雨不积水、大雨不内涝、水体不黑臭、热岛有缓解”的目标，建成“城水相融、人水相亲”的滨江海绵城市。

(2) 任务要求

① 新建、改建海绵型公共建筑和小区住宅，均要实现雨水源头控制。公共建筑与小区住宅应采用绿色屋顶、雨水花园等低影响开发形式，因地制宜地规划建设蓄存雨水的景观水体和相应设施。小区非机动车道和地面停车场应采用透水性铺装材料，增加雨水自然渗透空间。下沉式绿地、雨水湿地和蓄水池可结合小区绿化和景观水体进行建设，充分发挥雨时调蓄、旱时绿化灌溉的功能。收集的雨水可用于绿化灌溉、景观水体补充和道路清洗保洁等。

② 优化城市绿地与广场建设，增强雨水渗透吸纳能力。采取下沉式绿地、雨水花园、植草沟、植被缓冲带、雨水湿地、雨水塘、生态堤岸、生物浮床等低影响开发技术，提高城市绿地与广场的雨水渗透能力，增加雨水调蓄、净化功能，有效削减地表径流峰值和流量，并对雨水资源进行合理利用。

③ 改善城市道路排水，有效削减雨水径流。对已建道路，可通过路缘石改造，增加植草沟、溢流口等方式将道路径流引到绿地空间。对新建道路，应结合红线内外绿地空间、道路纵坡及标准断面、市政雨水排放系统布局等，优先采用植草沟排水。对于红线外绿地空间规模较大的道路，可结合周边地块条件设置雨水湿地、雨水塘等雨水调节设施，集中消纳道路及部分周边地块雨水径流。对于自行车道、人行道以及其他非重型车辆通过路段，优先采用渗透性铺装材料。

④ 加强城市水环境综合整治，发挥水体调蓄功能。要充分利用城市自然水体和雨水湿地、湿塘等设施调蓄和净化初期雨水，并与城市雨水管渠系统、超标雨水径流排放系统及下游水系相衔接。强化水系沟通，保护现有湿地，对城市水系进行水质净化、流速缓滞，并充分考虑河湖水体的水量和水位需求，保证城市防洪排涝需要的过水流量和调蓄库容。

(3) 海绵城市建设技术支持

①《南昌市海绵城市建设技术导则（试行）》适用于南昌市城市规划区范围内，各类城市规划的编制以及新建、改建、扩建项目中海绵城市相关内容的设计、施工、管理和评估。

②《南昌市海绵城市建设技术——低影响开发雨水控制和利用工程设计标准图集（试行）》是适合南昌市地域特点的地方标准图集，可用于指导南昌市的海绵城市建设工程的设计和施工，作为图纸参考，提高海绵城市建设的效率。

③《南昌市海绵城市建设施工、验收及维护技术导则（试行）》适用于指导南昌市新建、改建、扩建的建筑与小区、道路与广场、公园与绿地、河湖水系等有关海绵城市建设项目的施工、验收及维护阶段的技术管理工作。

④《南昌市海绵城市建设施工图设计文件技术审查要点（试行）》适用于南昌市城区新建、改建、扩建工程海绵城市建设施工图设计文件技术审查。

南昌市以上技术文件的相继出台，有利于贯彻落实海绵城市建设的相关要求，从规划、设计、施工、验收、维护管理等多方位较好地保障推动南昌海绵城市的科学建设。

1.7 本章小结

本章主要介绍了海绵城市概念的由来、海绵城市建设理念在我国的发展历程和上升到的国家政策地位，以及国家、江西省和南昌市各级层面出台的关于推动海绵城市建设的各种政策文件和要求，为后续开展的海绵城市理论研究更具有针对性和适用性提供基础性背景条件。

① 海绵城市理念起源于美国，我国提出海绵城市是指通过加强城市规划建设管理，充分发挥建筑、道路和绿地、水系等生态系统对雨水的吸纳、蓄渗和缓释作用，有效控制雨水径流，实现自然积存、自然渗透、自然净化的城市发展方式。

② 国家层面 2014 年开始相继出台了《海绵城市建设技术指南——低影响开发雨水系统构建（试行）》等 9 项法规政策文件。

③ 江西省级层面 2016 年开始相继出台了《关于推进海绵城市建设的实施意见》等 4 项政策要求文件。

④ 南昌市级层面 2016 年开始相继出台了《南昌市建设项目附属绿地海绵城市建设指南（试行）》等 5 项法规政策文件。

第2章

海绵城市建设技术特点分析与研究

2.1 研究的目的和意义

在水资源紧缺、水环境污染严重和城市洪涝灾害频发的大背景下，实行低影响开发建设模式，推进海绵城市建设是促进生态城市发展的必由之路。本章主要介绍海绵城市建设的主要内容和建设途径，分析不同低影响开发技术设施的主要功能、技术要点、优缺点和适用性，提出低影响开发技术设施及其组合系统的选择原则，以期为工程实践提供参考和依据。

2.2 海绵城市建设的主要内容

海绵城市建设的主要内容包括低影响开发雨水系统、城市雨水管渠系统及超标雨水径流系统的构建。这三个系统相互补充、相互依存，是海绵城市建设的重要基础元素。它们不是孤立的系统，也没有严格的界限。各系统建设的主要内容如图2-1所示。

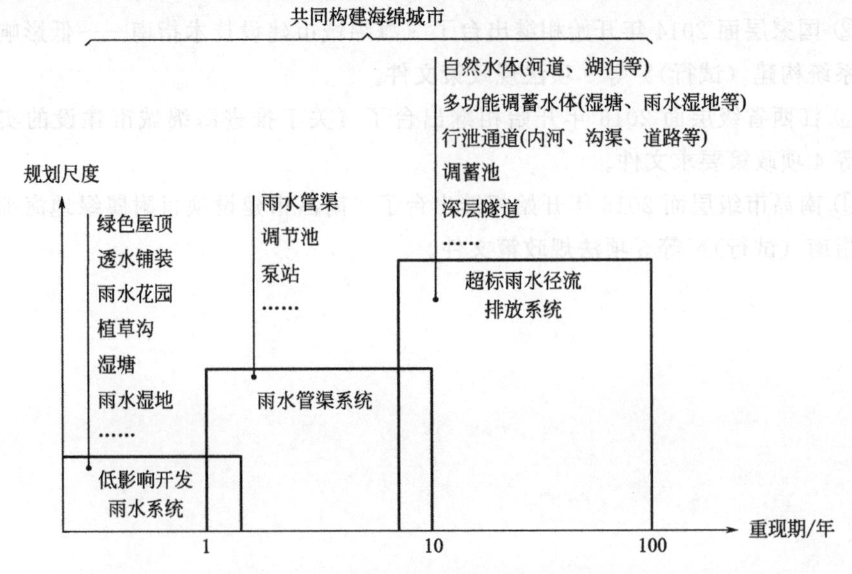

图2-1　海绵城市各系统建设主要内容

2.2.1　低影响开发雨水系统

海绵城市依托的理论基础为低影响开发技术。海绵城市是指能够对雨水径流总量、峰值流量和径流污染进行控制的管理系统，特别是针对分散、小规模的源头初期雨水控制系统（即 LID）。其核心是维持地块开发前后水文特征不变，包括径流总量、峰值流量、峰现时间等（图 2-2）。低影响开发主要通过渗、滞、蓄、净、用、排等多种技术，实现城市良性水文循环，提高对径流雨水的渗透、调蓄、净化、利用和排放能力，维持或恢复城市的“海绵”功能。传统开发与低影响开发的雨水径流模式如图 2-3 所示。

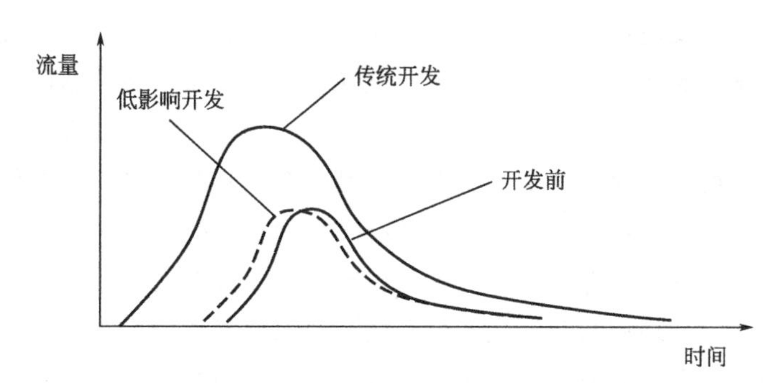

图 2-2　低影响开发雨水系统原理图

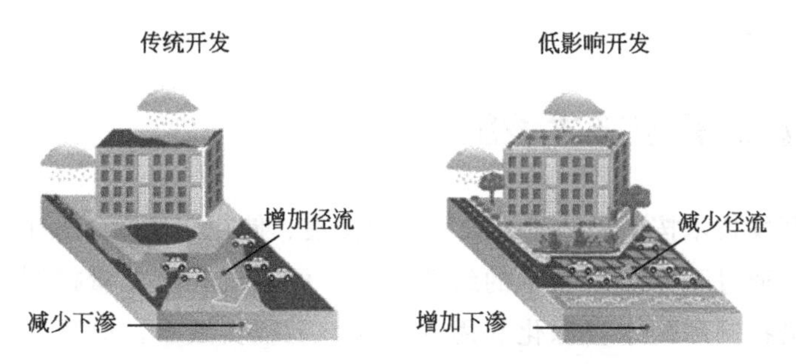

图 2-3　传统与低影响开发的雨水径流模式

2.2.2　城市雨水管渠系统

城市雨水管渠系统即传统排水系统，能够及时排除城市降水，避免暴雨洪涝灾害，给居民提供舒适干净的生存环境，在社会可持续发展中起着重要的作用。海绵城市建设中，应与低影响开发雨水系统共同组织径流雨水的收集、转输与排放。

2.2.3 超标雨水径流排放系统

超标雨水径流排放系统是用于接纳超过雨水管渠系统设计标准的雨水径流。超标雨水径流排放系统一般包括自然水体、多功能调蓄水体、行泄通道、调蓄池、深层隧道等自然途径或人工设施。自然水体包括河道、湖泊等水体；多功能调蓄水体包括湿塘、雨水湿地等设施；行泄通道包括城市内河、人造沟渠、道路设施等。

2.3 海绵城市的建设途径

海绵城市的建设途径主要有以下几方面。一是对城市原有生态系统的保护。最大限度地保护原有的河流、湖泊、湿地、坑塘、沟渠等水生态敏感区，留有足够涵养水源、应对较大强度降雨的林地、草地、湖泊、湿地，维持城市开发前的自然水文特征，这是海绵城市建设的基本要求。二是生态恢复和修复。对在传统粗放式城市建设模式下已经受到破坏的水体和其他自然环境，运用生态手段进行恢复和修复，并维持一定比例的生态空间。三是低影响开发。按照对城市生态环境影响最低的开发建设理念，合理控制开发强度，在城市中保留足够的生态用地，控制城市不透水面积比例，最大限度地减少对城市原有水生态环境的破坏。同时，根据需求适当开挖河湖沟渠、增加水域面积，促进雨水的积存、渗透和净化。本书只对低影响开发技术做深入探讨。

2.4 低影响开发技术设施

低影响开发技术按主要功能一般可分为渗透、储存、利用、调节、转输、截污净化等几类。通过不同类型技术的组合应用，可实现径流总量控制、径流峰值控制、径流污染控制和雨水资源化利用等目标。工程实践中，应结合不同地区的水文、地质、水资源等特点，选择适宜的低影响开发技术及其组合系统。

2.4.1 渗透技术

2.4.1.1 透水铺装

透水铺装是指可渗透、滞留或渗排雨水并满足一定要求的地面铺装结构。透水铺装按照面层材料不同可分为透水砖铺装、透水水泥混凝土铺装和透水沥青混凝土铺装，嵌草砖、园林铺装中的鹅卵石或碎石铺装等也属于透水铺装。

（1）技术要点

① 透水铺装结构应符合《透水砖路面技术规程》（CJJ/T 188）、《透水沥青路面技术规程》（CJJ/T 190）和《透水水泥混凝土路面技术规程》（CJJ/T 135）的规定。

② 土壤透水能力有限或容易出现地质灾害时，应在透水基层内设置排水管或排水板，及时排除雨水。

③ 透水铺装位于地下室顶板上时，顶板覆土厚度不应小于 600mm，为避免对地下构筑物造成渗水危害，应设置排水层，及时排除雨水。

透水砖铺装典型构造如图 2-4 所示。

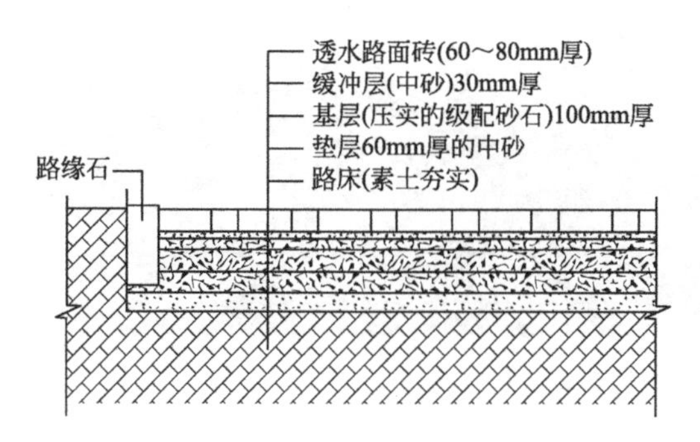

图 2-4　透水砖铺装典型构造和工程应用图

（2）适用性　透水砖铺装、透水水泥混凝土铺装和透水沥青混凝土铺装主要适用于广场、停车场、人行道以及车流量和荷载较小的道路，透水沥青混凝土路面还可用于机动车道。嵌草砖主要用于停车场及公园，碎石、鹅卵石铺装主要适用于公园。

（3）优缺点　透水铺装适用区域广、施工方便，可补充地下水，并具有一定的峰值流量消减和雨水净化作用，但易堵塞，寒冷地区有被冻融破坏的风险。

2.4.1.2　绿色屋顶

绿色屋顶也称种植屋面、屋顶绿化等，是指高出地面以上，与自然土层不相连接的各类建筑物、构筑物的顶部以及天台、露台上由覆土层和疏水设施构建的绿化体系。根据种植基质深度和景观复杂程度，绿色屋顶又分为简单式和花园式，基质深度根据植物需求及屋顶荷载确定，简单式绿色屋顶的基质深度一般不大于 150mm，花园式绿色屋顶在种植乔木时基质深度可超过 600mm。

（1）技术要点

① 绿色屋顶工程结构设计时应计算种植荷载，屋面荷载取值应符合现行国家标准《建筑结构荷载规范》（GB 50009）的相关规定。

② 绿色屋顶绝热层、找坡（找平层）、普通防水层和保护层设计应符合现行国家标准《屋面工程技术规范》（GB 50345）及《地下工程防水技术规范》（GB 50108）的相关规定，保温层设计应满足现行国家标准《建筑设计防火规范》（GB 50016）的相关要求。

③ 绿色屋顶工程材料、设计等应符合现行行业标准《种植屋面工程技术规程》（JGJ 155）的有关规定。

绿色屋顶典型构造如图 2-5 所示。

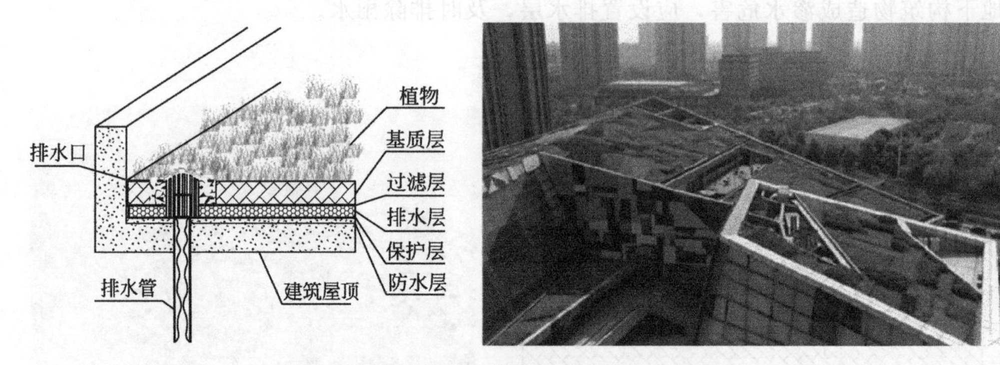

图 2-5 绿色屋顶典型构造和工程应用图

(2) 适用性 绿色屋顶适用于符合屋顶荷载、防水等条件的平屋顶建筑和坡度不大于 15°的坡屋顶建筑。

(3) 优缺点 绿色屋顶可有效减少屋面径流总量和径流污染负荷，具有节能减排的作用，但对屋顶荷载、防水、坡度、空间条件等有严格要求。

2.4.1.3 下沉式绿地

下沉式绿地具有狭义和广义之分，狭义的下沉式绿地指低于周边铺砌地面或道路在 200mm 以内的绿地；广义的下沉式绿地指具有一定的调蓄容积，且可用于调蓄和净化径流雨水的绿地，包括生物滞留设施、渗透塘、湿塘、雨水湿地、调节塘等。本处仅指狭义下沉式绿地。

(1) 技术要点

① 下沉式绿地的下凹深度应根据植物耐淹性能和土壤渗透性能确定，一般为 100～200mm。

② 雨水宜分散进入下沉式绿地，当集中进入时应在入口处设置缓冲设施。

③ 下沉式绿地内一般应设置溢流口（如雨水口），保证超标雨水径流排放；溢流口顶部标高一般应高于绿地 50～100mm。

下沉式绿地典型构造如图 2-6、图 2-7 所示。

(2) 适用性 下沉式绿地可广泛应用于城市建筑与小区、道路、绿地和广

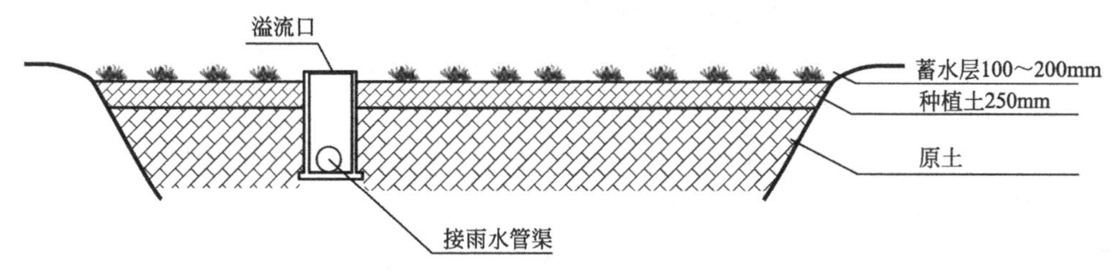

图 2-6　下沉式绿地典型构造示意图

图 2-7　下沉式绿地工程应用图

场内。

（3）优缺点　下沉式绿地适用区域广，其建设费用和维护费用均较低，但大面积应用时，易受地形等条件的影响，实际调蓄容积较小。

2.4.1.4　生物滞留设施

生物滞留设施指在地势较低的区域，通过植物、土壤和微生物系统蓄渗、净化径流雨水的设施。生物滞留设施分为简易型生物滞留设施和复杂型生物滞留设施，按应用位置不同又称作雨水花园、生物滞留带、高位花坛、生态树池等。

（1）技术要点

① 屋面径流雨水可由雨落管接入生物滞留设施，道路径流雨水可通过路缘石豁口进入，开口尺寸和数量应根据城市雨水系统设计标准和道路纵坡等经计算确定。

② 生物滞留设施应用于道路绿化带时，若道路纵坡大于 1%，应设置挡水堰/台坎，以减缓流速并增加雨水渗透量；设施靠近路基部分应进行防渗处理，防止对道路路基的稳定性造成影响。

③ 设施宜分散布置且规模不宜过大，生物滞留设施面积与汇水面积之比一般

为 5%～10%，生物滞留设施汇水面积不宜大于 1hm²。

④ 设施的蓄水层深度应根据植物耐淹性能和土壤渗透性能来确定，一般为 200～300mm，并应设 100mm 的超高。

⑤ 换土层介质类型及深度应满足出水水质要求，同时符合植物种植及园林绿化养护管理技术要求。复杂型生物滞留设施换土层厚度宜为 250～1200mm，换土层底部宜设置透水土工布隔离层，也可采用厚度不小于 100mm 的砂层（细砂和粗砂）代替；下部宜为 250～300mm 碎（砾）石层，底部埋置管径为 100～150mm 的穿孔排水管，砾石应洗净且粒径不小于穿孔管的开孔孔径。

⑥ 生物滞留设施内应设置溢流设施，可采用溢流竖管、盖箅溢流井或雨水口等，溢流设施顶一般应低于汇水面 100mm。

⑦ 复杂型生物滞留设施结构层外侧及底部应设置透水土工布，当渗水对周围建构筑物有不利影响时，可在设施底部及周边设置防渗膜。

生物滞留设施典型构造如图 2-8～图 2-10 所示。

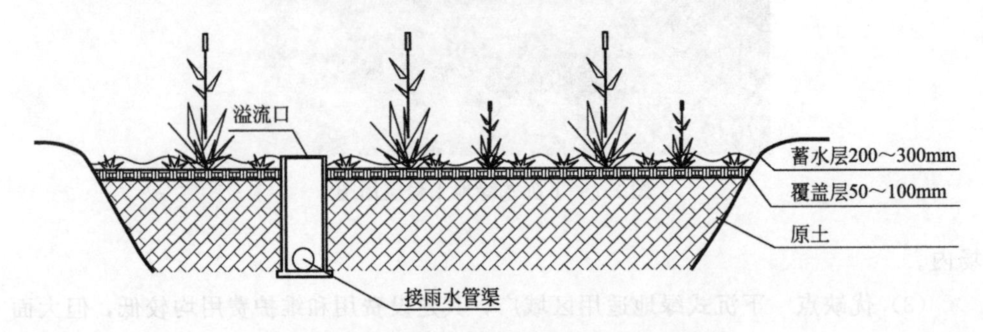

图 2-8 简易型生物滞留设施典型构造示意图

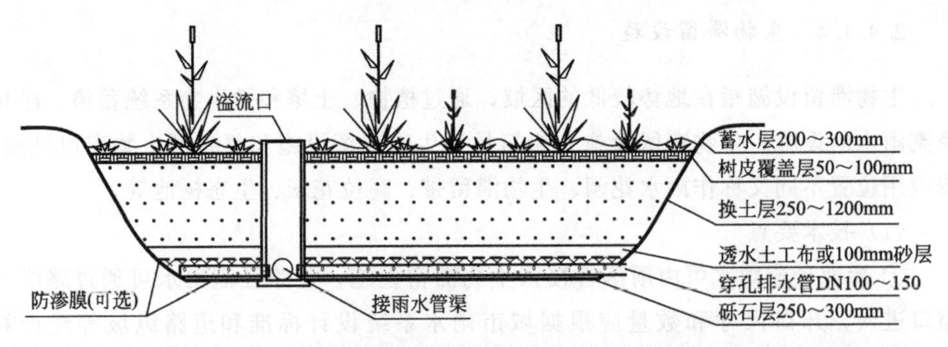

图 2-9 复杂型生物滞留设施典型构造示意图

（2）适用性　生物滞留设施主要适用于建筑与小区、道路及停车场的周边绿地，以及城市道路绿化带等城市绿地内。

（3）优缺点　生物滞留设施形式多样、适用区域广、易与景观结合，径流控制效果好，建设费用与维护费用较低；但地下水位与岩石层较高、土壤渗透性能差、

图 2-10　生物滞留设施工程应用图

地形较陡的地区，应采取必要的换土、防渗、设置阶梯等措施避免次生灾害的发生，将增加建设费用。

2.4.1.5　渗透塘

渗透塘是一种用于雨水下渗补充地下水的洼地，具有一定的净化雨水和削减峰值流量的作用。

（1）技术要点

① 渗透塘前应设置沉砂池、前置塘等预处理设施，去除大颗粒的污染物并减缓流速；有降雪的城市，应采取弃流、排盐等措施防止融雪剂侵害植物。

② 渗透塘边坡坡度（垂直：水平）一般不大于 1∶3，塘底至溢流水位一般不小于 600mm。

③ 渗透塘底部构造一般为 200～300mm 的种植土、透水土工布及 300～500mm 的过滤介质层（如碎石等）。

④ 渗透塘排空时间不应大于 24h。

⑤ 渗透塘应设溢流设施，并与城市雨水管渠系统和超标雨水径流排放系统衔接，渗透塘外围应设安全防护措施和警示牌。

渗透塘典型构造如图 2-11、图 2-12 所示。

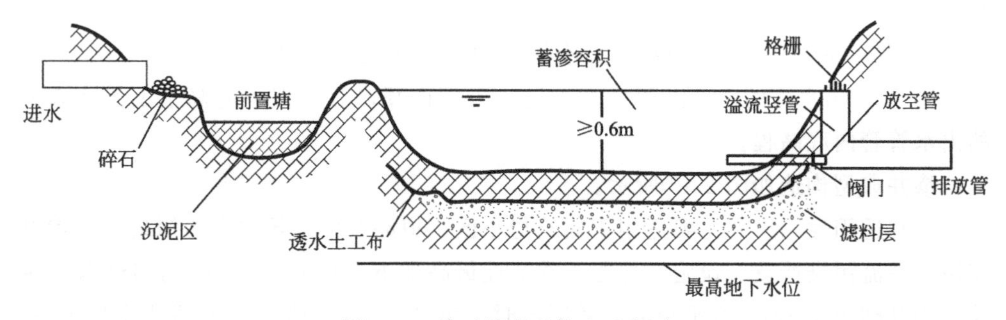

图 2-11　渗透塘典型构造示意图

图 2-12 渗透塘工程应用图

(2) 适用性　渗透塘适用于汇水面积较大（大于 $1hm^2$）且具有一定空间条件的区域，但应用于径流污染严重、设施底部渗透面距离季节性最高地下水位或岩石层小于 1m 及距离建筑物基础小于 3m（水平距离）的区域时，应采取必要的措施防止发生次生灾害。

(3) 优缺点　渗透塘可有效补充地下水、削减峰值流量，建设费用较低，但对场地条件要求较严格，对后期维护管理要求较高。

2.4.1.6 渗井

渗井指通过井壁和井底进行雨水下渗的设施，为增大渗透效果，可在渗井周围设置水平渗排管，并在渗排管周围铺设砾（碎）石。渗井调蓄容积不足时，也可在渗井周围连接水平渗排管，形成辐射渗井。

(1) 技术要点

① 雨水通过渗井下渗前应通过植草沟、植被缓冲带等设施对雨水进行预处理。

② 渗井井深一般宜小于等于 1.4m，大于 1.4m 时可采用井座与井筒分体式成品井。

③ 渗井井壁及井底均开孔，具有渗透功能，开孔率为 1%~3%。

④ 渗井出水管的内底高程应高于进水管管内顶高程，但不应高于上游相邻井的出水管管内底高程。

渗井典型构造如图 2-13 所示。

(2) 适用性　渗井主要适用于建筑与小区、道路及停车场的周边绿地内。渗井应用于径流污染严重、设施底部距离季节性最高地下水位或岩石层小于 1m 及距离建筑物基础小于 3m（水平距离）的区域时，应采取必要的措施防止发生次生灾害。

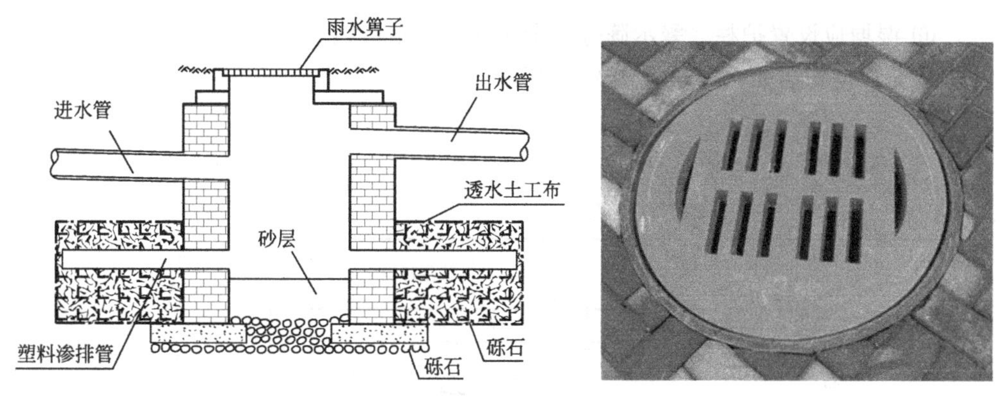

图 2-13　渗井典型构造和工程应用图

（3）优缺点　渗井占地面积小，建设和维护费用较低，但其水质和水量控制作用有限。

2.4.2　储存技术

2.4.2.1　湿塘

湿塘指具有雨水调蓄和净化功能的景观水体，雨水同时作为其主要的补水水源。湿塘一般由进水口、前置塘、主塘、溢流出水口、护坡及驳岸、维护通道等构成。

（1）技术要点

① 进水口和溢流出水口应设置碎石、消能坎等消能设施，防止水流冲刷和侵蚀。

② 前置塘为湿塘的预处理设施，起到沉淀径流中大颗粒污染物的作用；池底一般为混凝土或块石结构，便于清淤；前置塘应设置清淤通道及防护设施，驳岸形式宜为生态软驳岸，边坡坡度（垂直∶水平）一般为 1∶2～1∶8；前置塘沉泥区容积应根据清淤周期和所汇入径流雨水的悬浮物（SS）污染物负荷确定。

③ 主塘一般包括常水位以下的永久容积和储存容积，永久容积水深一般为 0.8～2.5m，储存容积一般根据所在区域相关规划提出的“单位面积控制容积”来确定；具有峰值流量削减功能的湿塘还包括调节容积，调节容积应在 24～48h 内排空。

④ 主塘与前置塘间宜设置水生植物种植区（雨水湿地），主塘驳岸宜为生态软驳岸，边坡坡度（垂直∶水平）不宜大于 1∶6。

⑤ 溢流出水口包括溢流竖管和溢洪道，排水能力应根据下游雨水管渠或超标雨水径流排放系统的排水能力确定。

⑥ 湿塘应设置护栏、警示牌等安全防护与警示措施。

湿塘典型构造如图 2-14、图 2-15 所示。

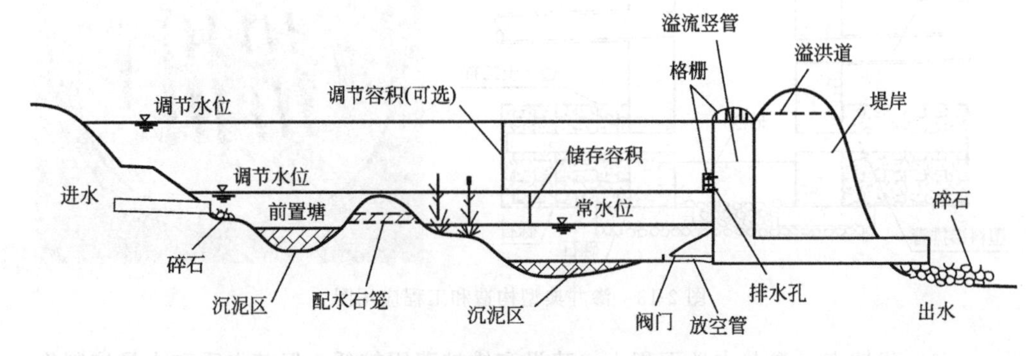

图 2-14 湿塘典型构造示意图

图 2-15 湿塘工程应用图

(2) 适用性　湿塘适用于建筑与小区、城市绿地、广场等具有空间条件的场地。

(3) 优缺点　湿塘可有效削减较大区域的径流总量、径流污染和峰值流量，是城市内涝防治系统的重要组成部分；但对场地条件要求较严格，建设和维护费用高。

2.4.2.2 雨水湿地

雨水湿地利用物理、水生植物及微生物等作用净化雨水，是一种高效的径流污染控制设施。雨水湿地常与湿塘合建。雨水湿地与湿塘的构造相似，一般由进水口、前置塘、沼泽区、出水池、溢流出水口、护坡及驳岸、维护通道等构成。

(1) 技术要点

① 进水口和溢流出水口应设置碎石、消能坎等消能设施，防止水流冲刷和侵蚀。

② 雨水湿地应设置前置塘对径流雨水进行预处理。

③ 调节容积应在 24h 内排空。

④ 沼泽区包括浅沼泽区和深沼泽区，是雨水湿地主要的净化区，其中浅沼泽区水深不宜大于 300mm，深沼泽区水深范围一般为 300～500mm，根据水深不同种植不同类型的水生植物。

⑤ 出水池主要起防止沉淀物的再悬浮和降低温度的作用，水深一般为700～1200mm，出水池容积约为总容积（不含调节容积）的10%。

雨水湿地构造如图2-16、图2-17所示。

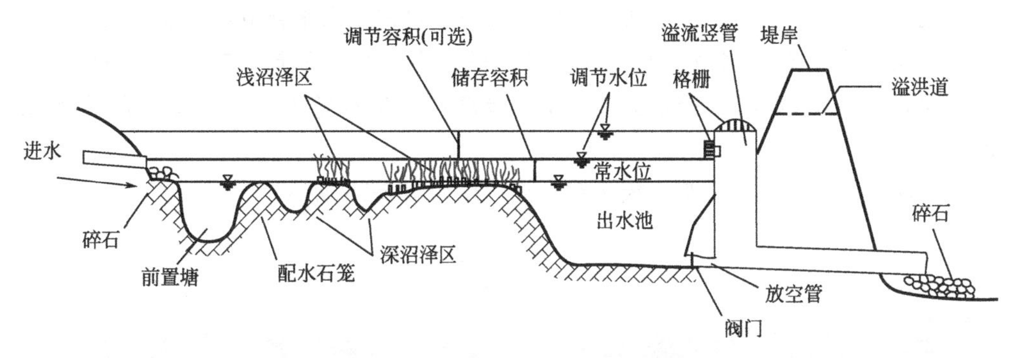

图2-16 雨水湿地典型构造示意图

图2-17 雨水湿地工程应用图

（2）适用性 雨水湿地适用于具有一定空间条件的建筑与小区、城市道路、城市绿地、滨水带等区域。

（3）优缺点 雨水湿地可有效削减污染物，并具有一定的径流总量和峰值流量控制效果，但建设及维护费用较高。

2.4.3 利用技术

2.4.3.1 蓄水池

蓄水池指具有雨水储存功能的集蓄利用设施，同时也具有削减峰值流量的作用，主要包括钢筋混凝土蓄水池，砖、石砌筑蓄水池及塑料蓄水模块拼装式蓄水池，用地紧张的城市大多采用地下封闭式蓄水池。蓄水池典型构造可参照国家建筑标准设计图集《雨水综合利用》(10SS705)。

(1) 技术要点

① 蓄水池入水口上游宜设泥砂分离装置，池内构造应便于清除沉积泥砂，并应设检修维护口；应设有溢流排水措施，溢流出水进入雨水管道，应设通气管。

② 地上敞口式蓄水池，池边应设置护栏、警示牌等安全防护与警示措施；地下封闭式蓄水池应设置通气管及自冲洗设施，减少日常维护工程量，防止池底淤积。

钢筋混凝土蓄水池和塑料模块蓄水池应用如图 2-18 所示。

图 2-18　钢筋混凝土蓄水池和塑料模块蓄水池应用图

(2) 适用性　蓄水池适用于有雨水回用需求的建筑与小区、城市绿地等，根据雨水回用用途（绿化、道路喷洒及冲厕等）不同需配建相应的雨水净化设施；不适用于无雨水回用需求和径流污染严重的地区。

(3) 优缺点　蓄水池具有节省占地、雨水管渠易接入、避免阳光直射、防止蚊蝇滋生、储存水量大等优点，雨水可回用于绿化灌溉、冲洗路面和车辆等，但建设费用高，后期需重视维护管理。

2.4.3.2　雨水罐

雨水罐也称雨水桶，为地上或地下封闭式的简易雨水集蓄利用设施，可用塑料、玻璃钢或金属等材料制成。

(1) 技术要点

① 在落水管断接位置前分离一根弃流管，弃流出口宜优先考虑接入绿地中净化。

② 溢流管出口位置设置卵石效能，卵石粒径为 50～100mm。

③ 雨水罐应设置格栅拦截漂浮或悬浮物。

雨水罐应用如图 2-19 所示。

(2) 适用性　适用于单体建筑屋面或高架桥路面雨水的收集利用。

图 2-19　雨水罐工程应用图

(3) 优缺点　雨水罐多为成型产品，施工安装方便，便于维护，但其储存容积较小，雨水净化能力有限。

2.4.4 调节技术

2.4.4.1 调节塘

调节塘也称干塘，以削减峰值流量功能为主，一般由进水口、调节区、出水设施、护坡及堤岸构成，也可通过合理设计使其具有渗透功能，起到一定的补充地下水和净化雨水的作用。

(1) 技术要点

① 进水口应设置碎石、消能坎等消能设施，防止水流冲刷和侵蚀。

② 应设置前置塘对径流雨水进行预处理。

③ 调节区深度一般为 0.6～3m，塘中可以种植水生植物以减小流速、增强雨水净化效果。塘底设计成可渗透时，塘底部渗透面距离季节性最高地下水位或岩石层不应小于 1m，距离建筑物基础不应小于 3m（水平距离）。

④ 调节塘出水设施一般设计成多级出水口形式，以控制调节塘水位，增加雨水水力停留时间（一般不大于 24h），控制外排流量。

⑤ 调节塘应设置护栏、警示牌等安全防护与警示措施。

调节塘典型构造如图 2-20、图 2-21 所示。

(2) 适用性　调节塘适用于建筑与小区、城市绿地等具有一定空间条件的区域。

(3) 优缺点　调节塘可有效削减峰值流量，建设及维护费用较低，但其功能较为单一，宜利用下沉式公园及广场等与湿塘、雨水湿地合建，构建多功能调蓄水体。

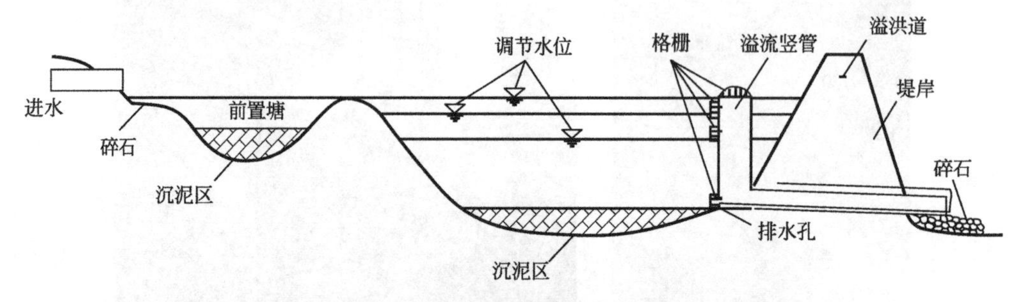

图 2-20 调节塘典型构造示意图

图 2-21 调节塘工程应用图

2.4.4.2 调节池

调节池为调节设施的一种，主要用于削减雨水管渠峰值流量，一般常用溢流堰式或底部流槽式，可以是地上敞口式调节池或地下封闭式调节池。

(1) 技术要点

① 调节池应设置自冲洗设施，减少日常维护工作量，防止池底淤积，自冲洗装置应满足调节池冲洗强度要求。

② 对于地上敞口式调节池，池边应设置护栏、警示牌等安全防护和警示措施。对于地下封闭式调节池，应设置通气、除臭等设施和检修通道，通气管末端加装防虫网。

③ 调节池排空时间宜为 6～24h，且放空流量不超过下游管道排水能力，应优先采用重力自流排空。

④ 应设有溢流排水措施，溢流出水进入雨水管道。

调节池应用如图 2-22 所示。

(2) 适用性　调节池适用于城市雨水管渠系统，削减管渠峰值流量。

图 2-22　调节池工程应用图

(3) 优缺点　调节池可有效削减峰值流量，但其功能单一，建设及维护费用较高，宜利用下沉式公园及广场等与湿塘、雨水湿地合建，构建多功能调蓄水体。

2.4.5 转输技术

2.4.5.1 植草沟

植草沟指种有植被的地表沟渠，可收集、输送和排放径流雨水，并具有一定的雨水净化作用，可用于衔接其他各单项设施、城市雨水管渠系统和超标雨水径流排放系统。根据地表径流方式不同分为转输型植草沟、干式植草沟和湿式植草沟。

(1) 技术要点

① 浅沟断面形式宜采用倒抛物线形、三角形或梯形。

② 植草沟的边坡坡度（垂直∶水平）不宜大于 1∶3，纵坡（i）不应大于 4%。纵坡较大时宜设置为阶梯型植草沟或在中途设置消能台坎。

③ 植草沟最大流速应小于 0.8m/s，曼宁系数宜为 0.2～0.3。

④ 转输型和干式植草沟植被平均高度宜控制在 100～200mm，选用本地根深并且根系细小、茎叶繁茂、净化能力强的植物。

⑤ 植草沟末端深度不宜超过 40cm，平均深度不宜超过 30cm。

⑥ 进水管进入植草沟时，周围 15cm 范围内应铺设碎石减少冲刷。

植草沟典型构造如图 2-23 所示。

(2) 适用性　植草沟适用于建筑与小区内道路，广场、停车场等不透水面的周边，城市道路及城市绿地等区域，也可作为生物滞留设施、湿塘等低影响开发设施的预处理设施。

(3) 优缺点　植草沟具有建设及维护费用低，易与景观结合的优点，但已建城

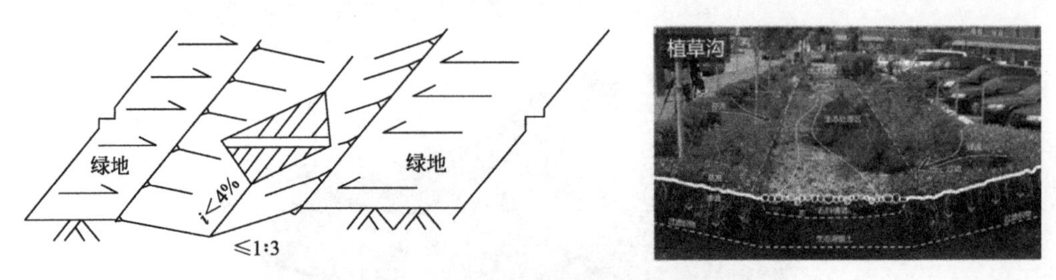

图 2-23　植草沟典型构造示意图和工程应用图

区及开发强度较大的新建城区等区域易受场地条件制约。

2.4.5.2　渗管/渠

渗管/渠指具有渗透功能的雨水管/渠，可采用穿孔塑料管、无砂混凝土管/渠和砾（碎）石等材料组合而成。

(1) 技术要点

① 渗管/渠应设置植草沟、沉淀（砂）池等预处理设施。

② 渗管/渠开孔率应控制在 1%～3%之间，无砂混凝土管的孔隙率应大于 20%。

③ 渗管/渠的敷设坡度应满足排水的要求。

④ 渗管/渠四周应填充砾石或其他多孔材料，砾石层外包透水土工布，土工布搭接宽度不应少于 200mm。

⑤ 渗管/渠设在行车路面下时覆土深度不应小于 700mm。

渗管/渠典型构造如图 2-24、图 2-25 所示。

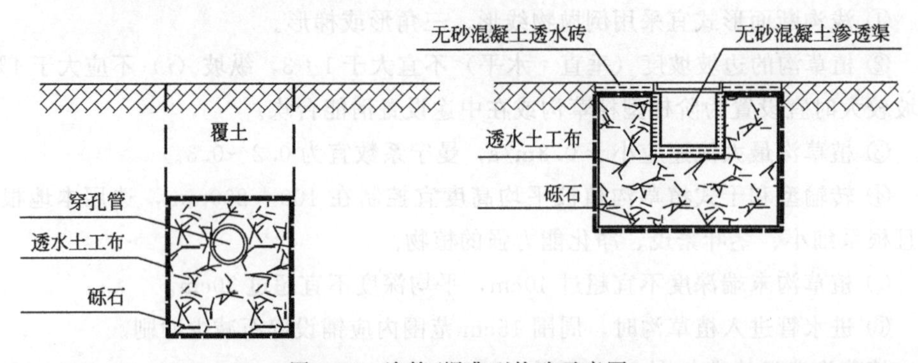

图 2-24　渗管/渠典型构造示意图

(2) 适用性　渗管/渠适用于建筑与小区及公共绿地内转输流量较小的区域，不适用于地下水位较高、径流污染严重及易出现结构塌陷等不宜进行雨水渗透的区域（如雨水管渠位于机动车道下等）。

图2-25　渗管/渠工程管道应用图

（3）优缺点　渗管/渠对场地空间要求小，但建设费用较高，易堵塞，维护较困难。

2.4.6　截污净化技术

2.4.6.1　植被缓冲带

植被缓冲带为坡度较缓的植被区，经植被拦截及土壤下渗作用减缓地表径流流速，并去除径流中的部分污染物，植被缓冲带坡度一般为2%～6%，宽度不宜小于2m。

（1）技术要点

① 植被缓冲带前应设置碎石消能，碎石粒径一般为30～40mm。

② 植被缓冲带距离城市水系较远时需设置渗排管道，安装在植被缓冲带下，连接集水渠，将净化后的雨水排入城市水系中，缺水地区还可将雨水收集回用。

③ 植被缓冲带后可根据需要设置净化区，根据用地现状情况选择布置，尽量利用滨水区，下游水系水质要求不高或建设场地限制时可采用生物滞留设施，下游水系水质要求高时通常选用雨水湿地、土壤渗滤技术。

植被缓冲带典型构造如图2-26、图2-27所示。

（2）适用性　植被缓冲带适用于道路等不透水面周边，可作为生物滞留设施等低影响开发设施的预处理设施，也可作为城市水系的滨水绿化带。

（3）优缺点　植被缓冲带建设与维护费用低，但对场地空间大小、坡度等条件要求较高，且径流控制效果有限。

2.4.6.2　初期雨水弃流设施

初期雨水弃流指通过一定方法或装置将存在初期冲刷效应、污染物浓度较高的

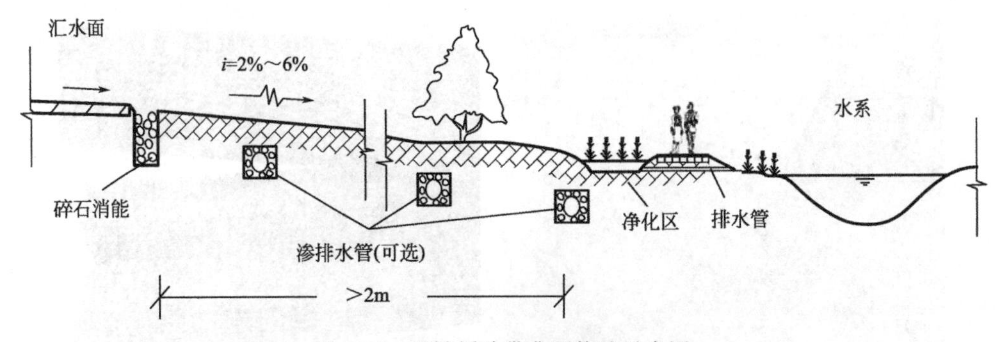

图 2-26　植被缓冲带典型构造示意图

图 2-27　植被缓冲带工程应用图

降雨初期径流予以弃除，以降低雨水的后续处理难度。

（1）技术要点

① 弃流设施的径流弃流量应按下垫面实测收集雨水的重铬酸盐指数（COD-cr）、SS、色度等污染物浓度确定，当无资料时，初期雨水弃流厚度屋面 1～3mm、小区路面 2～5mm、市政路面 7～15mm。

② 弃流设施截流的初期径流应有相应的处理措施，一般建议排入市政污水管网，由市政污水处理厂集中处理；当弃流雨水污染物浓度不高时，也可引入周围下凹绿地、生物滞留设施等海绵城市工程设施进行处理。

初期雨水弃流设施典型构造如图 2-28 所示。

（2）适用性　初期雨水弃流设施是其他低影响开发设施的重要预处理设施，主要适用于屋面雨水的雨落管、径流雨水的集中入口等低影响开发设施的前端。

（3）优缺点　初期雨水弃流设施占地面积小，建设费用低，可降低雨水储存及雨水净化设施的维护管理费用，但径流污染物弃流量一般不易控制。

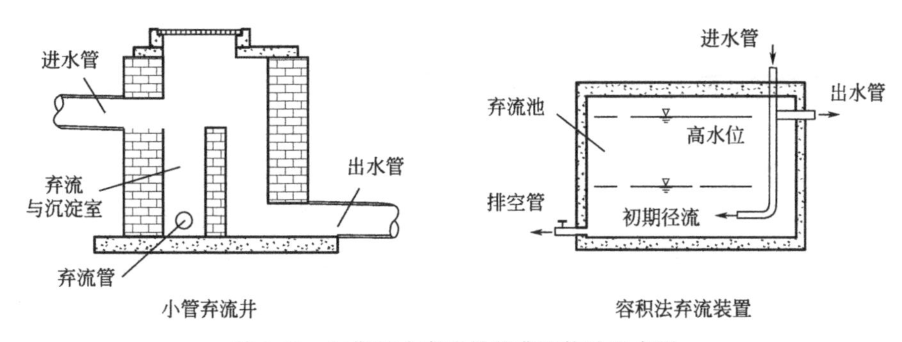

图 2-28 初期雨水弃流设施典型构造示意图

2.4.6.3 人工土壤渗滤

人工土壤渗滤主要作为蓄水池等雨水储存设施的配套雨水设施，以达到回用水水质指标。人工土壤渗滤设施的典型构造可参照复杂型生物滞留设施。

(1) 技术要点

① 人工土壤渗滤设施自上而下一般可为布水层、人工土壤层、填料层、人工土壤层、砾石层及防渗膜，砾石层与人工土壤层间设置透水土工布隔离或增设一个过渡层。

② 人工土壤渗滤设施滤速不大于 1m/d。

③ 人工土壤渗滤最大有效水深不超过 300mm。

④ 布水管和集（出）水管宜采用实壁聚乙烯管或聚乙烯缠绕结构壁管，管径不小于 150mm。

人工土壤渗滤设施应用如图 2-29 所示。

图 2-29 人工土壤渗滤设施工程应用图

(2) 适用性 人工土壤渗滤适用于有一定场地空间的建筑与小区及城市绿地。

(3) 优缺点 人工土壤渗滤雨水净化效果好，易与景观结合，但建设费用较高。

2.5 低影响开发技术设施功能比选

系统的低影响开发设施功能比选应全面分析各低影响开发设施的控制成效、成本及环境效应等，识别各种技术的优缺点及限制性条件，并根据项目的具体边际条件，进行进一步的选型、布局、设计和优化。常用海绵城市建设低影响开发设施比选见表 2-1。

表 2-1　海绵城市建设低影响开发设施比选一览表

单项设施	功能					控制目标			处置方式		经济性		污染物去除率（以 SS 计，%）	景观效果
	集蓄利用雨水	补充地下水	削减峰值流量	净化雨水	转输	径流总量	径流峰值	径流污染	分散	相对集中	建造费用	维护费用		
透水砖铺装	○	●	◎	◎	○	●	◎	◎	√	—	低	低	80～90	—
透水水泥混凝土	○	○	◎	◎	○	◎	◎	◎	√	—	高	中	80～90	—
透水沥青混凝土	○	○	◎	◎	○	◎	◎	◎	√	—	高	中	80～90	—
绿色屋顶	○	○	◎	◎	○	●	◎	◎	√	—	高	中	70～80	好
下沉式绿地	○	●	◎	◎	○	●	◎	◎	√	—	低	低	—	一般
简易型生物滞留设施	○	●	◎	◎	○	●	◎	◎	√	—	低	低	—	好
复杂型生物滞留设施	○	●	◎	●	○	●	◎	●	√	—	中	低	70～95	好
渗透塘	○	●	◎	◎	○	●	◎	◎	—	√	中	中	70～80	一般
渗井	○	●	◎	◎	○	●	◎	◎	√	√	低	低	—	—
湿塘	●	○	●	◎	○	●	●	◎	—	√	高	中	50～80	好
雨水湿地	●	○	●	●	○	●	●	●	√	√	高	中	50～80	好
蓄水池	●	○	◎	◎	○	●	◎	◎	—	√	高	中	80～90	—
雨水罐	●	○	◎	◎	○	●	◎	◎	√	—	低	低	80～90	—
调节塘	○	○	●	◎	○	○	●	◎	—	√	高	中	—	一般
调节池	○	○	●	○	○	○	●	○	—	√	高	中	—	—
转输型植草沟	◎	○	○	◎	●	◎	○	◎	√	—	低	低	35～90	一般
干式植草沟	○	●	○	◎	●	●	○	◎	√	—	低	低	35～90	好
湿式植草沟	○	○	○	●	●	○	○	●	√	—	中	低	—	好
渗管/渠	○	◎	○	○	●	◎	○	◎	√	—	中	中	35～70	—
植被缓冲带	○	○	○	●	—	○	○	●	√	—	低	低	50～75	一般
初期雨水弃流设施	◎	○	○	●	—	○	○	●	√	—	低	中	40～60	—
人工土壤渗滤	●	○	○	●	—	○	○	◎	—	√	高	中	75～95	好

注：1. ●—强；◎—较强；○—弱或很小；

2. SS 去除率数据来自美国流域保护中心（Center for Watershed Protection，CWP）的研究数据。

2.6 低影响开发技术设施选择

在工程实践中，各地应结合区域水文地质、水资源等特点，建筑密度、绿地率及地块分布情况，根据城市总规、专项规划及详规明确的控制目标，按照因地制宜和经济高效的原则选择低影响开发技术设施及其组合系统，并对单项设施及其组合系统的设施选型和规模进行优化。

2.6.1 合理划分优先级

当对低影响开发技术设施进行单一或组合应用时，应按照因地制宜和经济高效的原则，合理确定优先选用等级。我国地域辽阔，地形地貌、水文地质和气候特征差别较大，不同城市、不同区域面临着不同的问题和需求。如济南市属于坡地与平原复合城市，其岩溶地质具有较强的渗漏性，应优先选用雨水渗透技术；嘉兴市为平原河网城市，地下水位高且土壤渗透能力低，应优先选用雨水调节或综合调蓄技术。

2.6.2 灵活应用单项技术设施

低影响开发技术设施是按其主要功能分类的，不同类型的技术往往同时具有多种功能。因此，应根据设计目标、场地条件，同时考虑与道路、绿化等专业的衔接，通过各类技术的组合应用、功能优化与创新设计，实现径流总量控制、径流峰值控制、径流污染控制、雨水资源化利用等综合目标。

2.6.3 合理衔接城市用地

对于城市已建区改造，海绵城市建设应以流域、排水分区为基础，红线内、红线外或场地内、场地外控制设施协同作用，综合达标，对于年径流总量控制目标，可利用公共空间给地块做补偿，利用末端给源头做补偿。在对应设施的选择上，即大型绿色雨水基础设施可以为源头小型分散设施做补偿，打破地块限制和设施限制，通过衔接设计，实现区域整体达标。对于城市规划，关键是预留空间和竖向衔接，规划红线、蓝线、绿线的设计应充分考虑预留足够的调蓄空间。

各类用地中低影响开发技术设施的选用应根据不同类型用地的功能、用地构成、土地利用布局、水文地质等特点进行，不同用地类型中低影响开发设施的选用可参照表 2-2 选用。

表 2-2　各类用地类型中低影响开发设施选用一览表

技术类型（按主要功能）	单项设施	用地类型			
		建筑与小区	城市道路	绿地与广场	城市水系
渗透技术	透水砖铺装	●	●	●	◎
	透水水泥混凝土	◎	◎	◎	◎
	透水沥青混凝土	◎	◎	◎	◎
	绿色屋顶	●	○	○	○
	下沉式绿地	●	●	●	◎
	简易型生物滞留设施	●	●	●	◎
	复杂型生物滞留设施	●	●	◎	◎
	渗透塘	●	◎	●	○
	渗井	●	◎	●	○
储存技术	湿塘	●	◎	●	●
	雨水湿地	●	●	●	●
利用技术	蓄水池	◎	○	◎	○
	雨水罐	●	○	○	○
调节技术	调节塘	●	◎	●	◎
	调节池	◎	◎	◎	○
转输技术	转输型植草沟	●	●	●	◎
	干式植草沟	●	●	●	◎
	湿式植草沟	●	●	●	◎
	渗管/渠	●	●	●	○
截污净化技术	植被缓冲带	●	●	●	●
	初期雨水弃流设施	●	◎	◎	○
	人工土壤渗滤	◎	○	◎	◎

注：●—宜选用；◎—可选用；○—不宜选用。

2.7 海绵城市建设项目案例

2.7.1 道路雨水收集利用工程

2.7.1.1 项目概况

本工程为某开发区现状道路综合改造工程，工程所在区域面积约为 10km^2，共包含 21 条道路，总长度为 28km。

2.7.1.2　设计目标

① 在重现期 $P=1$ 年的条件下，道路径流雨水经调蓄后安全排放。

② 设计降雨量 45mm，年径流总量控制率大于 85%。

2.7.1.3　设计方案

取消传统路面雨水口，路面雨水通过开孔路缘石缺口（宽 1m，设置间距 15m）流入下凹式绿化带中，经过绿化带内植物和土壤的吸附、过滤处理后，再通过高于下凹式绿化带底部约 10cm 的环保型雨水口和雨水箅进入雨水收集系统，大颗粒污染物经过雨水口内的截污筐和过滤网进行过滤，部分雨水自雨水口底部和侧壁渗透入土壤；部分雨水通过雨水收集管道流入绿化带内埋设的组合模块式蓄水池内储存，在蓄水池的适当部位装设环保型雨水取水井，并通过潜水泵将雨水加压抽出供绿化、冲洗道路使用，也可作为市政用水的取水点。每处蓄水池均设置溢流管道与市政雨水管网系统衔接，用于排除超量雨水。

下凹式绿化带示意图如图 2-30 所示。

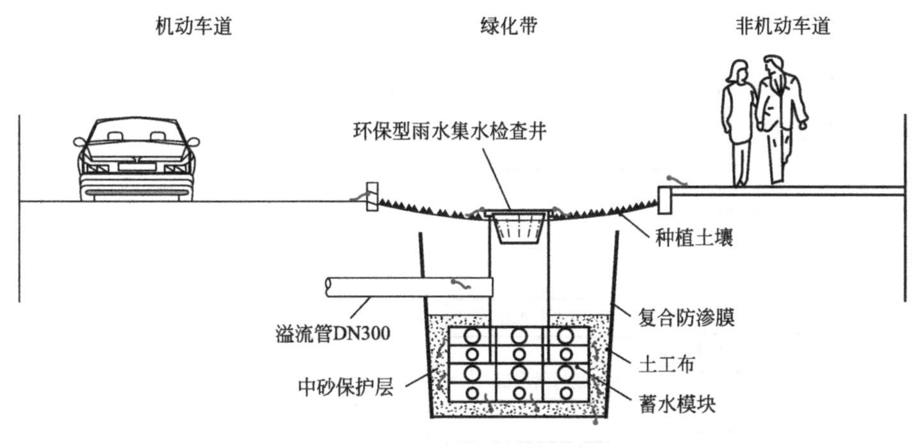

图 2-30　下凹式绿化带示意图

2.7.1.4　综合效益

① 本工程采用的新型路面排水方式有效地改善了路面雨水收集排放效果，有效降低了道路排水压力，提高了原市政雨水管网的综合排放标准。

② 本工程采用新型的环保型雨水口、雨水井及蓄水模块，利用道路绿化带对道路雨水进行渗透、储存与净化，年径流总量控制率超过 85%，充分利用了道路雨水资源，同时改善了道路绿化及景观效果。

③ 本工程道路径流污染物（以SS计）总量削减率超过60%，有效削减了道路径流污染，有利于对下游水体水质的保护，降低水环境治理成本。

2.7.2 广场集中片区海绵城市改造案例

2.7.2.1 项目概况

国博中心是已经建成的大型国家级展览中心，位于我国西南某城市会展城腹地，是其地标性建筑。本项目对国博中心进行海绵城市建设改造，研究流域范围包含了会展公园、国博中心及滨江公园，总面积约 2.2km^2。

2.7.2.2 设计目标

① 以径流污染控制为核心——污染物（TSS）去除率达50%以上，以雨水排放口出水水质达Ⅳ类水为目标。

② 雨水应具有多层次的回用功能。

③ 年径流总量控制率达80%以上。

2.7.2.3 设计方案

通过源头分散控制、过程控制、末端处理及雨水回用，实现设计目标。设计方案流程见图2-31。

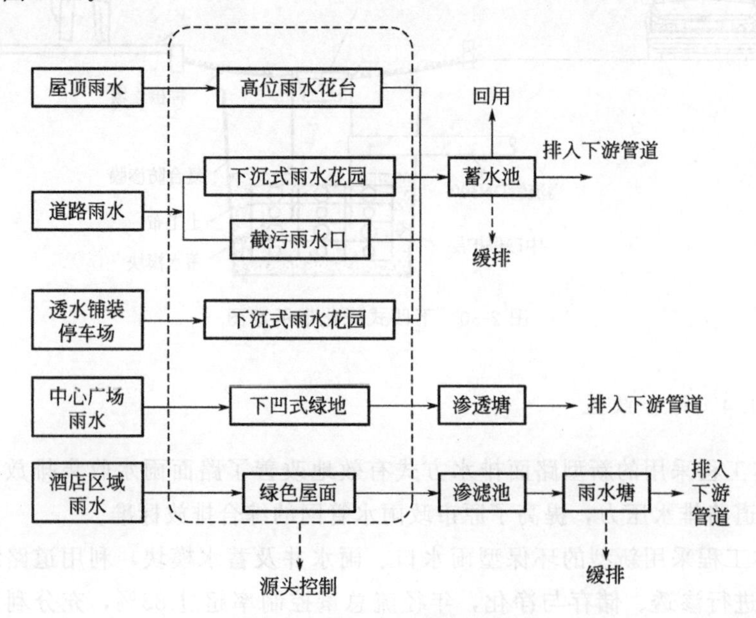

图 2-31 设计方案流程示意图

(1) 源头分散控制　国博中心是大型广场，硬化面积较大，易形成雨水径流，绿地面积有限，其雨水系统的组织主要依靠绿色基础设施发挥作用。本工程采用多项 LID 措施进行源头分散控制，如展厅雨水立管下端设置雨水花台、道路雨水口改造为截污式雨水口、透水展场绿化带和停车场绿化带改为下沉式雨水花园、中心广场设置下凹式绿地等，以期达到对国博片区展厅屋顶、室外停车场、展场、中心广场等所有下垫面初期雨水径流污染的源头控制。

(2) 过程控制及雨水回用　经过源头分散控制，雨水径流在源头得到一定的削减，通过设置蓄水池对雨水径流进行过程控制及回用，实现海绵城市的控制目标。整个片区共设置 6 座蓄水池，总容积 $12100m^3$，蓄水池除雨水回用外还承担了调蓄削峰的功能。为了保证达到回用水质标准，雨水处理流程为砂滤＋炭滤＋消毒。根据雨水回用类型如道路冲洗、绿地浇洒和空调冷却水补给，体现雨水多层次回用功能。整个区域的海绵建设设施依托地形而建，形成阶梯式雨水循环利用，实现“高收低用”，充分节约了能源。

(3) 末端处理　在南北两侧的排出口设置渗滤池和雨水塘，进行末端处理。雨水渗滤池作为初期雨水的重要处理设施，主要作用是通过深层过滤去除初期雨水的 SS、COD 等污染物。雨水渗滤池在地下修建，在池体表面进行景观处理，与周围的景观绿化融为一体。渗滤池有效容积为 $315m^3$，雨水经过渗滤池后流入雨水塘。

新建两座雨水塘，有效容积各为 $1000m^3$，收集滞蓄附近约 $100000m^2$ 范围的雨水径流进行水质处理和调蓄缓排。雨水塘前还分别设置前池，用于沉淀雨水径流中的泥砂等污染物，经沉淀后相对干净的径流溢流入主池。

2.7.2.4　综合效益

① 雨水回用全年替代市政用水量为 $25.04\times10^4m^3$，可替代 28.5%的道路、绿化用水，可替代 33.78%的空调冷却补水量。回用雨水替代市政水一年可节约水费 75 万元，有一定的经济效益。

② 通过雨水径流控制措施可实现 SS 去除率为 59.7%，在环境方面产生较大效益。

③ 通过屋顶绿化、打造雨水花园、生态蓄水池等低影响开发措施不仅能够减少内涝，保护城市安全，还能净化雨水，美化城市环境，实现景观和生态的多样性。

2.8 本章小结

本章将低影响开发技术设施按照其主要功能分为渗透技术、储存技术、利用技术、调节技术、转输技术和截污净化技术六大类，并分别进行了详细分析，对各种技术设施的控制成效、成本及环境效应进行了比选，阐述了低影响开发技术设施及其组合系统的选择方法，并且列举了两个海绵城市建设项目案例。在工程实践中，可以参照上述内容，根据控制目标，按照因地制宜和经济高效的原则灵活选用低影响开发技术设施及其组合系统。

第3章 海绵城市建设技术对于径流总量控制贡献的研究

随着城市发展进程的加快，市政建筑面积扩大，混凝土、沥青路面、硬化屋面、不透水铺装的使用，导致雨水排放的综合径流系数增大。表观上表现为雨水下渗量显著减少，在短时间聚集，径流峰值加大，径流量显著增大。一方面，降雨携带着大气以及地面污染物进入地表水体，导致城市水环境问题；另一方面，过大的降雨径流量也加重了城市排水管网的负担。就南昌市而言，近几年来，排水管网设计暴雨重现期已从 $P=1$ 年提高到 $P=3$ 年，以应对城市可能出现的排水问题。这不但增加了城市基建投资的成本，而且还不能从源头解决城市内涝问题，治标不治本。

就目前南昌市排水体系来看，在有效应对快速城镇化背景下城市暴雨水问题已是捉襟见肘，盲目扩大排水管排水容量代价过大。随着传统雨水排放方式面临诸多问题，城市内涝灾害频发，美国在研发大量雨水管理最佳措施（best management practices，BMPs）改善传统城市洪涝雨洪管理的同时，提出低影响开发（low impact development，LID）的非传统雨洪管理方式，以期通过减小城市综合径流系数，加大雨水入渗量，从而恢复场地天然水文特征。

根据国务院相关文件规定，建设海绵城市主要目的是通过渗、滞、蓄、净、用、排等措施，将70%的降雨就地消纳和利用。南昌市土质渗透系数较大，下沉式绿地、雨水花园以及透水铺装等雨水滞留、消纳措施具有良好的应用前景。本书以年径流总量控制率为前提条件，针对上述三种低影响开发措施的径流总量控制的贡献和工程造价，以期求得最佳的海绵组合措施，用以指导具体的海绵城市规划与设计。

3.1 年径流总量控制率与降雨量的关系

年径流总量控制率为场地内累计一年得到控制（不外排）的雨水量占全年总降雨量的比例（《指南》）。年径流总量控制率根据30年日降雨量统计资料（扣除≤2mm降雨事件的降雨量）计算得到。根据其定义可按公式(3-1) 计算：

$$Y=[X_1+X_2+X_3+\cdots+X_i+(n-i)\cdot X]/(X_1+X_2+X_3+\cdots+X_n)\times 100\% \quad (3\text{-}1)$$

式中 Y——年径流总量控制率，%；

$\{X_1,X_2,X_3,\cdots,X_i,\cdots,X_n\}$——根据统计资料按从小到大排列的降雨量，mm；

X——年径流总量控制率对应的设计降雨量，mm。

其中 $X_i<X$；$X_{i+1}>X$。通过该式可以计算各个站点的任意年径流总量控制率。

式(3-1) 是基于定义的计算公式，需要30年的降雨统计资料。计算结果准确，但工作量较大。《指南》附表（表3-1）中给出的5组年径流总量控制率与设计降雨量的数值，通过拟合，可以得出附表所列城市年径流总量控制率与设计降雨量的关系式。其中南昌市采用以下公式计算得出：

$$Z=-0.0003X_2+0.0588X \quad (3\text{-}2)$$

$$X=2.3036Z_2+16.148Z \quad (3\text{-}3)$$

式中 X——设计降雨量，mm；

Z——$-\ln(1-Y)$；

Y——年径流总量控制率。

表3-1 我国部分城市年径流总量控制率对应的设计降雨量值一览表

城市	不同年径流总量控制率对应的设计降雨量/mm				
	60%	70%	75%	80%	85%
酒泉	4.1	5.4	6.3	7.4	8.9
拉萨	6.2	8.1	9.2	10.6	12.3
西宁	6.1	8.0	9.2	10.7	12.7
乌鲁木齐	5.8	7.8	9.1	10.8	13.0
银川	7.5	10.3	12.1	14.4	17.7
呼和浩特	9.5	13.0	15.2	18.2	22.0
哈尔滨	9.1	12.7	15.1	18.2	22.2
太原	9.7	13.5	16.1	19.4	23.6
长春	10.6	14.9	17.8	21.4	26.6
昆明	11.5	15.7	18.5	22.0	26.8
汉中	11.7	16.0	18.8	22.3	27.0
石家庄	12.3	17.1	20.3	24.1	28.9
沈阳	12.8	17.5	20.8	25.0	30.3
杭州	13.1	17.8	21.0	24.9	30.3
合肥	13.1	18.0	21.3	25.6	31.3

续表

城市	不同年径流总量控制率对应的设计降雨量/mm				
	60%	70%	75%	80%	85%
长沙	13.7	18.5	21.8	26.0	31.6
重庆	12.2	17.4	20.9	25.5	31.9
贵阳	13.2	18.4	21.9	26.3	32.0
上海	13.4	18.7	22.2	26.7	33.0
北京	14.0	19.4	22.8	27.3	33.6
郑州	14.0	19.5	23.1	27.8	34.3
福州	14.8	20.4	24.1	28.9	35.7
南京	14.7	20.5	24.6	29.7	36.6
宜宾	12.9	19.0	23.4	29.1	36.7
天津	14.9	20.9	25.0	30.4	37.8
南昌	16.7	22.8	26.8	32.0	38.9
南宁	17.0	23.5	27.9	33.4	40.4
济南	16.7	23.2	27.7	33.5	41.3
武汉	17.6	24.5	29.2	35.2	43.3
广州	18.4	25.2	29.7	35.5	43.4
海口	23.5	33.1	40.0	49.5	63.4

根据《南昌市海绵城市专项规划》，南昌市中心城区（总面积约 366km^2，含九龙湖新区、瑶湖北岸片区）现状年径流总量控制率为 46%，规划年径流总量控制率为 70%，对应的设计降雨量为 22.8mm。

根据南昌市暴雨强度公式计算，0.25 年一遇 1h 降雨量为 24.11mm，大于 70%年径流总量控制率对应的设计降雨量。

3.2 低影响开发设施设计计算

为了控制一定量雨水不外排，需采取相应的海绵措施，主要有雨水花园、透水铺装、下沉式绿地、绿色屋顶、渗透塘、雨水湿地等。

由于绿色屋顶对屋顶荷载、防水、排水、坡度、栽培基质、空间以及植物等条件要求严格，且其主要用于径流污染的控制，因此对已开发区域使用可行性不大。渗透塘、雨水湿地等需要一定的空间条件，后期维护管理相对较复杂，在开发强度高的老城区使用受限，目前在国内使用不多。因此，根据国内城市开发的实际情况，考虑雨水控制效果、可实施性及施工难易程度，雨水花园、下沉式绿地和透水铺装应用前景较好，本书针对该三种单项设施的计算规模通用算法，为单项设施及其组合系统的设施选型和规模优化提供参考。

3.2.1 径流总量控制指标分解方法

步骤1：确定年径流总量控制目标和设计降雨量。

步骤2：结合项目具体情况，如各地块的用地性质、功能定位、建筑密度、绿地率和规划设计方案等条件，初步制定可行的低影响开发措施组合方案及各措施的占地面积。

步骤3：根据 $\varphi=\sum F_i\varphi_i/\sum F$ 计算各地块的综合径流系数，其中 φ_i 为第 i 类汇水面的雨量径流系数，F_i 为 i 类汇水面的面积（hm^2）。

步骤4：利用步骤1查得的结果和步骤3计算的结果，根据式 $V=10H\varphi F$ 计算达到径流总量控制目标还需要的调蓄体积。其中 F 为汇水单元面积，可以是各地块，也可以是由几个地块组成的汇水单元。

步骤5：利用步骤4的计算结果，根据 V/F，确定控制容积。

步骤6：根据步骤2选择的低影响开发措施组合，利用公式 $h=V/A$ 将步骤4的计算结果转化成下沉式绿地需要下沉的深度。其中 A 为在地形条件或景观需求等条件约束下可有一定蓄水深度的下沉式绿地的面积。

3.2.2 雨水花园表面积计算方法

雨水花园主要由5部分组成，自上而下分别为蓄水层、树皮覆盖层、植被及种植土层、人工填料层和砾石层，详见图3-1。雨水花园一般以体积削减为目标进行设计，同时设施的渗透能力、蓄水层植物影响、土壤和填料空隙储水能力等因素也要加以考虑。

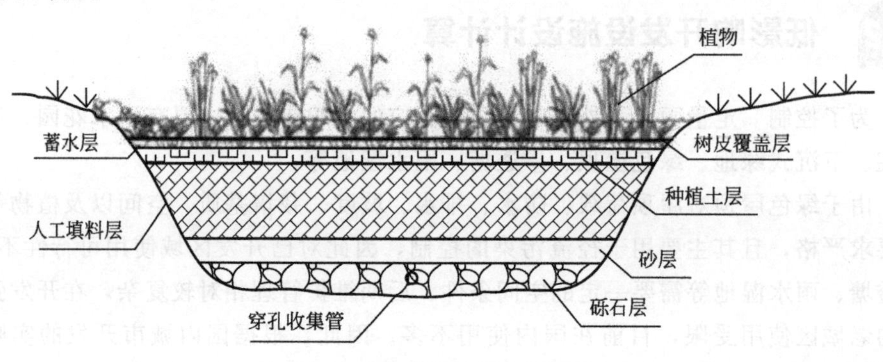

图3-1 雨水花园构造示意图

假定雨水花园服务的汇流范围内的径流雨水首先汇入雨水花园（一般雨水花园面积占全部汇流面积的比例较小，即直接降落到雨水花园本身的雨水量较少时，可忽略不计），当水量超过雨水花园集蓄和渗透能力时，开始溢流出该计算区域。此时，在一定时段内任一区域各水文要素之间均存在着水量平衡关系：

$$V + U_1 = S + Z + G + U_2 + Q_1 \tag{3-4}$$

式中 V——计算时段内进入雨水花园的雨水径流量，m^3；

U_1——计算时段开始时雨水花园的蓄水量，m^3；

S——计算时段内雨水花园的雨水下渗量，m^3；

Z——计算时段内雨水花园的雨水蒸发量，m^3；

G——计算时段内雨水花园种植填料层空隙的储水量，m^3；

U_2——计算时段结束时雨水花园的蓄水量，m^3；

Q_1——计算时段内雨水花园的雨水溢流外排量，m^3。

通常，计算时段可以取独立降雨事件的历时。此时，由于蒸发量较小，Z 可以忽略。而且在设计雨水花园时，一定设计标准对应的溢流外排雨水量可假设为 0。如果计算时段开始与终了时雨水花园内蓄水量之差以 V_w 表示，即 $V_w = U_2 - U_1$（实际计算时可视时段开始时雨水花园无蓄水，即 $U_1 = 0$，即 $V_w = U_2$），故式(3-4)又可写成：

$$V = S + G + V_w$$

3.2.2.1 雨水花园下渗量

计算时段雨水花园下渗量：

$$S = \frac{K \cdot (d_f + h) \cdot A_f \cdot T \times 60}{d_f} \tag{3-5}$$

式中 K——砂质土壤的渗透系数，m/s；

d_f——种植土和填料层总深度，m；

h——雨水花园蓄水层平均设计水深，m；

A_f——雨水花园表面积，m^2；

T——计算时间，min，常按一场雨 120min 计。

根据相关文献及国内工程实例，上述各参数常用的取值如下。

（1）渗透系数 K　根据雨水花园构造及土壤条件不同，式中的 K 取值各异，主要分为以下两种情况：

① 当填料外土壤的渗透系数 $K_2 \gg K_1$ 或底部有排水穿孔管时，取 $K = K_1$。

② 当 $K_2 < K_1$ 时，取 $K = K_2$。

根据《公路排水设计规范》，各类土质的渗透系数取值的经验范围推荐详见表 3-2。

表 3-2 土壤渗透系数

土质类别	渗透系数/(m/s)
黏土	$<6\times10^{-6}$
粉质黏土	$6\times10^{-6}\sim1\times10^{-4}$
粉土	$1\times10^{-4}\sim6\times10^{-4}$
粉砂	$6\times10^{-4}\sim1\times10^{-3}$
细砂	$1\times10^{-3}\sim6\times10^{-3}$

根据南昌市地质情况，建设用地地表浅层 1.0～2.0m 以内的土质介于黏土和粉质黏土之间居多，故本书渗透系数 K 取 5×10^{-6}m/s。

(2) 种植土和填料层总深度 d_f　种植土层厚度根据所选植物确定，一般选用多年生的可短时间耐水涝植物，深度 250mm。人工填料层一般为 0.5～1.2m，选用渗滤速度较大、净化效果较好的人工材料。本书种植土和填料层总深度 d_f 取 1.0m。

(3) 蓄水层平均设计水深 h　蓄水层高度根据周边地形和当地降雨特性等因素而定，一般多为 100～250mm。根据南昌市的实际情况，取 100mm（老城区可适当增大）。

3.2.2.2 蓄水量

当生物滞留系统中的径流量大于同时间的土壤渗透量时，必然在雨水花园形成蓄水。假定雨水花园中的植被高度均超出上部蓄水高度，则实际蓄水量为：

$$V_w = A_f \cdot h_x \cdot (1-f_v) \tag{3-6}$$

式中 A_f——雨水花园表面积，m^2；

h_x——最大蓄水高度，m；

f_v——植物横截面积占蓄水层表面积的百分比，一般取 0.5。

根据 3.2.2.1 小节，雨水花园蓄水层平均设计水深 h 取 100mm，最大蓄水高度 h_m 取 150mm。

3.2.2.3 空隙储水量

$$G = n \cdot A_f \cdot d_f \tag{3-7}$$

式中 n——种植土和填料层的平均空隙率，一般取 0.3；

A_f——雨水花园表面积，m^2；

d_f——种植土和填料层总深度，根据上文，取 1.0m。

3.2.2.4 单位面积雨水花园控制雨水体积

根据上述公式可知，雨水花园控制的径流雨水总体积为：

$$V=G+V_w+S=n\cdot A_f\cdot d_f+A_f\cdot h_m\cdot(1-f_v)+\frac{K\cdot(d_f+h)\cdot A_f\cdot T\times 60}{d_f}$$

则单位面积雨水花园控制雨水体积 V_1（m^3/m^2）为：

$$V_1=\frac{V}{A_f}=n\cdot d_f+h_m\cdot(1-f_v)+\frac{K\cdot(d_f+h)\cdot T\times 60}{d_f} \tag{3-8}$$

将上述参数代入上式可得：

$$V_1=\frac{V}{A_f}=n\cdot d_f+h_m\cdot(1-f_v)+\frac{K\cdot(d_f+h)\cdot T\times 60}{d_f}$$

$$=0.3\times 1.0+0.15\times(1-0.5)+\frac{5\times 10^{-6}\times(1.0+0.1)\times 120\times 60}{1.0}$$

$$=0.3+0.075+0.04=0.415(m^3/m^2)$$

由上式计算可知，雨水花园对雨水径流的控制主要靠蓄水层的作用。蓄水层对雨水径流控制的贡献为 72.3%，空隙储水量为 18.1%，下渗雨水量仅占 9.6%。

3.2.2.5　雨水花园面积的计算

若汇水区域 A_d 内只采用雨水花园单一措施，则雨水花园的面积（m^2）为：

$$A_f=\frac{A_d\cdot H\cdot\varphi\cdot d_f}{60K\cdot T(d_f+h)+h_m\cdot(1-f_v)\cdot d_f+n\cdot d_f^2}$$

3.2.3　下沉式绿地的计算

下沉式绿地主要由三部分组成，从上至下分别是蓄水层、种植土层和原土层，详见图 3-2。

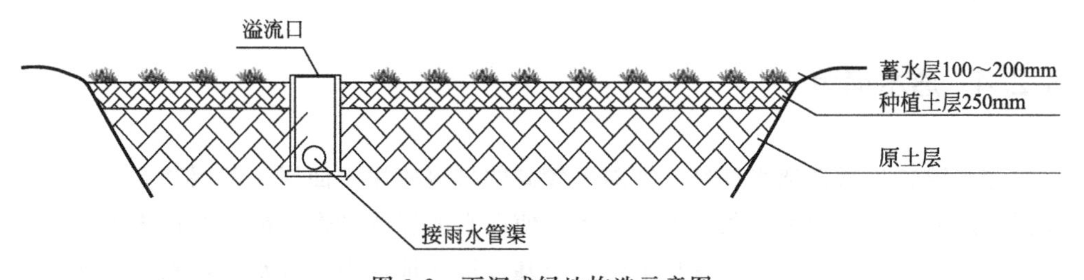

图 3-2　下沉式绿地构造示意图

3.2.3.1　下沉式绿地公式推导

与雨水花园相似，下沉式绿地的水量平衡存在如下关系。

$$V=S+\Delta U$$

式中　V——下沉式绿地的总汇流量，m^3；

S——计算时段下沉式绿地的雨水下渗量，m^3；

ΔU——计算时段下沉式绿地的蓄水量差值，m^3。

雨水下渗量可按如下公式计算：

$$S=60KJF_1T$$

式中 K——土壤入渗率，m/s，与雨水花园取值一致；

J——水力坡度，雨水垂直下渗时，$J=1$；

T——渗蓄所用时间，min，取 120min；

F_1——下沉式绿地的面积，m^2。

蓄水量 ΔU 计算公式为：

$$\Delta U=F_1\cdot\Delta h$$

式中 Δh——下沉式绿地的下凹深度，m，一般为 0.1～0.2m。

根据南昌市的实际情况，下沉式绿地的下凹深度取 0.15m（老城区海绵措施实施空间受限，下凹深度可适当放大）。下沉式绿地高程应小于路面高程（0.05～0.25m）。

3.2.3.2 单位面积下沉式绿地控制雨水体积

根据 3.2.3.1 小节内容，单位面积下沉式绿地控制的雨水体积 V_2（m^3/m^2）为：

$$V_2=60KJT+\Delta h \tag{3-9}$$

根据上述参数取值可得，南昌市单位面积下沉式绿地控制雨水体积为：

$$V_2=60KJT+\Delta h=60\times5\times10^{-6}\times120+0.15=0.036+0.15=0.186(m^3/m^2)$$

由上式计算可知，下沉式绿地对雨水径流的控制同样主要靠蓄水层的作用。蓄水层对雨水径流控制的贡献为 80.6%，下渗雨水量占 19.4%。

3.2.4 透水铺装

透水铺装是指将透水良好、空隙率较高的材料应用于面层、基层甚至土基，在保证一定的路用强度和耐久性的前提下，使雨水能够顺利进入铺面结构内部，通过具有临时储水能力的基层，直接下渗入土基或进入铺面内部排水管排除，从而达到雨水还原地下和消除地表径流等目的的铺装形式。透水铺装典型形式如图 3-3 所示。透水铺装结构组合方案如表 3-3 所示。

3.2.4.1 透水铺装结构形式

目前，透水铺装的主要应用场合为人行道、小区道路、停车场。以下归纳总结三种代表性结构型式，以应对不同应用条件。

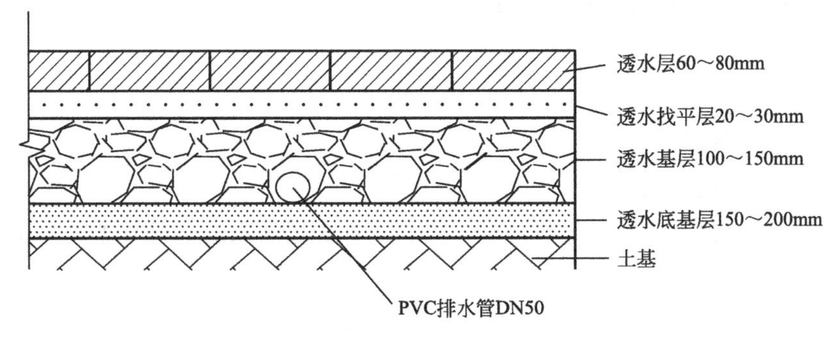

图 3-3　透水铺装构造示意图

表 3-3　透水铺装结构组合方案

结构层	结构 1	结构 2	结构 3
面层	透水连锁块	透水沥青混凝土	透水混凝土
找平层/过滤层	粗、中砂	—	小粒径开级配碎石
基层	开级配碎石	ATPB	开级配碎石
		开级配碎石	
垫层	透水土工布	透水土工布	透水土工布
土基	轻微压实土基	轻微压实土基	轻微压实土基
结构特点	结构强度整体相对较弱	结构强度、承载能力较高	结构形式简单,承载力高
适用场合	人行道、广场	停车场、小区道路	所有场合

3.2.4.2　铺装层容水量

根据《指南》，透水铺装仅参与综合雨量径流系数计算，其结构内的空隙容积一般不再计入总调蓄容积。透水铺装地面的雨量径流系数为 0.08～0.45，由于该范围较大，具体取值不易把握，在具体施工图设计阶段时，采用调蓄容积更合理，因此本书采用计算透水铺装容积来计算其对径流总量的作用。

透水铺砖蓄渗雨水性能另一方面可利用铺装层容水量进行衡量，铺装层容水量与各层的有效孔隙率和厚度有关，其计算公式为：

$$W_p = (h_m n_m + h_z n_z + h_d n_d) \times F_2 + 60KTF_2$$

式中　W_p——透水地面铺装层容水量，m^3；

h_m——面层厚度，m；

n_m——面层有效孔隙率；

h_z——透水基层厚度，m；

n_z——透水基层有效孔隙率；

h_d——透水底基层厚度，m；

n_d——透水底基层有效孔隙率；

K——土壤入渗率，m/s，与雨水花园取值一致；

T——渗蓄所用时间，min，取 120min；

F_2——透水铺装面积，m^2。

根据相关规范及南昌市建设经验，上式中各参数的取值范围及本文采用的数值详见表 3-4。

表 3-4　各指标取值范围

指标	面层厚度 h_m/m	面层有效孔隙率 n_m/%	透水基层厚度 h_z/m	透水基层有效孔隙率 n_z/%	透水底基层厚度 h_d/m	透水底基层有效孔隙率 n_d/%
数值范围	0.06～0.08	10～20	0.1～0.15	10～20	0.15～0.20	20～30
本书取值	0.06	15	0.15	15	0.15	20

3.2.4.3　单位面积透水铺装控制的雨水体积

根据 3.2.4.3 小节铺装层容水量计算公式可得，单位面积透水铺装控制的雨水体积 V_3(m^3/m^2) 为：

$$V_3 = W_P/F_2 = h_m n_m + h_z n_z + h_d n_d + 60KT \tag{3-10}$$

根据表 3-4 的参数可得：

$$\begin{aligned} V_3 &= (0.06\times0.15+0.15\times0.15+0.15\times0.2)+60\times5\times10^{-6}\times120 \\ &= 0.062+0.036 \\ &= 0.098(m^3/m^2) \end{aligned}$$

由上式计算可知，透水铺装对雨水径流的控制以铺装层空隙存水为主。铺装层空隙存水对雨水径流控制的贡献为 63.3%，下渗雨水量占 36.7%。

3.3　工程应用中年径流总量控制的海绵措施选择

为了达到年径流总量控制率要求，可以采用单一的海绵措施或者多种组合措施。由于每种措施的雨水控制效果、工程造价、可实施性等差别较大，因此每种海绵措施的综合效益均不相同。第 2 章介绍了三种低影响开发措施在实际工程中的设计计算，并未考虑三种措施最佳组合方式以及经济效益，以下推导从三种不同低影响开发措施单位面积蓄水量出发，探究获得最佳组合方式及经济效益的方法，寻求能达到年径流总量控制率要求的最佳综合效益的海绵措施组合。

3.3.1 年径流总量控制的海绵措施组合

根据第 2 章的内容可知，雨水花园、下沉式绿地和透水铺装三种海绵措施各自单位面积控制的雨水体积分别为：

$$V_1 = \frac{V}{A_f} = n \cdot d_f + h_x \cdot (1 - f_v) + \frac{K \cdot (d_f + h) \cdot T \times 60}{d_f}$$

$$V_2 = 60KJT + \Delta h$$

$$V_3 = h_m n_m + h_z n_z + h_d n_d$$

雨水花园需控制的径流雨水量可采用容积法公式计算：

$$V = A_d H \varphi$$

式中 A_d——汇流面积，m^2；

H——设计降雨量（按年径流总量控制率要求决定），m；

φ——雨量径流系数。

由于雨水花园、下沉式绿地和透水铺装均已计算了雨水下渗量或填料空隙储水量，因此该部分的雨量径流系数应取 1。

对于一个给定的区域地块，雨水花园、下沉式绿地和透水铺装三种海绵措施各自单位面积控制的雨水体积 V_1、V_2、V_3 通过计算可视为常数。根据 3.2 节可知，针对南昌市，V_1、V_2、V_3 的值分别为：

$$V_1 = 0.415 m^3/m^2；V_2 = 0.186 m^3/m^2；V_3 = 0.098 m^3/m^2$$

由上述相关数字及前文内容可知，雨水花园、下沉式绿地和透水铺装三种海绵措施中，雨水花园对雨水径流的控制作用最为明显，其次为下沉式绿地，透水铺装效果最小。其中雨水花园和下沉式绿地主要靠蓄水层的作用控制雨水径流。

由于三种措施的选择还受工程造价、可实施面积、后期管理维护等因素的影响，因此，需根据相关约束条件求得最佳的海绵技术措施。本书以工程造价作为约束条件。

假设各自面积分别为 $x(m^2)$、$y(m^2)$、$z(m^2)$，则有如下公式：

$$A_d H \varphi = V_1 \cdot x + V_2 \cdot y + V_3 \cdot z \tag{3-11}$$

$$P = A \cdot x + B \cdot y + C \cdot z \tag{3-12}$$

式中 P——海绵技术总造价，元；

A——雨水花园单位面积工程造价，元/m^2；

B——下沉式绿地单位面积工程造价，元/m^2；

C——透水铺装相比于非透水铺装单位面积增加的工程造价，元/m^2。

$0 \leqslant x$、y、$z \leqslant$ 现状或规划面积。

由于透水铺装容易堵塞，且其对雨水径流总量的控制影响较小，因此不建议大面积设置，目前透水铺装主要用于人行道。

由于下沉式绿地大面积应用时，易受地形条件的影响，实际调蓄容积较小，因此一般采用下沉式绿地率为50%～60%。

由上式可知，当V_1、V_2、V_3、A、B、C、H、A_d、φ、H、z均为已知量时，可求得P的最小值。

3.3.2 工程应用实例

以南昌市某新建小区为例，小区内含住宅、广场、庭院和公共绿地。该小区占地面积约3.0hm^2，其中建筑用地面积0.9hm^2，绿化用地1.1hm^2，广场等占地0.5hm^2，道路占地0.5hm^2（人行道面积为0.15hm^2）。小区拟采用雨水花园、下沉式绿地和透水铺装海绵技术使得雨水年径流总量控制率为70%，对应降雨量为22.8mm。透水铺装主要为全部人行道。

根据不同下垫面的雨量径流系数（表3-5），将各垫面的径流系数进行加权平均，得出综合径流系数，具体公式如下：

$$\varphi=\sum(F_i\times\varphi_i)/F \tag{3-13}$$

表3-5 不同下垫面的雨量径流系数

下垫面类型	雨量径流系数	面积/m^2
屋面	0.80	9000
非透水铺装	0.85	$(0.5+0.5)\times10000-1500=8500$
普通绿地	0.15	$1.1\times10000-x-y$
透水铺装地面	1	1500
下沉式绿地	1	y
雨水花园	1	x

则本小区综合雨量径流系数为：

$$\varphi=\frac{9000\times0.8+8500\times0.85+(1.1\times10000-x-y)\times0.15+x+y+1500}{30000}$$

$$\varphi=\frac{17575+0.85x+0.85y}{30000}$$

根据容积法可知，该小区需控制的雨水体积（m^3）为：

$$V=A_dH\varphi=30000\times\frac{22.8}{1000}\times\varphi=684\varphi$$

根据《指南》及国内相关工程经验，雨水花园工程造价为200元/m^2，下沉式绿地单位面积工程造价60元/m^2，透水铺装相比于非透水铺装单位面积增加的工程造价 50 元/m^2。

根据式(3-11) 和式(3-12) 可得，

$$684\times\frac{17575+0.85x+0.85y}{30000}=0.415x+0.186y+147$$

$$P=200\cdot x+60\cdot y+50\times 1500$$

根据上式求得：当 $x=0$，$y=1523$ 时，P 最小，为 16.64 万元。即小区采用 1523m^2 下沉式绿地和 1500m^2 透水铺装时，能满足雨水年径流总量控制率为 70%，同时工程造价最低，为 16.64 万元。

3.4 本章小结

通过对雨水花园、下沉式绿地和透水铺装三种常用的海绵措施进行分析，分别计算出各种措施对雨水径流总量的贡献大小。其中雨水花园对雨水径流总量的贡献最大，下沉式绿地次之，透水铺装较小。但雨水花园的造价最高，下沉式绿地次之，透水铺装最低。同时，各种措施还受到其他因素的限制。因此，可以根据各种措施的约束条件，求得能满足径流总量控制要求的最佳海绵措施组合，为海绵城市的规划和设计提供理论依据。

第4章

海绵城市建设技术对于径流峰值控制贡献的研究

本章旨在研究海绵技术措施对区域径流峰值控制贡献的研究，包含3部分：海绵技术措施对径流峰值控制的简介；海绵技术措施的基本分类及组成；海绵技术对径流峰值控制的贡献，推求径流及管流过程线的理论计算式，用于求得任意时间段的累积流量，便于计算不同设计要求情况下的调蓄容积。

4.1 海绵技术措施对径流峰值控制的简介

海绵技术措施根据径流峰值控制阶段的不同，可分为源头、中途和末端三个不同的阶段；根据径流峰值控制方式可分为渗、滞、蓄三种方式。每个阶段和方式有各自技术措施和主要目标。

4.1.1 按径流峰值控制阶段

源头控制是雨洪管理系统的关键原则，其目的是通过工程措施和非工程措施来减少雨水径流，将雨水就地入渗或延长雨水汇流路径，以实现削减洪峰的目的。径流峰值的源头控制一般在雨水进入市政沟渠、管道等排水系统之前采取的各种措施，如绿色屋顶、透水路面、储水罐等，从而减少进入排水系统的雨水径流量。

中途控制是指雨水径流量超过源头控制能力后，溢流雨水在排入市政管网前，采取截留、调蓄、入渗等处理手段，将雨水滞留后再排放的过程。径流峰值的中途控制可采取的技术措施主要有雨水截污挂篮、渗透渠、截污雨水井等。

末端控制是指雨水在排水系统末端，通过截留、调蓄等措施，对洪峰流量进行削减，以达到径流峰值控制的目的，常用措施就是修建调蓄池或扩大天然水体的调蓄能力。

4.1.2 按径流峰值控制方式

大气降水降落到地表后通常有三种去向：一是蒸发或入渗回补地下水；二是汇

集后集中处理后回用；三是排放到下游排水管网或受纳水体。每种去向都需要相应的配套设施来实现。

（1）入渗　雨水径流入渗可以减少地表径流和减轻市政管网的排水负担，补充地下水、缓解城市内涝。海绵城市雨水渗透设施通常指使雨水分散渗透到地下的人工设施，雨水渗透设施对涵养地下水、吸纳暴雨径流有十分显著的作用。对地下水多年的监测结果显示，地表水的入渗对地下水水质不会构成威胁，因此科学合理地布局雨水渗透设施是一种非常有效的雨洪调控技术。

（2）滞留　生物滞留设施，一般修建于汇水区的上游，利用植物和洼地滞留雨水，达到水量调控的目的。生物滞留技术是一种典型的分散式雨水径流峰值控制措施，其占地面积小，可以在调控径流峰值的同时美化环境。生物滞留设施主要有下沉式绿地和雨水花园，前者可以通过降低原有绿地的标高布设在停车场、商业区以及城市主干道的中央分隔带中；后者多布设在居民区、公园等汇水面较小的区域。

（3）储留　雨水储留的基本原理是利用天然形成或人工修建、改造的蓄水空间，将雨水临时滞留或长期存放，以达到削减洪峰的目的。同时，在空间和时间上为雨水的继续利用创造条件，储存的雨水可以直接用于城市绿化、消防、厕所冲洗、绿地灌溉。

4.2 海绵技术措施的基本分类及组成

《指南》里提及的海绵单项措施有 20 多种，其各种组合措施更是数不胜数，但上述措施本质上可分为五大类：生物滞留网格、透水铺装、渗渠、储水池及植草沟。海绵措施可分解为表面蓄水层、铺装层、土壤层、底部蓄水层及排干措施等五个基本单元。以下将每种基本分类的基本组成归结如表 4-1。

表 4-1　海绵措施基本分类及组成单元

基本分类 \ 结构单元	表面蓄水层	铺装层	土壤层	底部蓄水层	排干措施
生物滞留网格	√		√	√	√
透水铺装	√	√		√	√
渗渠	√			√	√
储水池				√	√
植草沟	√				

4.3 海绵技术对径流峰值控制的贡献

对于径流峰值的控制来讲，表面蓄水层及底部蓄水层直接发挥峰值的调蓄功能；而铺装层和土壤层作为表面蓄水层与底部蓄水层的中间层，表面上看起雨水下渗作用，实质上是雨水进入底部蓄水层的排水通道；此外，排干措施则是恢复表面蓄水层、底部蓄水层调蓄能力及铺装层、土壤层下渗能力的必要措施。由此分析，调蓄功能（蓄）是径流峰值控制的主要途径。因此，本章仅对海绵措施的调蓄作用对径流峰值的贡献大小进行深入研究，主要分为以下两个部分：

(1) 分析不同调蓄雨量对径流峰值控制贡献大小　以单个地块为研究对象，分析得出峰值削减率随调蓄雨量的变化关系，并给出 $P=3$ 年的径流峰值削减至 $P=1$ 年的径流峰值对应的调蓄雨量。

(2) 分析不同调蓄方式对径流峰值控制贡献大小　分析全程调蓄与脱过调蓄的区别，并以某个子汇水区为研究对象，比较相同削减率条件下，源头全程调蓄、末端全程调蓄、末端脱过调蓄三种情况下所需的调蓄容积大小。

4.3.1 研究工具

本书采用的水力模拟软件为鸿业暴雨排水及低影响开发模拟系统。鸿业暴雨排水及低影响开发模拟系统是在 AutoCAD 环境内二次开发的国内首款模型法暴雨排水及低影响开发模拟系统。软件采用的核心计算模型是 SWMM 模型，雨水管理模型 SWMM 是美国环境保护局发布的径流模拟计算模型，主要用于城市区域径流水量和水质的单一事件或者长期（连续）模拟。SWMM 最初开发于 1971 年，此后经历了几次重要升级。它一直在世界范围内广泛应用，用于城市地区雨水径流、合流管道、污水管道和其他排水系统的规划、分析和设计。同时在非城市区域也有一些应用。

该软件主要应用于未开发场地、规划（建成）小区及厂区、城市雨水管网单流域和多流域等暴雨排水及低影响开发模拟系统。软件符合 GB 50014—2006（2016 年版）室外排水设计规范，可以识别各种电子地图，形成三维数字高程模型，根据规范（手册）暴雨强度公式、重现期、降雨历时和峰值系数自动按照芝加哥暴雨模型计算生成暴雨模型。可以根据已有暴雨模型生成其他时间递进性（时间差）暴雨模型。直接利用鸿业管线软件生成管道、节点、汇流面积、地形等数据。对于现状管网，可以采用定义方式快速得到管网模型，自动划分汇流区域、自动根据三维模型计算得到节点地面标高。按照就近原则自动进行地块与节点的汇流关系确定，图形方式定义和表示地块与地块之间、地块与节点之间的汇流关系，汇流关系调整方便。自动提取图形数据进行一维管道模拟，计算结束后即时给出积水节点、形成洪流（过流能力不足）的管道，方便判断方案可行性。采用图形方式向图面布置蓄水池、水泵、堰、分流器、孔口等。采用管道系统+地面排水通道相结合的二维模拟方式，结合三维城市地形、三维建筑物等地形地物进行模拟计算、淹没分析。采用工程和方案的概念，工程内部可以保存多种计算方案，便于进行多方案技术比较。

方便进行低影响开发技术参数定义，为“地区改建时，相同重现期设计暴雨时改建后径流量不大于改建前径流量”提供判定依据。通过颜色直观显示积水节点、发生洪流管道和淹没区域。通过多方案对比的方式显示排出口节点的流量变化曲线、指定管道的流速、流量、充满度等变化曲线。动态显示降雨过程淹没范围线变化，自动标注各淹没区最大范围、最大积水容积、最大水深点和最大水深数值。以 CAD 图形方式、曲线图方式、Excel 或 Word 报表方式显示计算结果。

4.3.2　降雨条件

本书以单场 2h 短历时降雨作为边界条件，国内外应用最多的短历时降雨雨型为芝加哥雨型，该种雨型的雨峰部分与历时无关，与频率分析法的误差最小，洪峰不受历时影响，一次确定的降雨过程在各段管道计算时均能适用，雨强过程容易确定，雨峰相对位置容易得到。

芝加哥雨型的典型曲线如图 4-1。

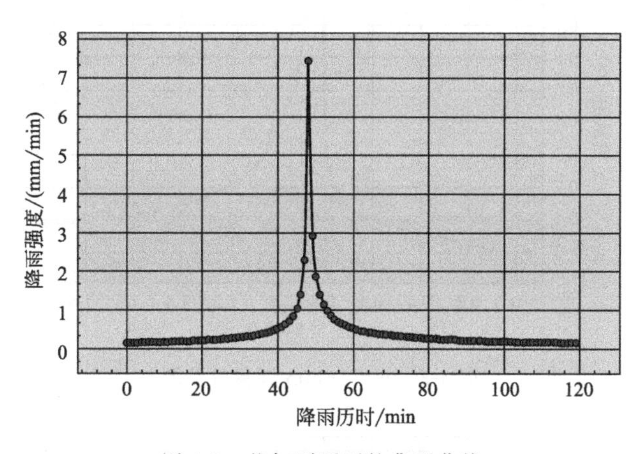

图 4-1　芝加哥雨型的典型曲线

4.3.3　不同调蓄雨量对径流峰值控制贡献大小的研究

以南昌市红谷滩某小区为研究对象，小区占地面积约 3.5hm^2，综合径流系数取 0.6，小区雨水系统接入市政雨水管处的主干管为 DN1000。采用鸿业暴雨排水及低影响开发模拟系统建立管网模型，在该雨水干管排入市政雨水管前设置调蓄池，并以 $P=3$ 年一遇 2h 降雨作为边界条件，进行模拟计算，最后提取雨水干管末端的流量变化曲线，得出峰值削减率随调蓄雨量的变化关系，如图 4-2～图 4-6（图中黑色曲线为调蓄前的流量曲线，灰色曲线为调蓄后的流量曲线 H 为调蓄雨量）。

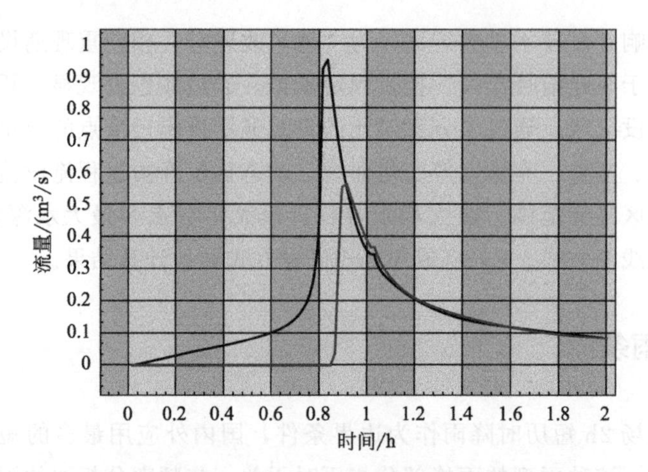

图 4-2　$H=14\text{mm}$ 调蓄效果图

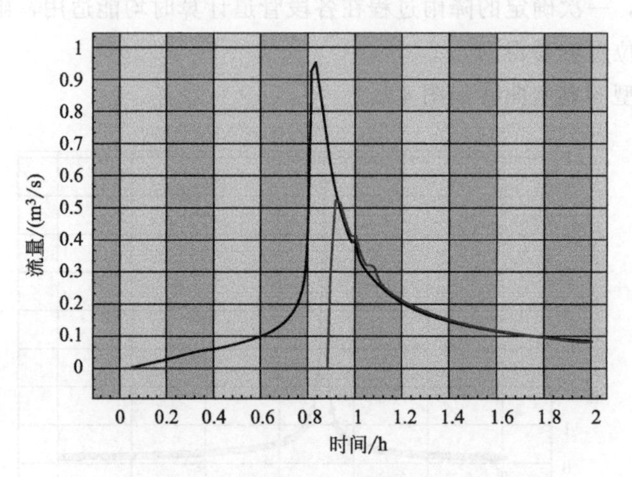

图 4-3　$H=16\text{mm}$ 调蓄效果图

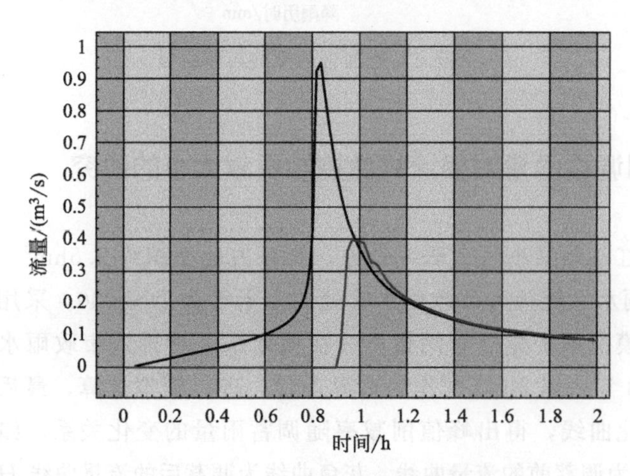

图 4-4　$H=18\text{mm}$ 调蓄效果图

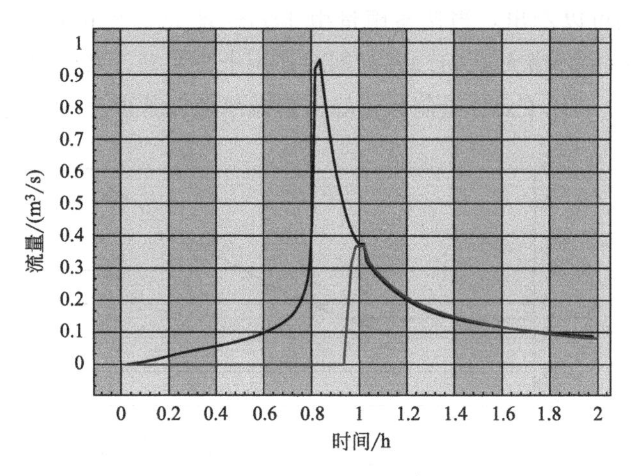

图 4-5　$H=20$mm 调蓄效果图

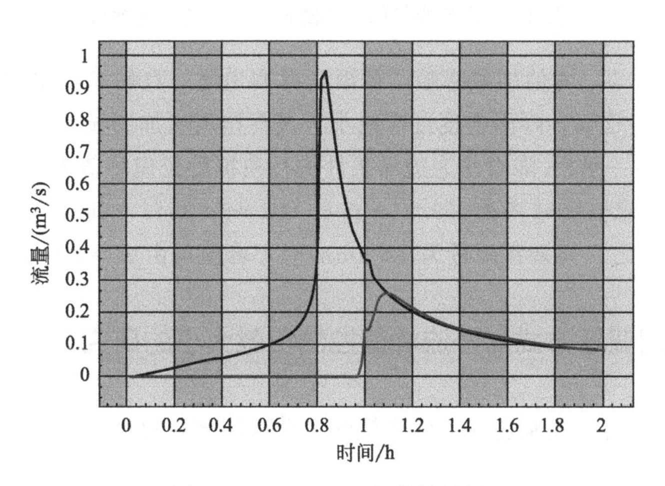

图 4-6　$H=22$mm 调蓄效果图

根据上述曲线，得出表 4-2 的对照表。

表 4-2　调蓄效果对照表

工况	峰值 /(m^3/s)	峰现时间 /min	峰值削减率 /%	峰值延后时间 /min
调蓄前	0.94	49.2	—	—
$H=14$mm 调蓄后	0.57	54.0	40	4.8
$H=16$mm 调蓄后	0.52	56.4	44.6	7.2
$H=18$mm 调蓄后	0.40	58.2	57.4	9
$H=20$mm 调蓄后	0.37	60.0	60.6	10.8
$H=22$mm 调蓄后	0.27	64	71.3	14.8

由上述结果可以看出：当调蓄雨量由 14mm 增大至 22mm 时，调蓄池对径流峰值的削减率由 40%增大至 71.3%，削减作用十分明显，峰值相应地延后。

根据表 4-2，利用 Excel 绘制径流峰值削减率随调蓄雨量的变化曲线如图 4-7。

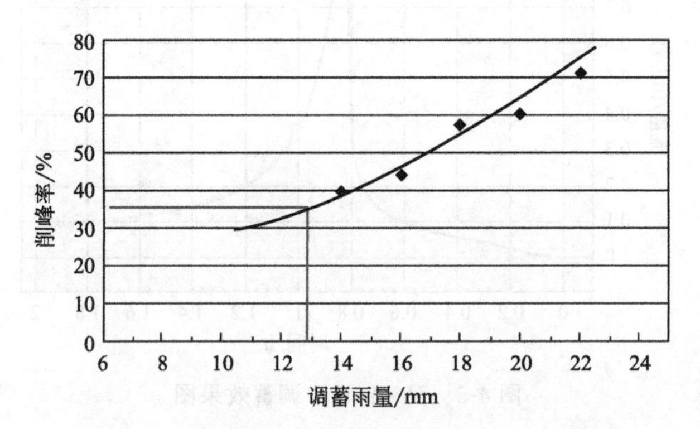

图 4-7　径流峰值削减率随调蓄雨量的变化曲线

由图 4-7 可知，峰值削减率随调蓄雨量单调递增，且斜率也单调递增，这是因为，随着降雨的延续，降雨强度逐渐减小，调蓄作用更加明显。

以 $P=1$ 年一遇 2h 降雨作为边界条件进行模拟得径流峰值为 $0.6\mathrm{m}^3/\mathrm{s}$，相对于 $P=3$ 年一遇的峰值削减率为（0.94－0.6）/0.94＝36%，其对应图 4-7 横坐标为 12.9mm。换言之，当调蓄雨量为 12.9mm 时，峰值可由 $P=3$ 年削减至 $P=1$ 年。

4.3.4　不同调蓄方式对径流峰值控制贡献大小的研究

在具体分析前，先阐述一下两个概念：全程调蓄与脱过调蓄（图 4-8）。

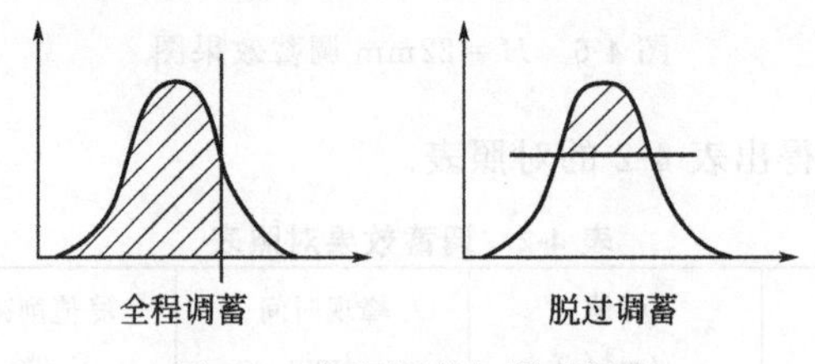

图 4-8　全程调蓄与脱过调蓄

全程调蓄是指降雨径流产生的一开始雨水就进入调蓄池，直至调蓄池蓄满，雨水再排入下游管道系统。一般用于源头控制径流污染和控制径流总量的海绵调蓄措施，多数采用的是全程调蓄方式。

脱过调蓄是专门用来削减径流峰值一种调蓄方式，即初期雨量不大时，雨水直接排入下游管道，待雨量超过下游管道排水能力时，超出的雨量进入调蓄池。

根据调蓄池设置在雨水系统的源头还是设置在雨水系统末端，上述两种方式又可细分为源头全程调蓄、末端全程调蓄、源头脱过调蓄及末端脱过调蓄，其中源头脱过调蓄形式运用较少。

以下着重分析比较相同削减率条件下，源头全程调蓄、末端全程调蓄、末端脱过调蓄三种情况下所需的调蓄容积大小，以指导工程实践。

以南昌市红谷滩某独立的汇水区域为研究对象（图4-9），该汇水区域总汇水面积约50hm^2，其综合径流系数取0.6，雨水主箱涵断面尺寸为$B \times H = 2000\text{mm} \times 1500\text{mm}$。

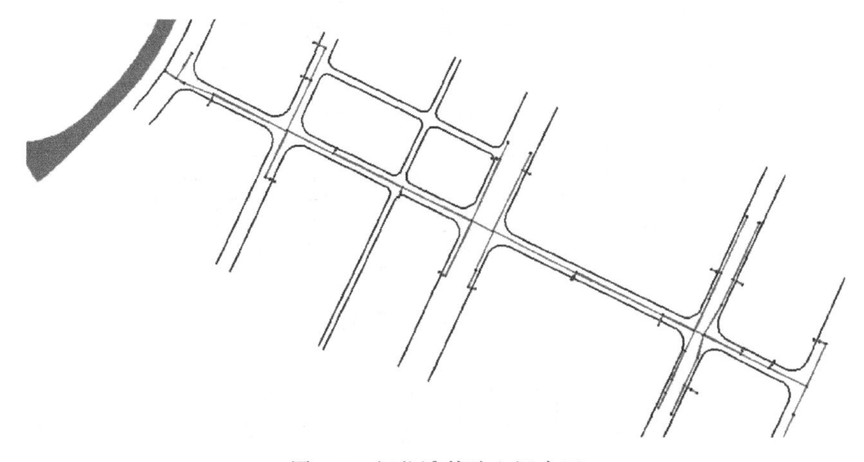

图4-9 红谷滩某独立汇水区

采用鸿业暴雨排水及低影响开发模拟系统建立管网模型，以$P=3$年一遇2h降雨作为边界条件，进行模拟计算，得到未设调蓄及各地块均设有源头全程调蓄（调蓄雨量12.9mm）两种工况下雨水系统末端的流量过程曲线，如图4-10（黑色曲线为未设调蓄工况，灰色曲线为设有源头全程调蓄工况）。

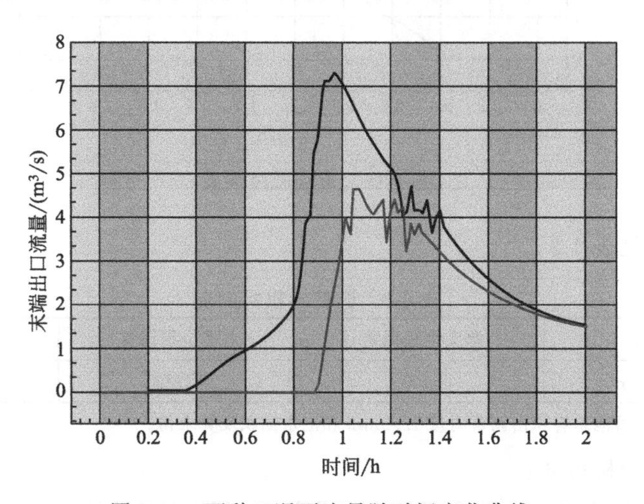

图4-10 两种工况下流量随时间变化曲线

鸿业软件可提取上述曲线的数据并储存为Excel表格，通过Excel表格统计图4-10黑色曲线的峰值削减至灰色曲线的峰值所需末端全程调蓄池容积及末端脱过调蓄池容积（即图4-11和图4-12阴影部分面积）。

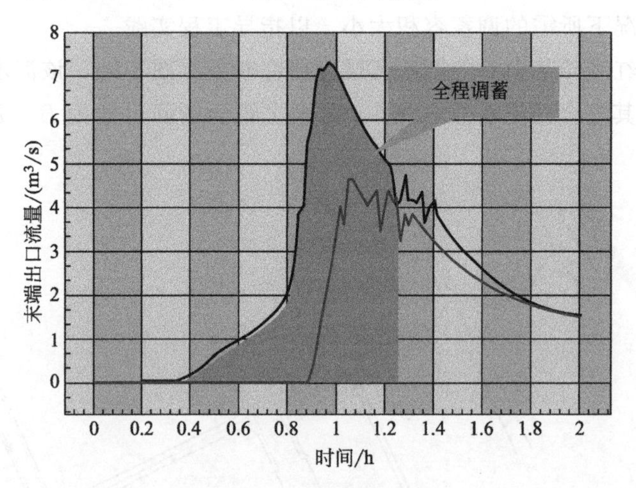

图4-11 末端全程调蓄

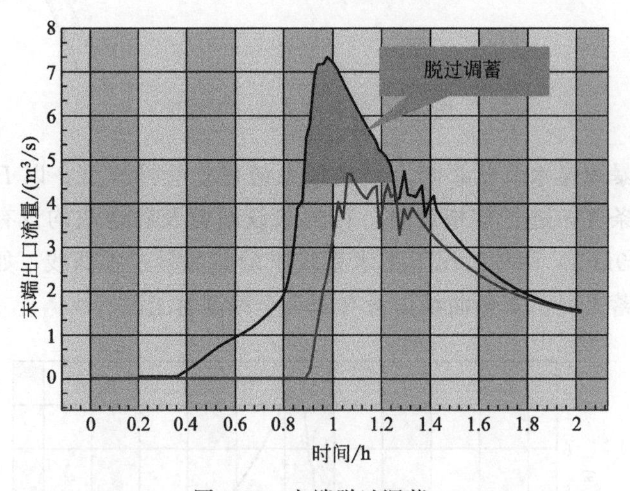

图4-12 末端脱过调蓄

统计结果见表4-3。

表4-3 调蓄容积对照表

调蓄方式	源头全程调蓄	末端全程调蓄	末端脱过调蓄
调蓄总容积/m^3	6450	12780	2860

注：源头全程调蓄池总容积由调蓄雨量12.9mm和汇水面积反算求得。

由上结果分析可知：

① 源头全程调蓄、末端全程调蓄、末端脱过调蓄三种情况下，源头全程调蓄

所需调蓄容积约为末端全程调蓄的 50%，末端脱过调蓄所需调蓄容积约为末端全程调蓄的 22%。

② 相对于末端调蓄，源头调蓄可以减小下游所有管道的负荷，而末端调蓄只能减小出水口下游水体的负荷，且若源头调蓄能与初雨截流措施有效结合，则对径流污染控制也能起到重要作用，故首先推荐源头调蓄措施来削减径流峰值。

③ 若采用末端调蓄，则不应采用全程调蓄方式，但因脱过调蓄需将初期雨水首先排除，故若需控制径流污染和径流总量，则应搭配初雨截流措施。

4.3.5 流量过程线理论计算式的推求

要计算任意管段对应不同削减率所需调蓄容积的大小，需先求得管道流量随时间的变化曲线，一般采用软件模型进行模拟求解最为简单精确。而对于不具备条件的城市，软件应用受限。为此，本章主要推求任意管道流量随时间变化的函数关系式，以此来确定调蓄池大小。

根据极限强度理论的假设条件，汇水面积增长速度为定值，即 $\mathrm{d}F=C\times \mathrm{d}t$，因此，可对芝加哥雨型进行积分，再乘以相应的系数，即可求得给定设计管段的流量随时间变化的曲线。当然，该思路还应补充另一个假设条件：假设汇流全过程最远点流行至设计管段的时间为定值（可按各管段的最大流量时的流速来推求）。显然，在工程应用上，该假设条件是安全的。

流量过程线理论计算式的推求过程如下。

芝加哥雨型的一般表达式：

峰前：
$$i=\frac{a[(1-n)t_1/r+b]}{(t_1/r+b)^{n+1}} \tag{4-1}$$

峰后：
$$i=\frac{a[(1-n)t_2/(1-r)+b]}{[t_2/(1-r)+b]^{n+1}} \tag{4-2}$$

式中，i 为降雨强度，t_1、t_2 分别为峰前、峰后历时，r 为雨峰系数（峰前历时与总历时之比），根据当地降雨过程资料统计，可取多场降雨的平均值，通常 r 值在 0.3～0.5 之间。

式(4-1)、式(4-2) 可转化为降雨强度随时间变化的分段函数为：

$$i(t)=\begin{cases}\dfrac{a\left[\dfrac{(1-n)(rT-t)}{r}+b\right]}{\left[\dfrac{(rT-t)}{r}+b\right]^{n+1}}, & (t<rT)\\[2ex] \dfrac{a\left[\dfrac{(1-n)(t-rT)}{1-r}+b\right]}{\left[\dfrac{(t-rT)}{1-r}+b\right]^{n+1}}, & (t\geqslant rT)\end{cases} \tag{4-3}$$

根据前面的假设条件，任一管段的流量随时间变化函数为：

$$Q(t)=\frac{\Psi\cdot F}{\tau}\cdot\int_{t}^{t+\tau}f(t)\mathrm{d}t \tag{4-4}$$

式中，τ 为集流时间。

对于南昌市：$a=1598\times(1+0.69\times\lg3)=2124$（重现期取 3 年），$n=0.64$，$b=1.4$，$r$ 取 0.35，$T=120\mathrm{min}$，代入式(4-3) 得：

$$i(t)=\begin{cases}\dfrac{2124[1.03(42-t)+1.4]}{[2.86(42-t)+1.4]^{1.64}}, & (t<42)\\[2ex] \dfrac{2124[0.56(t-42)+1.4]}{[1.56(t-42)+1.4]^{1.64}}, & (t\geqslant 42)\end{cases} \tag{4-5}$$

将式(4-5) 代入式(4-4) 并积分，得如下分段函数：

$$Q(t)=\frac{F\cdot\Psi}{\tau}\begin{cases}\dfrac{2124t-89248}{(122-2.86t)^{0.64}}-\dfrac{2124(t-\tau)-89248}{[122-2.86(t-\tau)]^{0.64}}, & (\tau<t\leqslant 42)\\[2ex] -19.6-\dfrac{2124(t-\tau)-89248}{[122-2.86(t-\tau)]^{0.64}}+\dfrac{2117(t-42)-8.8}{[1.56(t-42)+1.4]^{0.64}}, & (42<t\leqslant 42+\tau)\\[2ex] \dfrac{2117(t-42)-8.8}{[1.56(t-42)+1.4]^{0.64}}-\dfrac{2117(t-\tau-42)-8.8}{[1.56(t-\tau-42)+1.4]^{0.64}}, & (42+\tau<t\leqslant 120)\end{cases} \tag{4-6}$$

式(4-6)，只要先算出流行时间，便可得到流量随时间变化关系，录入 Excel 表格，即可得到变化曲线，再利用表格的求和功能即可求得任意削峰要求的调蓄容积。

举例说明如下：取汇水面积 $F=50\mathrm{hm}^2$，集流时间 $\tau=30\mathrm{min}$，综合径流系数 $\Psi=0.6$，代入式(4-6)，录入 Excel 表格，给时间变量赋整数值（1min、2min、3min……120min），得到相应的流量值 Q(L/s)，绘制出流量随时间变化曲线如图 4-13。

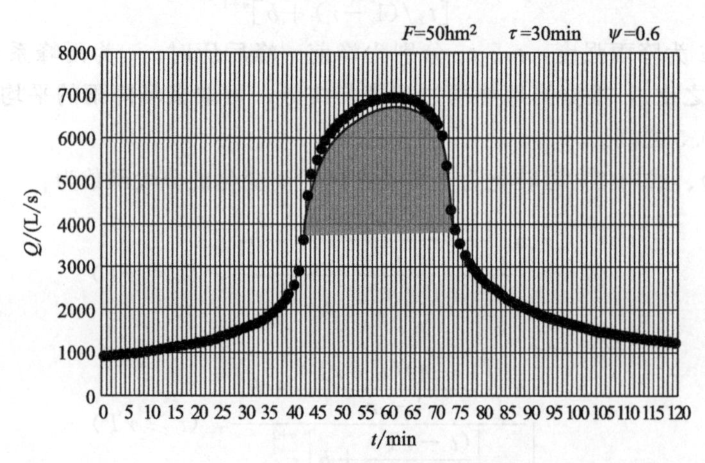

图 4-13 流量随时间变化曲线

在图 4-13 中，径流峰值若需由 7000L/s 削减至 4000L/s，采用末端脱过调蓄方式，调蓄容积即为图中阴影部分面积，即通过 Excel 表格筛选大于 4000L/s 的流量值并求和再乘以时间转化系数即可，采用该方案求得本次需调蓄容积约 12000m^3。

4.4 本章小结

①本章首先简单介绍了海绵措施对径流峰值控制的两种分类方式，并分析了海绵措施的基本分类和组成。研究结果表明：调蓄功能对径流峰值的控制起主要作用。

② 重点研究了不同调蓄雨量对径流峰值控制贡献大小。结果表明：当调蓄雨量由 14mm 增大至 22mm 时，调蓄池对径流峰值的削减率由 40%增大至 71.3%，削减作用十分明显，峰值相应地延后，可以实现错峰以减小下游管网负荷。

③ 重点研究了不同调蓄方式对径流峰值控制贡献大小。结果表明：源头全程调蓄所需调蓄容积约为末端全程调蓄的 50%，末端脱过调蓄所需调蓄容积约为末端全程调蓄的 22%。考虑源头全程调蓄对削减径流污染作用最为明显，首先推荐采用源头全程调蓄措施来削减径流峰值。当源头调蓄实施较困难时，则推荐采用末端脱过调蓄方式。

④ 推求了流量过程线理论计算式，以便于不具备模型使用条件的区域计算调蓄容积。

第5章 海绵城市建设技术对于径流污染控制贡献的研究

本章旨在研究城市降雨径流污染特征、海绵城市建设技术（低影响开发）对径流污染控制的贡献及其影响因素，以期为低影响开发技术的推广与应用、相关导则与规范的编制提供参考。

5.1 城市降雨径流污染概述

5.1.1 降雨径流污染简介与成因

城市降雨径流污染亦被称为城市面源污染，是指在城市降雨过程中降雨及其形成的径流冲刷城市地表（如居民区、商业区、街道、停车场、绿地和建筑屋顶等）聚集的一系列污染物（如氮磷营养盐、有机物、重金属、有毒物质、杂物及致病菌等），并随之汇入河流、湖泊等城市水体，造成城市地表水或地下水受到污染。城市降雨径流污染是伴随城市降雨径流产生的，是集中与频繁的人类生活和生产活动对环境造成的负面影响。城市人口众多、活动频繁造成城市地表污染物增多，为城市降雨径流污染提供了物质基础。在降雨过程中，城市地表累积的各种污染物在降雨径流的冲刷与搬运作用下，汇入城市水体形成城市降雨径流污染。

5.1.2 降雨径流污染强度的表征

在任意一场降雨引起的地表径流过程中，由于降雨特征的随机性（降雨强度随时变化导致径流流量及其对地表的冲刷力变化）、路面沉积物的非均质性以及雨期污染源排放污染物的随机性，使径流过程中污染物浓度在较大范围内变化。因此常用次降雨平均浓度（event mean concentration，EMC）来表征径流污染强度。

EMC 指在任意一场径流事件中，排放的某污染物的总质量与径流总体积的比值，也即一场径流全过程排放的某污染物的平均浓度。其数学表达式见式(5-1)。

$$\mathrm{EMC}=\frac{M}{V}=\frac{\int_0^T C(t)Q(t)\mathrm{d}t}{\int_0^T Q(t)\mathrm{d}t} \tag{5-1}$$

式中　M——场次径流排放的某污染物的总质量，g；

V——场次径流的总体积，m^3；

$C(t)$——径流中某污染物浓度随时间 t 的分布，mg/L；

$Q(t)$——t 时刻的径流量，m^3/s；

T——某场径流总历时，s。

5.2 城市地表径流污染负荷的计算

5.2.1 城市地表径流污染负荷的概念

地表径流污染负荷是指由一场降雨或一年中的多场降雨所引起地表径流排放的污染物的总量。年污染负荷可用式(5-2) 来表示：

$$L_y=\sum_{i=1}^{m}L_i=\sum_{i=1}^{m}(\mathrm{EMC})_i V_i \tag{5-2}$$

式中　L_y——年污染负荷，g；

L_i——年中第 i 场降雨的污染负荷，g；

V_i——第 i 场降雨的地表径流量，m^3；

$(\mathrm{EMC})_i$——第 i 场降雨的 EMC 浓度，mg/L。

5.2.2 城市地表径流污染负荷计算方法

由上面的城市地表径流污染负荷概念可知，只要知道一年中各场降雨所引起的地表径流污染物的平均浓度和各场降雨的径流体积，即可求得年污染负荷。一年中第 i 场降雨引起的地表径流和降雨量的关系可用式(5-3) 表示：

$$V_i=0.001\Psi_i A_i\int_0^{T_i} r_i\mathrm{d}t=0.001\Psi_i A_i P_i \tag{5-3}$$

式中　Ψ_i——第 i 场降雨的地表径流系数；

A_i——第 i 场降雨的集雨面积，m^2；

r_i——第 i 场降雨 t 时刻的降雨强度，mm/s；

P_i——第 i 场降雨的降雨量，mm；

0.001——单位换算因子。

从式中可知，一年中第 i 场降雨所引起的地表径流污染负荷可用式(5-4) 计算：

$$L_i = (\mathrm{EMC})_i V_i = 0.001(\mathrm{EMC})_i \Psi_i A_i P_i \tag{5-4}$$

那么年污染负荷则可以按式(5-5) 计算：

$$L_y = 0.001\sum_{i=1}^{m}(\mathrm{EMC})_i \Psi_i A_i P_i \tag{5-5}$$

5.2.3 城市地表径流污染负荷计算模型和应用

5.2.3.1 城市地表径流污染负荷计算模型

我国关于降雨径流污染的资料非常少，采集的同一地区降雨事件径流测试资料有限，因此采用美国华盛顿政府委员会的方法：1987 年，美国学者 Schueler 提出了一种简便方法的计算模型，用于估计城市开发区地表径流污染物排放量，这种方法是基于美国 NURP（国家城市径流污染研究署）在华盛顿地区所得到的数据而开发的一种方法，模型如下：

$$L_t = 0.01 C_F \Psi A P C \tag{5-6}$$

式中 L_t——计算时段（t）内径流排放污染负荷，kg；

C_F——用于对不产生地表径流的降雨进行校正的因子（产生径流的降雨事件占总降雨事件的比例），一般为 0.9；

Ψ——径流区平均径流系数；

A——径流集雨面积，hm^2；

P——计算时段（t）内的降雨量，mm；

C——污染物的加权平均浓度，mg/L；

0.01——单位换算因子。

$\Psi = 0.05 + 0.009 \times I$，$I$ 为区域地表不透水百分数。

式(5-6) 可用于计算任意长时间段内的径流污染负荷，在求污染物年排出量时，P 表示的是年降雨量。

5.2.3.2 城市地表径流污染负荷计算模型的应用

王业雷为研究南昌市城区降雨径流污染过程，分别在南昌市交通区（八一大道）、商业区（中山路）、工业区（高新技术产业区）和居民区（高教小区）布点采集路面径流样本。

(1) TSS、COD、NH_3-N、TP 的 EMC 值 根据 2007 年 12 月采样结果（降雨历时 45min，降雨量 11.5mm），通过对不同功能区路面径流的采样试验结果，运用上述 EMC 的计算方法，对不同功能区（交通区、商业区、工业区和居民区）的单场降雨平均浓度进行了分析。图 5-1 与图 5-2 是不同功能区单场降雨采集的径流样品的值。

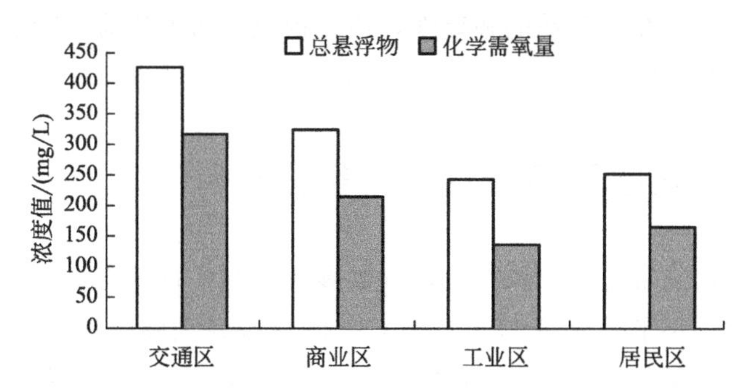

图 5-1　2007 年 12 月不同功能区 TSS 和 COD 的 EMC 值

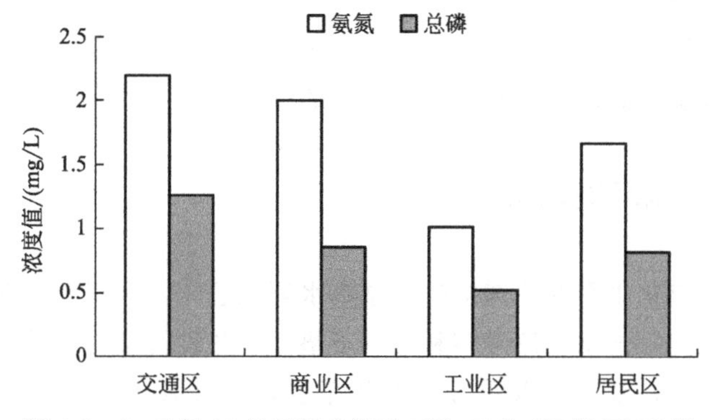

图 5-2　2007 年 12 月不同功能区 NH_3-N 和 TP 的 EMC 值

从图 5-1、图 5-2 中可以看出，图中的污染指标 TSS 在不同的功能区也存在有很大的差异性，其顺序为交通区＞商业区＞居民区＞工业区。同时，由于 COD 大部分是吸附在固体颗粒物上，因此其分布的规律与 TSS 基本上是一致的。TP 的浓度在四个功能区中也有差异，其顺序为交通区＞居民区≈商业区＞工业区。NH_3-N 在四个功能区的表现为交通区＞商业区＞居民区＞工业区。

(2) 城市地表径流污染负荷的计算　根据上述计算的 EMC 值，结合式(5-6)来计算不同功能区的污染负荷，结果见表 5-1。

表 5-1　2007 年 12 月污染物负荷量　　单位：kg/hm^2

污染物负荷	TSS	COD	NH_3-N	TP
交通区	21.92	16.23	0.115	0.065
商业区	7.30	4.82	0.047	0.019
工业区	4.14	2.31	0.017	0.008
居民区	2.37	1.57	0.015	0.007

从表 5-1 中可以看出，在路面径流中，TSS、COD、NH_3-N、TP 的负荷量最高出现在交通区，其主要原因是交通区的人类活动相对来说最为激烈，同时还存在

有持续的污染源，如交通活动的频繁性，使得径流中污染负荷量特别高。商业区的人类活动仅次于交通区，居民区在上述指标中相对要低一点。

5.3 南昌市某道路径流污染特征分析

南昌市属中亚热带湿润季风气候，气候湿润温和，日照充足，一年中夏、冬季长，春、秋季短。年平均气温17～17.7℃，极端最高气温突破40℃，极端最低气温-10℃左右。年降雨量1600～1700mm，降水日为147～157天，年平均暴雨日5.6天，年平均相对湿度为78.5%；年日照时间1723～1820h，日照率为40%。

南昌市降水主要集中在4～6月，占全年降水量的50%。降水的年际变化很大，导致旱涝频发。加之近年来植被破坏、水土流失严重、农田施用化肥农药等非点源污染，水环境遭到破坏，对经济有很大的影响。

5.3.1 城市径流污染现状

随着我国城市化水平的快速提升，城市水环境恶化、水资源短缺和雨洪灾害得到人们的普遍关注。雨水径流淋溶和冲刷下垫面的各种污染物，暴雨径流中携带有浓度较高的磷、氮、细菌以及重金属等污染物，污染较重的雨水径流进入城市水体，使得城市水体恶化，直接影响公众的日常生活。暴雨径流污染被认为是除了农业排水以外的第二大非点源污染源，因此，控制暴雨径流污染对防止城市水环境恶化有着十分重要的意义。

城市地表大部分为不透水路面，降雨尤其是暴雨落到地面后迅速形成径流，冲刷并挟带地表污染物形成暴雨径流污染。城市降雨径流中含有悬浮物、耗氧物质、营养物质、有毒物质、油脂类物质等多种污染物。这些污染物随径流进入江河湖泊，造成水体污染。径流污染物的排放特征表现为晴天累积，雨天排放。一般而言，影响城市路面径流污染的因素包括降雨强度、降雨量、降雨历时、交通流量、路面清扫及维护状况等。降雨强度决定着冲刷路面污染物能量的大小；降雨量决定着稀释污染物的水量；降雨历时决定着污染物在降雨期间累积于路面的时间长短；路面清扫的频率及效果影响着晴天时在路面累积的污染物的数量。

5.3.2 南昌市某道路径流污染现状研究

吴雅芳等研究了南昌大学前湖校区学生宿舍楼前路面雨水的径流污染特征。学生宿舍楼前路面宽16.6m，路面呈现中间高两旁低的地势，路面两旁均设有雨水口，雨水口间距为50m，每一雨水口的集雨面积为415m^2。

径流采样时间为：0min，5min，10min，15min，20min，25min，30min，45min，60min，90min，120min。0min开始为第一次采样，即0～5min或以内的降水视为0min降水，采满600mL为止，记录采样开始时间和终了时间。5min开始为第二次采样，即5～10min或以内的降水视为5min降水，采满600mL为止，记录采样开始时间和终了时间，依此类推第三次、第四次采样时间。若0～5min以内所采水样未满600mL，则第一次采样结束时间为采满时间，记录采样开始时间和终了时间。第二次采样时间往后延迟至下一个开始时间，依此类推。若降雨为阵雨，则降雨间隙不计入降雨或产流时间，在累计时间时应该将这段时间予以扣除，但需要在备注栏准确记录降雨间隙的开始时间与结束时间。

5.3.2.1　TN污染浓度随时间的变化

图5-3为TN浓度随降雨历时的变化。随着雨量的增加，TN浓度趋势是下降的，在降雨初期，浓度急剧上升，说明此时冲刷出的TN大部分为溶解性污染物，随着降雨历时的增加，雨量增加，对TN有稀释作用。但是后期TN浓度增加，氮类污染物需要具有较大能量（能量大，冲刷力度大）的降雨才能将其冲刷出来，因此TN在大雨强降雨事件中径流浓度更高，随降雨强度的增大而增加。由此表明雨水的冲刷力度是影响TN径流污染程度的主要因素，所以TN的冲刷机制为转运限制型。

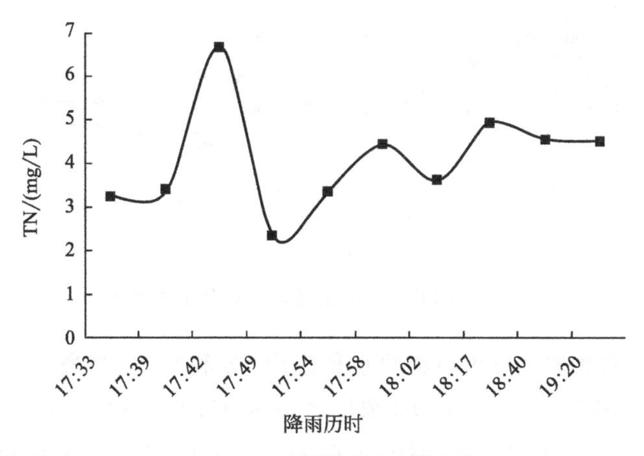

图5-3　TN随降雨历时的变化

5.3.2.2　TP污染浓度随时间的变化

图5-4为TP浓度随降雨历时的变化。随着雨量的增加，TP的下降趋势比TN更明显，随着降雨强度增大，道路径流水量增大，发生稀释作用，使大雨强降雨事件中的磷浓度逐渐减小。由此表明影响磷的径流污染程度的主要因素为雨前道路上

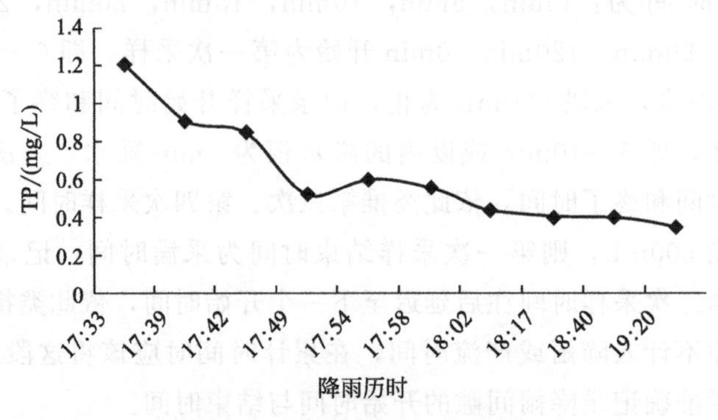

图 5-4 TP 随降雨历时的变化

的磷源累积污染负荷，其径流冲刷机制为来源限制型。

5.3.2.3 COD 和 SS 污染浓度随时间的变化

图 5-5 为 COD 和 SS 浓度随降雨历时的变化。随着雨量的增加，COD 的变化趋势不明显，但 SS 出现先增大后减小的趋势，说明 SS 和 TP 有相同的冲刷机制。COD 变化不明显，说明 COD 污染物质存在两种冲刷机制。

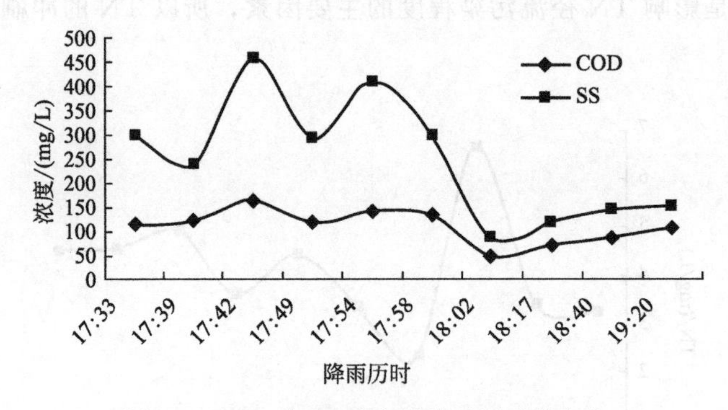

图 5-5 COD 和 SS 浓度随降雨历时的变化

综合其他实验数据，城市道路雨水径流中 SS 和 COD 是最主要污染物，SS 浓度范围为 44.6～915.0mg/L，COD 浓度范围为 25.4～333.0mg/L，TP 浓度范围为 0.1～1.3mg/L，TN 浓度范围为 1.0～9.9mg/L，NH_4^+-N 浓度范围为 0.1～5.3mg/L，水质劣于《地表水环境质量标准》(GB 3838—2002) Ⅴ类，污染相对严重。尽管污染物水质指标不同，但其浓度都随降雨类型不同表现出较大范围的波动。

5.4 海绵设施对径流污染的控制

伴随城市化的快速发展，城市下垫面属性发生巨大变化，影响了原有的水文循环，原来大面积透水性地表逐渐被建筑物、沥青等不透水材料覆盖，阻断了降雨径流入渗地下的通道，降雨径流的峰值流量变大、峰值出现时间提前和径流总量变大，造成城市内涝频繁发生；并且，降雨径流冲刷城市地表，携带大量地表污染物，汇入城市水体，造成城市水体污染加剧，加重了局部地区生态环境负荷。城市降雨径流污染已经成为城市水体水质恶化、河流生态系统退化的重要原因之一。研究表明，北京和上海城区降雨径流污染占水体污染负荷的10%～20%（中心城区超过50%）；北京市路面、屋面降雨径流中TSS、COD、TN、TP、Pb（铅）和Zn（锌）等污染物的浓度均高于美国、法国、德国等国家。另有调查显示，我国90%以上的城市水体污染较为严重，很多城市水体存在黑臭或水华现象。美国国家环保署（USEPA）把城市降雨径流列为导致全美河流湖泊污染的第三大污染源（比例在18%以上），并认为城市水体中40%～80%的生物需氧量（BOD）与COD来自城市降雨径流污染。

由于城市降雨径流有径流量大、初期污染严重、污染负荷时间与空间的差异性和集中收集困难等特点，造成末端管理措施治理投入大，促使降雨径流生态净化利用的概念越来越受到重视。对城市降雨径流及其污染，海绵城市措施可以实现削减径流峰值流量、延迟峰值出现时间、削减径流总量、削减径流污染负荷等生态目标。海绵城市措施既适用于新城开发也适用于旧城改造，其主要措施包括雨水花园、绿色屋顶、透水铺装、植被浅沟和缓冲带等。目前，雨水花园较为普遍，应用较广，对降雨径流及其污染的削减效果在美国及其他发达国家已得到广泛认同与应用。

5.4.1 海绵设施对污染物去除机理

（1）固体悬浮物　雨水径流中的固体悬浮物本身的危害在于其浊化接纳水体，浊化速度远超过水体的自净能力，水体质量下降，各种污染物繁殖迅速，影响整个水体景观的透明度和观赏性；同时固体悬浮物还容易在城市排水管道沉积，导致城市排水系统堵塞。LID设施对雨水径流中总固体悬浮物的净化作用主要靠在表面的沉降、填充介质吸附作用和土壤介质的过滤，并没有其他复杂的生物化学反应过程。

（2）含氮污染物　LID设施对含氮污染物的去除主要通过沉淀以及土壤基质的吸附、过滤、微生物硝化和反硝化等作用。有机氮主要通过土壤的吸附、过滤等作用去除。

① 吸附作用：因土壤颗粒表面带负电，铵态氮表面带正电，所以铵态氮进入生物滞留系统后首先被土壤及其他填料吸附，进而被去除。土壤基质的阳离子交换能力直接决定了土壤对铵态氮离子的吸附量，同时土壤的温度、湿度等也影响土壤

对铵态氮的吸附能力，其他种类阴离子的吸附去除量则取决于土壤颗粒表面的吸力大小和电子平衡。

② 硝化作用：该作用主要通过土壤内微生物进行。亚硝化菌将 NH_4^+ 转化为 NO_2^- 获得能量，硝化菌再将 NO_2^- 转化为 NO_3^- 获得能量，从而将铵态氮最终转化为 NO_3^-，在形态上去除了铵态氮，增加了硝态氮。

③ 反硝化作用：反硝化细菌利用硝态氮和亚硝态氮作为电子受体，在厌氧环境下将其转化为气体的过程称作反硝化。在好氧环境下，微生物的呼吸作用所造成的局部厌氧，使得在好氧环境下土壤系统中也有可能发生反硝化作用。影响反硝化作用的主要因素有 pH、温度、硝态氮含量以及是否为厌氧环境等。

土壤中的 NO_2^- 积累到某一浓度，其会与系统中的有机物发生化学反应生成 N_2、N_2O 和 NO_2 等。植物对生物滞留系统的除氮有直接和间接作用。直接作用主要指氮素的同化作用和植物吸收，因降雨过程中径流在系统内的停留时间非常短，对进入系统内的氮素进行快速固定非常重要，植物根系对氮素的吸收和吸附作用十分重要，尤其是根系茂密发达的植物作用更加显著。间接作用主要指作物涵养水源、影响土壤 pH，提高硝化和反硝化作用的速率等，相关研究也表明在炎热夏天的雨季湿地植物的反硝化作用明显强于旱季。

(3) 含磷污染物　城市雨水径流中磷主要来自以下几方面：绿化肥料流失；各种汽车尾气排放；现存和腐烂的植物；动物粪便和残骸；生活洗涤剂等。尽管磷元素是植物生长必不可少的，但是过量的磷进入水体会导致水体富营养化，藻类泛滥，水功能退化，生物多样性减少。对于一般普通填料的生物滞留系统而言，其对总磷的去除是有限的，对于颗粒态总磷经过雨水花园表层沉淀和过滤作用，处理净化效果相对较好；而对于溶解态的总磷，主要靠介质吸附作用去除，而介质对溶解态总磷的吸附作用又分为永久性吸附和临时性吸附，永久性吸附一般是不可逆的，吸附量较小，这和介质本身特性有关，临时性吸附是可逆的，前一次降雨被临时吸附的溶解态磷可能在下次降雨被淋洗冲刷排出，具体的淋洗冲刷量与降雨强度和介质的实际吸附能力有关。土壤介质对磷的去除主要包括沉淀、吸附以及微生物的同化作用。

5.4.2 典型海绵设施（雨水花园）概述

海绵设施具有多种形式，此次以应用较多的雨水花园为例，研究海绵设施对径流污染的贡献。

雨水花园（rain gardens），又称生物滞留系统（bioretention system），根据其外观、大小、建造位置和适用范围可分为植生滞留槽（bioretention）、滞留带、滞留花坛和树池 4 种类型。雨水花园自上而下一般可分为蓄水层、覆盖层、种植土壤层、砂层和砾石层等。

雨水花园主要用于处理高频率的小降雨与低频率暴雨事件的初期降雨径流，超出处理能力的降雨径流，即可通过溢流汇入排水管网，也可通过底部管道输送至排水管网，避免溢流。雨水花园的优点：建造成本低、养护投入少，选用当地植物；与景观结合，美化环境；补充地下水、削减降雨径流总量和峰值流量作用突出。为了提高削减效果，应建造在可直接接收降雨径流的位置。雨水花园结构如图 5-6，雨水花园应用实景如图 5-7。

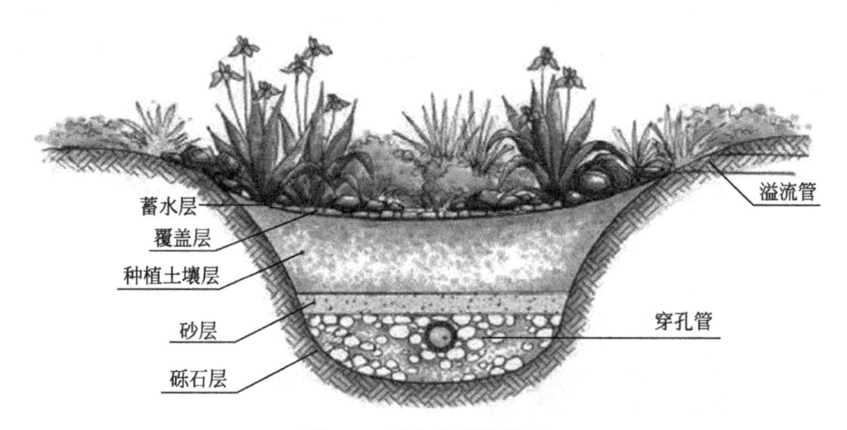

图 5-6　雨水花园结构图

图 5-7　雨水花园应用实景图

5.4.3　雨水花园对出流雨水污染物的影响

蒋沂孜等研究了在实验室条件下，不同的污染物负荷下雨水花园对各种污染物的削减作用。雨水花园层间构造如图 5-8 所示。植物选取雨水花园中常用的香菇草。香菇草属于伞形科天胡荽属，喜光，可栽于陆地和浅水区，其具有较强的适应能力和繁殖能力，能够适应从水到旱、从强光到荫蔽等多种生存环境，有着较好的耐受性，并且对污染物的综合吸收和富集能力较强。25mm 的功能性填料选择石英砂。在不同污染负荷条件下处理道路雨水径流，每 10min 采集一个出水水样，实验时间安排为 1h 及 3h，分析雨水花园对污染物的处理效果。由于实验中需要大量道路雨水径流，直接采集路面雨水径流困难且无法满足实验需求，所以进水采用人工配制的雨水径流。整理相关数据，得到雨水花园表面污染负荷（进水污染物浓度与雨水花园面积的比值）与污染物去除率的关系。由于实验条件是在实验室条件下，雨水径流采用人工配水，所以实验结果具有通用性。实验数据见表 5-2。污染物去除率用于表征雨水花园的性能，污染物去除率的数学表达式为：

$$\text{污染物去除率（\%）}=\frac{\text{初始浓度}-\text{雨水花园处理后浓度}}{\text{初始浓度}}$$

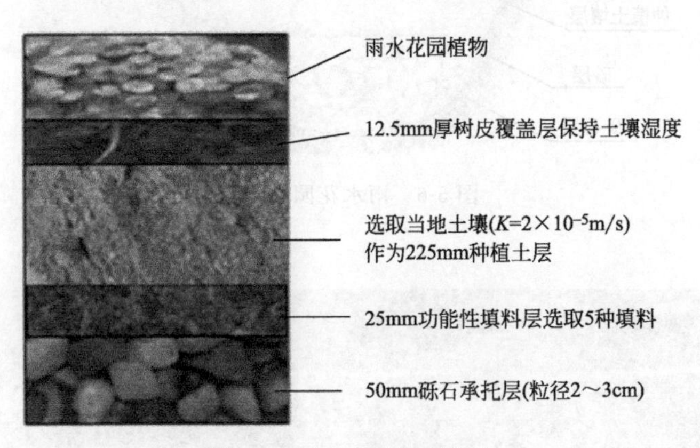

图 5-8 雨水花园层间构造

表 5-2 不同污染物不同浓度负荷与去除率的关系

SS/(mg/L)	去除率/%	COD/(mg/L)	去除率/%	TP/(mg/L)	去除率/%	TN/(mg/L)	去除率/%
100	89	50	39	0.1	84	1	56
200	96	100	24	0.2	83	3	41
400	98	200	22	0.4	75	5	32
800	98	400	17	0.8	68	9	32
1000	99	800	17	1.6	52	12	27

本实验采用雨水花园面积为 0.0784m^2，可得到雨水花园表面污染负荷与污染物去除率的关系，见表 5-3。

表 5-3　雨水花园表面污染负荷与去除率的关系

SS /[mg/(L·m²)]	去除率 /%	COD /[mg/(L·m²)]	去除率 /%	TP /[mg/(L·m²)]	去除率 /%	TN /[mg/(L·m²)]	去除率 /%
1275.5	89	637.8	39	1.276	84	12.755	56
2551.0	96	1275.5	24	2.551	83	38.265	41
5102.0	98	2551.0	22	5.102	75	63.776	32
10204.1	98	5102.0	17	10.204	68	114.796	32
12755.1	99	10204.1	17	20.408	52	153.061	27

根据表 5-3 的数据进行曲线拟合，可分别得到各种污染物的表面污染负荷与污染物去除率的关系。

5.4.3.1　雨水花园表面污染负荷与 SS 去除率的关系

图 5-9 为 SS 表面污染负荷与去除率的关系，从图中可以看出随着表面负荷的增大，SS 去除率也有增大的趋势，但增长速度逐渐减弱。雨水花园对 SS 的去除主要通过过滤截留作用。

通过曲线拟合得到表面污染负荷与 SS 去除率的关系为：

$$y = 3.7626\ln x + 64.231 \qquad R^2 = 0.789$$

式中　y——SS 去除率，%；

x——SS 表面污染负荷，mg/(L·m²)。

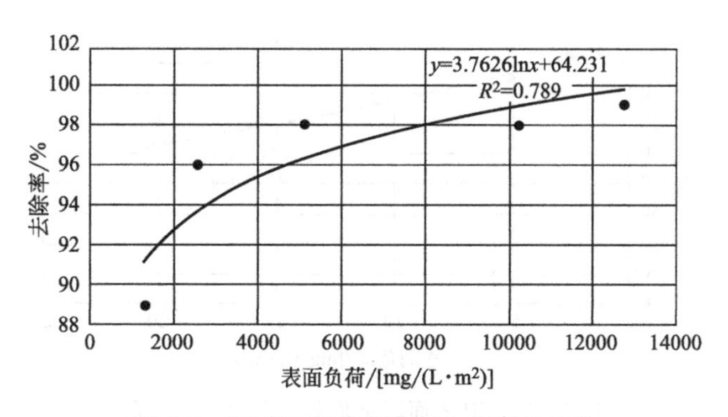

图 5-9　SS 表面污染负荷与去除率的关系

5.4.3.2　雨水花园表面污染负荷与 COD 去除率的关系

图 5-10 为 COD 表面污染负荷与去除率的关系，从图中可以看出随着表面负荷的增大，COD 的去除率逐渐减小，相同的雨水花园大小下，COD 浓度越大，去除

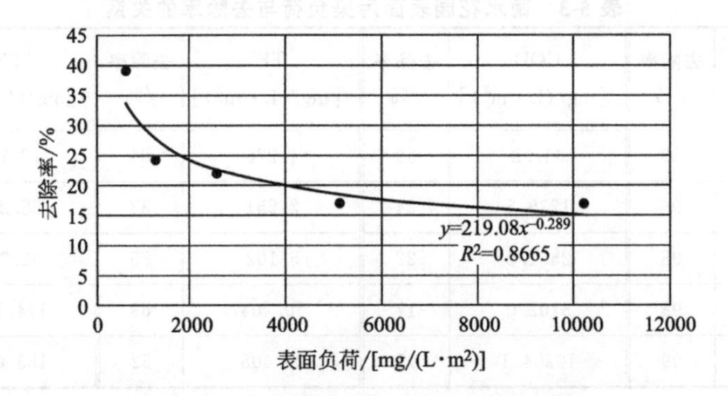

图 5-10 COD 表面污染负荷与去除率的关系

率越小。

通过曲线拟合得到表面污染负荷与 COD 去除率的关系为：

$$y=219.08x^{-0.289} \qquad R^2=0.8665$$

式中 y——COD 去除率，%；

x——COD 表面污染负荷，mg/(L·m^2)。

5.4.3.3 雨水花园表面污染负荷与 TP 去除率的关系

图 5-11 为 TP 表面污染负荷与去除率的关系，从图中可以看出随着表面负荷的增大，TP 的去除率逐渐减小，相同的雨水花园大小下，TP 浓度越大，去除率越小。

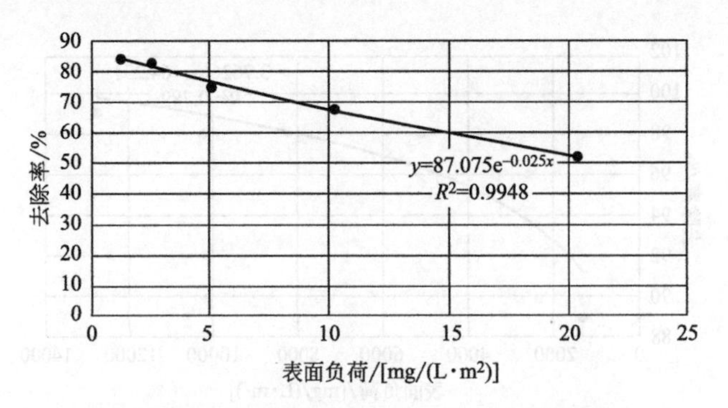

图 5-11 TP 表面污染负荷与去除率的关系

通过曲线拟合得到表面污染负荷与 TP 去除率的关系为：

$$y=87.075e^{-0.025x} \qquad R^2=0.9948$$

式中 y——TP 去除率，%；

x——TP 表面污染负荷，mg/（L·m^2）。

5.4.3.4　雨水花园表面污染负荷与 TN 去除率的关系

图 5-12 为 TN 表面污染负荷与去除率的关系，从图中可以看出随着表面负荷的增大，TN 的去除率逐渐减小，相同的雨水花园大小下，TN 浓度越大，去除率越小。

通过曲线拟合得到表面污染负荷与 TN 去除率的关系为：

$$y=112.95x^{-0.282} \qquad R^2=0.9552$$

式中　y——TN 去除率，%；

　　　x——TN 表面污染负荷，mg/（L・m²）。

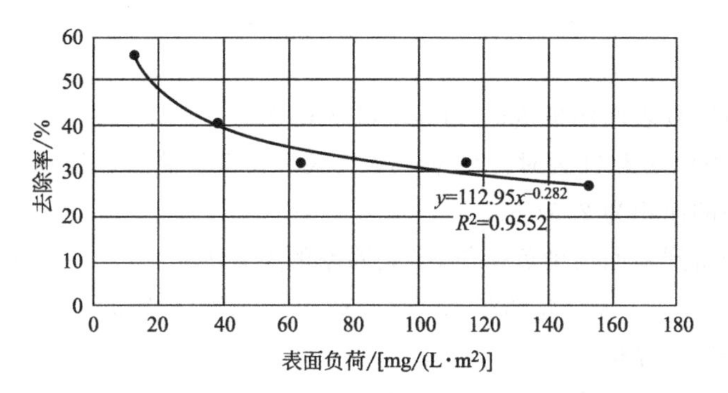

图 5-12　TN 表面污染负荷与去除率的关系

5.5 计算实例

5.5.1　以控制径流总量为目的的雨水花园计算

根据南昌市工程的实际情况，取降雨历时为 120min，设计降雨量为 22.8mm（70%径流总量控制率），设计降雨强度为 0.19mm/min。依据以上条件，以图 5-8 雨水花园层间构造为前提，进行雨水花园设计面积计算。汇流面积为 1300m²，最大蓄水层高度 h_m＝0.25m，植物横截面积占雨水花园总面积比例 f_v＝0.5，空隙率 n＝0.3，种植土层与填料层总厚度 d_f＝0.6m，根据公式

$$A_f=\frac{A_d \cdot H \cdot \varphi}{h_m \cdot (1-f_v)+n \cdot d_f}$$

可得雨水花园面积 A_f＝87.46m²。

5.5.2 以控制污染物平均浓度为目的的雨水花园计算

以南昌市降雨为例，根据表 5-1，COD 污染物负荷量取 16.23kg/hm^2，SS 污染物负荷量取 21.92kg/hm^2，汇流面积为 1300m^2，降雨量为 22.8mm，根据公式

$$L_t = 0.01 C_F \psi APC$$

可得到 COD 平均浓度为 132mg/L，SS 平均浓度为 178mg/L。

5.4 节的拟合曲线基本适用于南昌市同等构造的雨水花园。

曲线拟合得到表面污染负荷与 COD 去除率的关系为：

$$y = 219.08x^{-0.289} \qquad R^2 = 0.8665$$

式中 y——COD 去除率，%；

x——COD 表面污染负荷，mg/（L·m^2）。

当 COD 去除率为 70%时，将 $y=70$ 代入上述拟合曲线，得到 $x=51.826$，即得到雨水花园的面积为 2.57m^2。

曲线拟合得到表面污染负荷与 SS 去除率的关系为：

$$y = 3.7626\ln x + 64.231 \qquad R^2 = 0.789$$

式中 y——SS 去除率，%；

x——SS 表面污染负荷，mg/（L·m^2）。

当 SS 去除率为 90%时，将 $y=90$ 代入上述拟合曲线，得到 $x=942$，即得到雨水花园的面积为 0.2m^2。

而根据前述计算，当以 70%径流总量控制率为条件时，计算出的雨水花园面积为 87.46m^2。

故而雨水花园对污染物的削减作用要远远大于对径流总量的控制作用。

5.6 本章小结

① 本章介绍了一种城市地表径流污染负荷的计算方法，并将该方法应用于研究南昌市城区降雨径流污染过程。研究表明，在路面径流中，TSS、COD、NH_4^+-N、TP 的负荷量最高出现在交通区，商业区的人类活动仅次于交通区，居民区在上述指标中相对要低一点。

② 城市道路雨水径流中 SS 和 COD 是最主要污染物，SS 浓度范围为 44.6～915.0mg/L，COD 浓度范围为 25.4～333.0mg/L，TP 浓度范围为 0.1～1.3mg/L，TN 浓度范围为 1.0～9.9mg/L，NH_4^+-N 浓度范围为 0.1～5.3mg/L，水质普遍劣于《地表水环境质量标准》（GB 3838—2002）Ⅴ类，污染相对严重。尽管污染物水质指标不同，但其浓度都随降雨类型不同表现出较大范围波动。

③ 雨水花园能够有效削减雨水径流中的污染物，且可通过实验数据拟合出污染物去除率与雨水花园表面污染负荷的关系。

④ 以图5-8雨水花园为案例，当以70%径流总量控制率为条件时，计算出的雨水花园面积为87.46m^2；当以70%COD去除率为条件时，根据拟合结果，计算出雨水花园面积为2.57m^2；故而雨水花园对污染物的削减作用要远远大于对径流总量的控制作用。

第6章 海绵城市建设技术中雨水利用的效益贡献

本章将运用经济学原理，采用成本效益分析方法，从雨水资源利用对经济、生态环境和社会发展等角度出发，探讨海绵城市建设中雨水资源利用可产生的效益，提出海绵城市雨水资源利用经济、社会、生态效益识别和评估指标体系。

6.1 海绵城市雨水利用效益评估体系

海绵城市建设中雨水利用效益的识别和评估的核心问题，是其效益的识别和评估指标体系。该指标体系是否科学、合理，直接关系到评估结果的质量和可靠性。因此，建立的指标体系必须科学、客观、合理，尽可能全面反映产生效益的所有因素，在遵循科学全面性、动态可变性、操作实用性、普适推广性等原则的基础上，综合水文水资源学、经济学、生态学、社会学等各学科的相关知识，在分析海绵城市雨水资源利用对受水区域的经济、社会和生态效益的基础上，构建海绵城市雨水资源利用的经济社会效益识别和评估指标体系。

海绵城市建设中雨水利用的总成本包括固定资产投资和年运营成本两部分。其中固定资产投资包括土地成本、土建建安费用等。运营成本主要包括雨水工程清淤成本、雨水处理成本、维护管理成本及折旧成本。

海绵城市建设中雨水利用的效益分为经济效益（直接使用价值）、生态效益（间接使用价值）、社会效益（选择价值和存在价值）3个方面。

海绵城市雨水资源利用的经济社会效益识别和评估指标体系需从以上几方面对雨水措施进行量化计算，具体指标体系见图6-1。

根据雨水资源利用效益识别和评估指标体系，雨水资源利用效益的计算步骤如下。

步骤1：结合项目具体情况，计算项目的固定资产投资及运营成本。

步骤2：结合项目具体情况，计算雨水利用水量。

步骤3：根据步骤2计算的雨水利用水量，结合项目具体情况，计算雨水利用的效益。

步骤4：根据计算的雨水利用的成本及产生的效益，进行效益成本分析，获得项目的净效益，对项目进行评价。

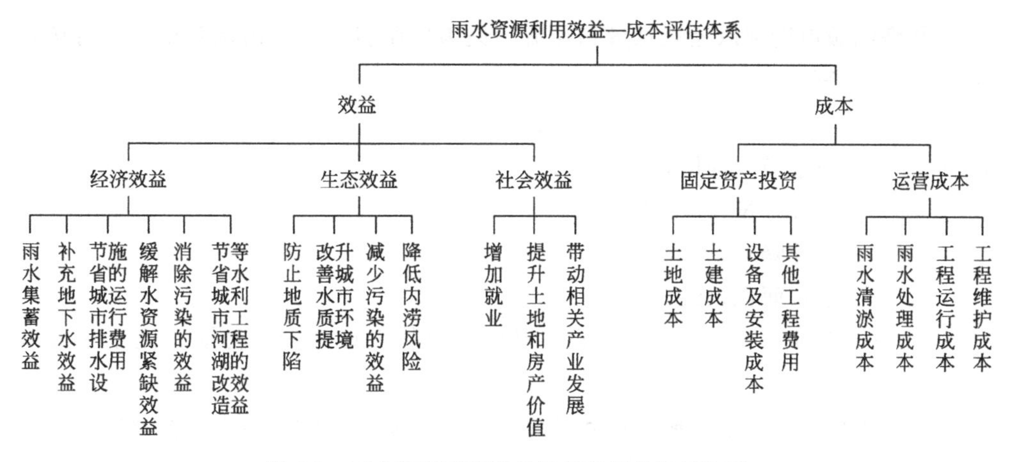

图 6-1　雨水资源利用效益识别和评估指标体系

6.2 雨水利用水量计算

量化雨水效益需要确定雨水措施的可利用雨水水量。水量平衡分析应包括雨水来水量、初期雨水弃流量、回用水量、渗漏量、蒸发量、补充水量和排放量。雨水措施对雨水调蓄、储存的水量可通过以下公式进行计算。

① 海绵城市措施以雨水径流峰值为控制目标时，雨水利用总量可按式(6-1)进行计算：

$$W=10(\psi_c-\psi_0)h_yF \tag{6-1}$$

式中　W——雨水最大利用总量，m^3；

ψ_c——雨量径流系数；

ψ_0——控制径流峰值所对应的径流系数；

h_y——设计日降雨量，mm；

F——硬化汇水面面积，hm^2。

② 计算调蓄功能削减排水管道洪峰流量时，雨水调蓄池的有效容积按式(6-2) 计算：

$$W_1=\left[-\left(\frac{0.65}{n^{2.2}}+\frac{b}{t}\times\frac{0.5}{n+2}+1.1\right)\times\lg(\partial t+0.3)+\frac{0.215}{n^{0.15}}\right]Q_st \tag{6-2}$$

式中　W_1——调蓄池有效容积，m^3；

∂t——跳过系数，取值为调蓄池下游排水管道设计流量和上游排水管道设计流量之比；

Q_s——调蓄池上游设计流量，m^3/min；

b、n——暴雨强度公式参数；

t——降雨历时，min。

③ 海绵城市措施以径流总量和径流污染为控制目标时，雨水利用总量可按式(6-3) 进行计算：

$$V=HF\psi-10Fh \tag{6-3}$$

式中 V——雨水最大利用总量，m^3；

ψ——综合雨量径流系数；

H——设计降雨量，mm；

F——汇水面积，hm^2；

h——初期雨水弃流量，mm，根据国内外设计经验，初期弃流量一般取 2.0～2.5mm。

④ 海绵城市措施以径流总量和径流污染为控制目标时，雨水调蓄池的可利用雨水水量可按式(6-4) 进行计算：

$$V_1=10DF\psi-10Fh \tag{6-4}$$

式中 V_1——雨水最大利用总量，m^3；

ψ——综合雨量径流系数；

D——调蓄量，mm，按降雨量计，可取 4～8mm；

F——汇水面积，hm^2；

h——初期雨水弃流量，mm，根据国内外设计经验，初期弃流量一般取 2.0～2.5mm。

⑤ 当海绵城市措施采用入渗系统和收集回用系统的组合时，入渗量和雨水设计量应按下列公式计算：

$$W=KJA_st_s+\sum q_in_it_y \tag{6-5}$$

$$W_1=KJA_st_s \tag{6-6}$$

$$W_2=\sum q_in_it_y \tag{6-7}$$

式中 W——雨水利用总量，m^3；

K——土壤（原土）渗透系数，m/s，一般在 10^{-3}～10^{-6}m/s 之间；

J——水力坡降，一般取 $J=1$；

A_s——有效渗透面积，m^2；

t_s——渗透时间，s，按 24h 计，对于渗透池和渗透井，宜按 3 天计；

q_i——第 i 种用水户的日用水定额，m^3/d；

n_i——第 i 种用水户的用户数量；

t_y——用水时间，宜取 2.5 天；当雨水主要用于小区景观水体，并且作为该水体主要水源时，可取 7 天甚至更长时间，但需同时加大蓄水容积；

W_1——入渗设施汇水面上的雨水设计径流量，m^3；

W_2——收集回用系统汇水面上的雨水设计径流量，m^3。

⑥ 以渗透为主要功能的设施规模计算。对于生物滞留设施、渗透塘、渗井等

顶部或结构内部有蓄水空间的渗透设施，设施规模应按照以下方法进行计算。

渗透设施有效调蓄容积按式(6-8) 进行计算。

$$V_s = 10HF\psi - W_p \tag{6-8}$$

式中　V_s——渗透设施的有效调蓄容积，包括设施顶部和结构内部蓄水空间的容积，m^3；

H——设计降雨量，mm；

ψ——综合雨量径流系数；

F——汇水面积，hm^2；

W_p——渗透量，m^3。

渗透设施渗透量按下式进行计算。

$$W_p = KJA_st_s \tag{6-9}$$

式中　W_p——渗透量，m^3；

K——土壤（原土）渗透系数，m/s，一般在 10^{-3}～10^{-6}m/s 之间；

J——水力坡降，一般取 $J=1$；

A_s——有效渗透面积，m^2；

t_s——渗透时间，s，一般取 2h。

6.3 成本分析与计算

雨水利用工程的总成本 C 包括固定资产投资和年运营成本两部分。

其中固定资产投资 C_0 包括土建成本、土地费用（含构筑物和管道等)、设备及安装成本、土地费用和其他工程费用等。

运营成本主要包括雨水清淤成本、工程运行成本、工程维护成本及雨水处理成本等。为便于计算，细化为动力费 C_1、药剂消耗费 C_2、维护管理费及其他 C_3 和折旧费 C_4。

其中动力费 $C_1 = N \cdot T \cdot D$，式中，N 为全部设备单日平均耗电量，T 为全年工作时间，D 为电价。

药剂消耗费 $C_2 = Q \cdot (a_1 \cdot b_1 + a_2 \cdot b_2 + \cdots)$，$Q$ 为年处理雨水量，a_1、a_2 为投加的化学药剂的平均加药量，b_1、b_2 为化学药剂的平均单价。

C_3 一般根据雨水利用工程的实际使用情况分析确定，包括污泥处置、水质分析、消耗材料等。缺少资料的按照总投资额的 2%～3%估算。

C_4 按照平均年限法进行计算。按照国家规定，城市公用事业单位固定资产报废时的净残值为 4%。

因此，雨水利用工程的总成本 $C = C_0 + C_1 + C_2 + C_3 + C_4$。

根据陈韬相关研究，常见海绵城市措施成本统计表见表 6-1。

表 6-1 常见海绵城市措施成本统计表

措施	建造安装成本/(¥/m²)	维护成本或建安成本	备注
屋面雨水不接入排水管道	640～2560	—	—
坡面漫流入开放空间	83	0.5¥/(年·m²)	—
植草渠	16～32	—	未含土地成本
土壤修复	1～1.3	—	—
绿色屋顶	576～1600	—	维护成本纳入景观维护成本
雨水收集	120～600	2%	未含过滤、水泵成本
渗透铺装	128～448	5%	—
下渗措施	—	5%～10%	—
生物滞留	192～2560	8.5%	—
干植草沟	2.3(排水区域)	6% 3.4¥/(年·m²)	未含土地成本
湿植草沟	1.1(排水区域)	6% 3.4¥/(年·m²)	未含土地成本
过滤措施	35	11%～13%	—
人工湿地	47～235	3%～5%	—
湿塘	36～74	3%～5% 11.6¥/(年·m²)	—
延时滞留塘	61.5(排水区域)	3%～5%	—

6.4 效益分析与计算

海绵城市雨水资源利用的效益是多方面的，主要表现为经济效益、社会效益、生态效益等。

6.4.1 经济效益

城市雨水利用的经济效益主要包括下列 6 个方面：雨水回用的效益（B_1），补充地下水的收益（B_2），消除污染而减少社会损失的收益（B_3），节省城市排水设施的运行费用（B_4），节省城市河湖改造等水利工程带来的效益（B_5），节水增加的国家财政收入（B_6）。具体计算方法为：

$$B=\sum_{i=1}^{6} B_i = W_1P_1 + W_2P_2 + W_3P_3 + W_4P_4 + W_5P_5 \tag{6-10}$$

其中各部分具体计算方法如下。

(1) 雨水回用的效益 B_1 通过海绵城市措施，可以把调蓄池收集的雨水用于中水回用，人工湿地、雨水花园等收集的雨水可用于补充湖泊水系，从而代替置换自来水，减少了自来水用水费用，节省的费用即为这部分效益，可依照自来水价格计算。具体计算方法为 $B_1=W_1 \cdot P_1$。式中，W_1 为雨水利用量，可根据具体海绵城市措施计算，P_1 为当地自来水水价。

(2) 补充地下水的效益 B_2 海绵城市措施可以增加径流下渗量，从而削减表面径流。径流通过下渗、土壤过滤，得到净化，进入地下水层，可以补充地下水，缓解缺水城市的水危机。透水铺装、植草沟、雨水花园、下沉式绿地等经处理后下渗的雨水可以作为地下水回补，雨水回补地下水收益可依据雨水入渗量、入渗补给系数和地下水水价计算，地下水水价根据各地情况确定，基本为自来水水价的2倍以上。具体计算方法为 $B_2=W_2 \cdot P_2$。式中，W_2 为各海绵城市措施的雨水下渗量，可根据具体海绵城市措施计算，P_2 为当地地下水水价。

(3) 消除污染而减少社会损失的收益 B_3 根据“十一五”期间污染治理情况分析所得COD的减排费用为4.14094元/kg。城市污染物去除成本可以通过年实际运营成本与年污染物去除总量的比值获得。消除污染而减少社会损失的收益分两部分，一部分为污染物总量的减少产生的效益，另一部分为各污染物消除后引起的污染物总量的减少产生的效益。具体计算方法为 $B_3=W_3 \cdot P_3$。式中，W_3 为消除污染物总量，可根据具体海绵城市措施计算，P_3 为污染物去除成本。污染物去除成本可以采用各地污水处理费，也可以乘以相应系数，系数取值一般为1.5。根据陈韬相关研究，各海绵城市措施对污染总量及各污染物去除效果见表6-2。

表6-2 各海绵城市措施对污染总量及各污染物去除效果

LID措施	径流量削减率/%	污染物TN去除率/%	污染物TP去除率/%	污染物TSS去除率/%
屋面雨水不接入排水管道	25～50	25～50	25～50	30
坡面漫流入开放空间	50～75	50～75	50～75	63～96
植草渠	10～20	35	25	30～65
土壤修复	30～75	—	—	85
绿色屋顶	45～60	45～60	45～60	—
雨水收集	40	—	—	—
渗透铺装	45～75	60～80	60～80	99.4
下渗措施	50～90	75	80	90～100
生物滞留	40～80	22～60	−86.3～76	—
干植草沟	40～60	55～74	52～83	93
湿植草沟	—	25～35	20～40	74

续表

LID措施	径流量削减率/%	污染物TN去除率/%	污染物TP去除率/%	污染物TSS去除率/%
过滤措施	—	30～45	60～65	79(砂滤)
人工湿地	—	25～55	50～75	61.9
湿塘	—	30～40	50～75	65
延时滞留塘	0～15	10～30	15～20	—

由表6-2可见，坡面漫流、下渗措施、渗透铺装、绿色屋顶、生物滞留和干植草沟、土壤修复具有明显的径流削减效果。下渗措施、渗透铺装、干植草沟、坡面漫流、绿色屋顶、过滤措施和湿塘表现出显著的污染物去除效果；屋面雨水不接入排水管道、植草渠、湿植草沟、人工湿地、延时滞留塘也具有较好的污染物去除效果；但生物滞留的除磷效果差距很大，甚至出现TP不减反增的现象；土壤修复主要用于改良密实而透水性不佳的土壤，增加孔隙率和土壤营养成分，尽管其径流削减量也可以减少部分营养物负荷，但不以去除TN和TP为目标。

(4) 节省城市排水设施的运行费用 B_4　$B_4=W_4\cdot P_4$，W_4 为削减的雨水总量，可参考表6-2径流量削减率，根据具体海绵城市措施进行计算，P_4 为当地每方雨水的运行费用。雨水收集利用以及入渗地下后，每年可减少向市政管网排放雨水量。当采用收集设施回用雨水时，减少的外排雨量即为雨水削减量。当采取渗透设施如草地、林地、透水路面等时，有大量雨水入渗地下，减少的外排量即下渗量。其中雨水收集水量可按雨水收集设施的规模尺寸确定，入渗地下水量这部分收益可按每立方米水的管网运行费用乘以减少的外排水量计算。据研究，每立方米雨水的管网运行费用为0.08元。

(5) 节水增加的国家财政收入 B_5　通过雨水收集总量以及每缺 $1m^3$ 水的经济损失量可以计算出雨水措施因缓解城市雨水短缺带来的经济效益。根据韩宇平等研究，计算得出北京缺水所造成的经济损失为14.70元/m^3。

6.4.2 生态效益

海绵城市中雨水利用不仅仅只是单纯替代城市自来水及中水的水价可计算效益，更包含对城市生态环境修复的不可计算效益作用。城市雨水收集利用主要的生态效益包括以下几个方面。

(1) 环境污染治理　在海绵城市雨水措施中建立雨水自然传输通道、种植绿化带、建造集雨池等方式缩小雨水汇流路径，将雨水径流中污染物过滤分解是消除城市雨水径流污染的主要方法。这种自然净化效益具体量化得到环境污染治理效益，见式(6-11)及式(6-12)，式中，参数 R、a、b 分别为污染物治理效益评估的固定参数。根据舒安平等相关研究，a、b 值主要由污染物的本底浓度、引起水体污染的临界浓度、污染物在本底浓度状态和严重水体污染时的浓度对水经济价值的损失率 4 项指标决定。本书以雨水径流中 COD 浓度的削减值作为主要生态效益评价指标。结合以往研究 a、b 值取 138.91 和 0.0326。K 可以取当地水的价格。

$$b=KRQ \tag{6-11}$$

$$R=\frac{1}{1+a\cdot\exp(-bC)} \tag{6-12}$$

式中　K——当地自来水的价格，元/m^3；

R——污染治理效益参数；

Q——雨水处理量，m^3/hm^2；

C——实际污染物浓度，mg/L。

（2）提高城市防洪能力，降低水灾损失　海绵城市雨水措施通过集蓄、下渗和排水等方式减少城市地表径流量，削减洪峰流量，削减、延迟洪峰出现时间，提高小区乃至城市防洪能力，避免或减轻本区域居民的水灾损失。该项效益的计算由防洪费征收额度与实际雨水项目面积乘积计算而得。

（3）减少地面积水、营造水景观、改善社区及周边环境　雨水利用工程不仅可减少小区降雨积水，方便居民生活，改善社区环境，还可减轻小区周围的地面积水，减少交通拥堵和交通事故的发生，有利于保障人民生命财产的安全。

（4）改善局部热岛效应，调节小气候　透水砖铺装路面的近地表温度比普通混凝土路面低 0.3℃左右，近地表相对湿度大 1.12%左右。

6.4.3　社会效益

社会效益的内涵主要包括 4 方面。

（1）提高民众节水意识和提高整体社会素质　雨水集蓄利用工程的开展既可以增强人们节约用水、珍惜用水、循环利用雨水资源的意识，又可以提高人们生活质量，改善人居环境。对深入落实可持续发展理念，建设和谐社会主义生态文明社会具有重要的促进意义。

（2）提供就业机会　雨水利用工程对于人力资源需求以及制造设备的需求刺激了产业人才与设备的纳入，从而提供了社会的就业机会，缓解了社会就业的压力，带动地区经济发展。

（3）有利于促进雨水利用工程设施地区周边房地产的升值　雨水利用工程的实施地区，水资源良好的循环利用以及雨水工程中的景观设计大大提升了周边地区的居住环境质量，从而带动周边房产行业发展。

(4) 带动城市水文化发展　对于这种由自然资源带来的文化激励所产生的效益，很难具体量化。可通过条件价值法对其进行评估，即通过调查了解消费者对相应生态系统服务的支付意愿来表达其具体经济价值。

6.5 雨水利用成本效益分析

成本效益分析常被政策分析家用来评估一项公共投资是否符合经济效率的要求，也即从社会是一个整体的观点来考虑、比较所有与计划相关的成本和效益，最后获得一个净效益最大化的计划供政府决策参考。成本效益的定量分析采用寿命期内雨水系统的总效益现值（E）和寿命期内雨水利用工程的费用现值（P）的比值 α，称为“效益系数”。$\alpha>1$，表明寿命期雨水利用项目的总效益大于总成本，项目可行；反之，不可行。

$$E=B\times\frac{(1+i)^n-1}{i(1+i)^n} \tag{6-13}$$

$$P=I+C\times\frac{(1+i)^n-1}{i(1+i)^n} \tag{6-14}$$

式中 P——寿命期内雨水利用工程的费用现值，元；

E——寿命期内雨水系统的总效益现值，元；

I——雨水利用工程的具体总投资，元；

C——雨水利用工程的年运行成本，元/年；

i——折现率，参照水利部 2001 年颁布的《雨水利用工程技术规范》中的一般规定，折现率取 7%；

n——雨水利用工程的设计寿命，年；

B——雨水利用工程的年均总效益，元/年。

6.6 雨水利用案例分析

南昌市某工业区总占地面积 $1.72\times10^5\text{m}^2$，其中建筑基底总面积 $4.4\times10^4\text{m}^2$，道路及场地面积 $1.11\times10^5\text{m}^2$，绿地总面积 $1.8\times10^4\text{m}^2$。在建造设计工业园时，综合考虑厂区雨水利用，利用海绵城市技术，对径流总量及径流污染进行控制，将建筑屋面、透水路面、绿地、透水砖路面、停车场等汇水面产生的雨水径流都用来收集回用及补充地下水。

雨水径流根据地势经过初雨弃流收集到地下雨水蓄水池中，在中水系统中，蓄水池中的雨水经过处理达到中水使用标准后进入中水蓄水池，而后由变频供水装置供给几个建筑的冲厕、拖布池、地面冲洗以及洗车、厂区绿地浇洒和路面清洗用水，当中水量不足时由自来水补充。路面采用透水砖铺设。同时将部分绿地建为下沉式绿地用来自然滞渗。该方案采用了多种增渗设施来减少雨水产生的地表径流，涵养地下水源。

雨水量分析：该项雨水利用工程的水量包括雨水集蓄利用量和雨水下渗利用量两部分。蓄水池集蓄雨水的主要目的是回用于生活杂用。其中，设计降雨量26.8mm，年平均降雨天数142天，径流量为降雨量、汇水面积、径流系数之积，经过海绵城市措施改造后综合径流系数为0.75。收集到的径流在进入蓄水池前需扣除初期降雨量（3mm），若前日降雨超过初期降雨量，则认为连续雨水污染较轻，则当日不扣除初雨，扣除初雨量后的径流量即为雨水可利用量。代入式(6-4)，计算年雨水集蓄量$=142\times 10DF\psi-10Fh=142\times(10\times 8\times 17.2\times 0.75-10\times 3\times 17.2)=73272m^3$，代入式(6-6)，计算年雨水下渗量$=142\times KJA_st_s=142\times 5\times 10^{-5}\times 1\times 1.29\times 10^5\times 120=109908m^3$。

成本分析：固定资产投资C_0，固定资产投资包括土建成本（含构筑物和管道等）、设备及安装成本、土地费用和其他工程费用。雨水利用工程建设并不是独立于小区单独为雨洪建设的，它们一般是结合小区排水工程建设而进行的，不管示范工程是位于老城区、新建区和将建区。因此在固定资产中未考虑雨水管道投资，计算包括了沉淀池、蓄水池和过滤室的建设费用，固定资产投资约300万元。

运营成本，雨水中水回用工程的运营成本主要包括雨水清淤成本、工程运行成本、工程维护成本、雨水处理成本。

① 雨水清淤成本：由于洪水利用工程主要集中在汛期（5～9月）运行，按照每月清理1次，每平方公里5个工日，每个工日30元计算，则$C_{r1}=750\times A$。A为雨水利用规划区面积。

② 工程运行成本C_{r2}（元）：根据北京雨水利用经验，收集利用$1m^3$的雨水运行费用约为0.1元。

③ 工程维护成本C_{r3}（元）：主要是对沉淀池、过滤室、蓄水池、雨水回用管道、屋顶绿化和相关设施的维护，维护费为总投资的1%。

④ 雨水处理成本C_{r4}（元）：根据相关研究，处理雨水的运行费用约是0.53元/m^3。运营成本约为2.5万元/年，雨水集蓄成本为6元/m^3。年运行总成本$=2.5\times 10^4+6\times 73272=46.5\times 10^4$元。

效益分析：根据南昌市自来水水价2元/吨，地下水水价1.2元/吨，污水处理费1元/吨，每吨雨水的管网运行费用0.08元，缺水所造成的经济损失为2.0元/吨等参数，计算雨水利用各部分效益如下。

雨水回用的效益$B_1=W_1\cdot P_1=73272\times 2=146544$元；

补充地下水的效益$B_2=W_2\cdot P_2=109908\times 1.2=131889.6$元；

消除污染而减少社会损失的收益$B_3=W_3\cdot P_3=73272\times 1=73272$元；

节省城市排水设施的运行费用 $B_4=W_4\cdot P_4=(73272+109908)\times 0.08=14654.4$ 元；

节水增加的国家财政收入 $B_6=W_6\cdot P_6=(73272+109908)\times 2=366360$ 元。

故该工程雨水利用的总效益 $B=B_1+B_2+B_3+B_4+B_5+B_6=146544+131889.6+73272+14654.4+366360=732720$ 元。

根据式(6-13) 及式(6-14)，设计寿命按 10 年计算，进行本工程的效益成本分析。

总效益 $$E=B\times\frac{(1+i)^n-1}{i(1+i)^n}=732720\times\frac{(1+0.07)^{10}-1}{0.07(1+0.07)^{10}}$$

$$=5146319\text{ 元}$$

总成本 $$P=I+C\times\frac{(1+i)^n-1}{i(1+i)^n}$$

$$=3\times10^6+4.65\times10^5\times\frac{(1+0.07)^{10}-1}{0.07(1+0.07)^{10}}$$

$$=6265695\text{ 元}$$

$\alpha=\frac{E}{P}=\frac{5146319}{6265695}=0.82<1$。经计算，当使用年限大于 18 年时，工程产生的效益大于成本。

故本工程寿命期雨水利用项目的总效益小于总成本，项目经济性不足。

从该案例可以看出，对于水资源丰富的城市，雨水利用效益不高，不应强制推广。而缺水地区水资源总量不足，如京津地区需要国家实施耗资巨大的南水北调工程来解决缺水问题，当地自来水价格高昂。这些地区除使用节水器具和提高居民节水意识外，还需付出一定代价设置雨水和中水系统，社会效益、经济效益明显，投资建设方和使用方都能接受，因此，在缺水地区推广雨水利用系统是十分必要的，也是可行的。

6.7 本章小结

城市海绵措施雨水利用评估体系主要包括海绵城市措施集蓄、入渗、利用水量计算和雨水措施成本—效益分析两部分。海绵城市雨水利用措施成本可分为固定资产投资和年运营成本两部分；效益可分为经济效益、生态效益、社会效益三部分。本章对城市雨水措施的经济效益和部分生态效益开展定量分析，对社会效益开展定性描述。

本章对海绵城市雨水措施效益评估模型开展了初步的探讨，并进行应用案例分析。分析结果表明：①提出的成本效益分析框架整体上是合理的，能够用来对雨水利用项目进行综合经济评价。②城市雨水利用产生的综合效益不同区域差别非常明显，北方缺水区域雨水利用综合效益非常明显，南方水资源丰富区域雨水利用综合效益不高，因此北方缺水地区应大力推广雨水利用技术，加大雨水项目的资金扶持力度，提高雨水利用的广度和深度，南方水资源丰富区域则应根据自身实际情况审慎决定。③提出的雨水利用成本效益分析框架，没有考虑无法货币化的生态效益及社会效益，因此计算得到的效益指数 α 值会小于实际产生的综合效益。

同时海绵城市建设尚处在起步阶段，雨水设施建设不完整，雨水利用模式单一，有效的雨水措施评估体系尚未构建。因此下一步应参考海绵城市建设标准与要求，结合城市水文模型和雨水措施实际效果观测，进一步开展效益评估研究，优化不同类型城市雨水措施配置模式。期望能够对促进海绵城市雨水措施布设优化、推动城市水系统良性循环具有一定的积极作用。

第7章 海绵城市建设技术计算模型研究

本章旨在研究海绵城市建设技术的计算模型，以期建立一种理论成熟、操作方便的模型，为在海绵城市建设技术过程中对低影响开发设施进行指标分解、规模计算提供一种参考方法。

7.1 海绵建设技术计算方法概述

根据《指南》，为了保障海绵城市的实施，在规划阶段应该对海绵设施的单项指标进行分解，将下沉式绿地率、透水铺装率、绿色屋顶率等指标从整体分解到各个地块；在设计阶段，需确定各个地块内低影响开发设施的具体规模，以满足规划的指标要求。指标分解及设施规模的确定，均涉及对海绵建设技术的计算，目前常用的计算方法有两种：容积法和模型模拟法（表 7-1）。

表 7-1 低影响开发控制指标及分解方法

规划层级	控制目标与指标	赋值方法
城市总体规划、专项（专业）规划	控制目标： 年径流总量控制率及其对应的设计降雨量	年径流总量控制率目标选择详见《指南》第 3 章第 2 节，可通过统计分析计算得到年径流控制率及其对应的设计降雨量
详细规划	综合指标： 单位面积控制容积	根据总体规划阶段提出的年径流总量控制率目标，结合各地块绿地率等控制指标，计算各地块的综合指标—单位面积控制容积
	单项指标： ① 下沉式绿地率及其下沉深度 ② 透水铺装率 ③ 绿色屋顶率 ④ 其他	根据各地块的具体条件，通过技术经济分析，合理选择单项或组合控制指标，并对指标进行合理分配。指标分解方法： 方法 1：根据控制目标和综合指标进行试算分解 方法 2：模型模拟

注：本表摘自《指南》

7.1.1 容积法

容积法是指根据研究范围内的海绵控制目标（年径流总量控制率），通过综合雨量径流系数计算区域所需要的总调蓄容积的一种计算方法，该容积作为海绵单项实施规模确定的目标，即以实际的径流雨量作为调蓄容积的计算基准值。

对区域内不同的海绵设施规模进行赋值，结合设施具体发挥的作用，试算各单项设施的调蓄容积（同样采用雨量径流系数计算），区域内所有海绵设施的调蓄容积之和应不小于前述目标容积。其具体计算一般分为以下步骤。

（1）根据区域的年径流总量控制率，计算设计调蓄容积

$$V=10H\cdot\Psi\cdot F \tag{7-1}$$

式中　H——所在城市年径流总量控制率对应的设计降雨量，以南昌市为例，年径流总量控制率为70%时，设计降雨量为22.8mm；

Ψ——综合雨量径流系数，根据区域内的下垫面性质加权计算；

F——汇水面积，hm^2。

（2）根据区域内各个地块的下垫面特性，配置各地块的LID措施，并初步确定LID单项设施的规模。下垫面的类型及比例，作为初步配置LID设施的边界条件，例如，若地块内的屋面所占比例为20%，则可配置的绿色屋顶面积上限为20%。

通常，一个项目中有很多地块，如果每个地块都逐一确定下垫面参数及对应的LID设施规模，将会有巨大的工作量。在实际设计过程中，一般会对同种类型的用地进行统一化处理，根据用地类型的不同确定下垫面类型及比例。因此，在实际项目中，一般是建立用地类型库，针对每种用地类型设置下垫面参数、LID设施。

（3）对LID单项设施的蓄水容积进行计算，其计算原则应满足《指南》中4.8.1的计算要求

① 顶部和结构内部有蓄水空间的渗透设施（如复杂型生物滞留设施、渗管/渠等）的渗透量应计入总调蓄容积。

② 调节塘、调节池对径流总量削减没有贡献，其调节容积不应计入总调蓄容积；转输型植草沟、无储存容积的渗管/渠、初期雨水弃流、植被缓冲带、人工土壤渗滤等对径流总量削减贡献较小的设施，其规模一般用流量法而非容积法计算，这些设施的容积也不计入总调蓄容积。

③ 透水铺装和绿色屋顶仅参与综合雨量径流系数的计算，其结构内的空隙容积一般不再计入总调蓄容积。

④ 受地形条件、汇水面大小等影响，设施调蓄容积无法发挥径流总量削减作用的设施（如较大面积的下沉式绿地，如果受坡度和汇水面竖向条件限制，实际调蓄容积远远小于其设计调蓄容积），以及无法有效收集汇水面径流雨水的设施具有的调蓄容积不计入总调蓄容积。

同时，应注意低影响开发设施往往具有多个功能，如集蓄利用、补充地下水、削减峰值流量、净化雨水和转输功能，能够实现径流总量、径流峰值、径流污染及雨水利用的多重目标，在单项设施的规模计算过程中，应抓住具体单项设施发挥的

主要功能，根据主要功能按照相应方法计算。比如生物滞留设施，既可以补充地下水（径流总量控制），还可削减峰值流量（径流峰值控制）、净化雨水（径流污染控制），在计算规模时，应当根据其主要功能为径流总量的控制，按照总量控制的计算方法计算其规模。

(4) 对照区域的设计调蓄容积与单项设施的调蓄容积之和，只有当后者不小于前者时，区域才能达到径流总量控制率的目标。否则，应当对设施的规模进行重新配置，反复试算，直到满足要求。

7.1.2 模型模拟法

模型模拟法的理论基础主要发展于19世纪末至20世纪中叶，一系列重要的水文水力数学模型相继提出，奠定了城市水文学发展的理论基础。这些数学模型包括圣维南方程组、曼宁公式、推求面平均降雨量的泰森多边形法、等流时线法、皮尔逊Ⅲ型曲线选配频率曲线、单位线法、指数方程表达的暴雨强度公式、瞬时单位线法、芝加哥过程线模型等。

随着计算机时代的到来，一些基于计算机开发的模型也陆续提出，1969—1971年由美国环保署（EPA）资助，佛罗里达大学、美国水资源公司和埃迪公司等联合开发的SWMM模型（雨洪管理模型）标志着城市排水计算机建模的开端。而后，一些模型也相继问世，有伊利诺雨水管道系统模拟模型（ISS）、水文计算模型（HSP）、STORM（美）、CAREPAS（法）、LAVRENSON（澳）、QQS（德）、DR3M-QUAL（美）、WFP（英）和、RATIONAL（俄）等。根据功能可以将其分为以下三类。

水文模型：用于模拟排水区域的降雨产汇流过程，计算排水系统的径流量，既可作为单独的模拟结果，也可作为后续水力模型、水质模型的输入数据，是整个雨水排水系统模拟的基础环节。

水力模型：用于模拟管道中包括污水、渗入、径流在内的雨污水的流动，分析管段流速、深度和流量等水力要素值，它既能以水文模型的计算结果作为输入数据，也可以自定义流入量过程线作为输入数据。

综合模型：包含水文模型、水力模型，并在水力模拟基础上集成水质模型，能预测排水系统内污染物的产生、转移及排放。这类综合模型是城市雨水管理模型的主要手段，当今多数排水系统模型软件皆为此类模型。

水文水力模型数量众多，各种不同模型的核心机制、模拟对象、适用尺度千差万别。近些年，已有部分水文水力模型广泛地应用于城市内涝方面的研究。而随着海绵城市建设理念的不断深入，应当开发和筛选出适用于我国海绵城市研究和建设的典型水文水力模型。整体而言，模型的选择应当符合以下条件。

① 根据海绵城市的基本内涵，应当将模型的尺度限定为城镇以及与城镇密切相关的流域。

② 应选用世界上得到广泛应用并经过反复实证，在我国也有研究和实践的模型。水文模型需要大量的基础资料，经验模型和物理模型只有经过大量本土化论证研究，才能验证其可靠性和适应性。

③ 适应于海绵城市的水文模型通常都是水文模型、水力模型和水质模型的耦合，以应对复杂的水文水力现象。

综上，本章对SWMM雨洪管理模型（图7-1）进行简单介绍，SWMM在5.0版本之后增加了对LID/BMPs的支持，成为世界上最主要的低影响开发设施计算模型。它将LID/BMPs单独划分成子汇水区，适用于小地块的LID模拟，也可以将单个或多个LID设施混合置于同一个子汇水区内作为子汇水区的一部分，取代等量的子汇水区内的非LID面积，在这种方式下，无法明确指定LID设施的服务区域及处置路径，主要适用于较大区域的LID集成技术及雨洪控制效果模拟。

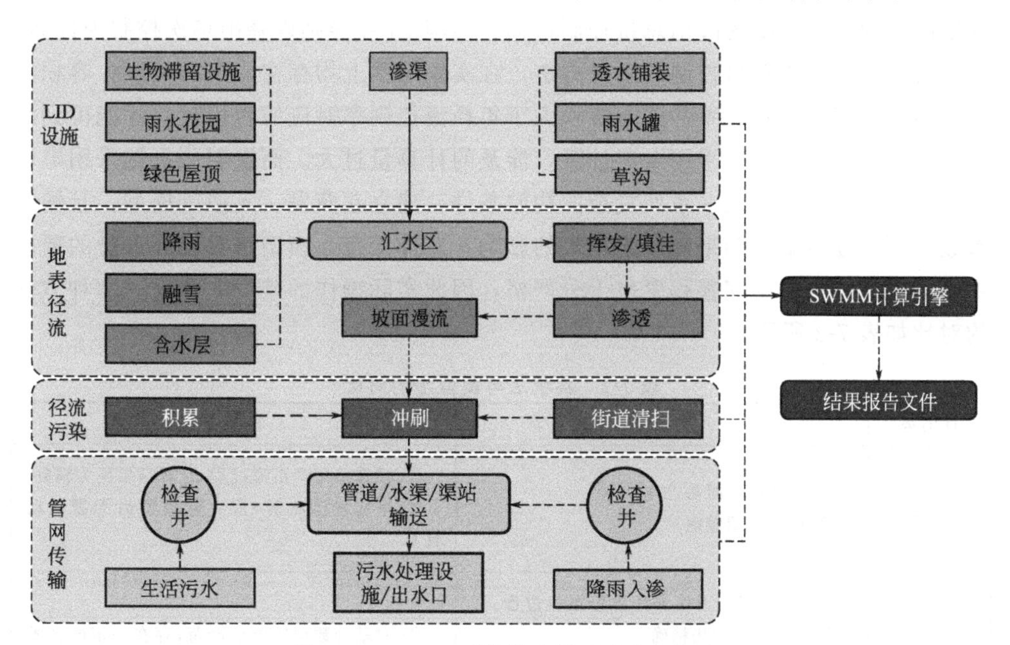

图7-1　SWMM雨洪管理模型基本机构图

LID设施位置和面积确定后，设定具体参数，低影响开发设施被分解为表层、路面层、土壤层、蓄水层、暗渠层5个层次，并以此概化各类LID设施，模拟过程中执行含湿量平衡，跟踪水在每一个LID层之间的移动和存储。5.1版本目前支持生物滞留设施、雨水花园、绿色屋顶、渗渠、透水铺装、雨水罐、草沟7种预定义设施，原则上也可以通过改变参数模拟其他类型的设施。计算完成后，SWMM的状态报告包含了LID性能总结，说明了每一个子汇水面积内每一个LID控制的总体水量平衡，水量平衡的组件包括总进流量、渗入、蒸发、地表径流、暗渠，以及初始和最终蓄水容积。可见，SWMM不仅能模拟城镇尺度下低影响开发设施对海绵城市径流量、径流峰值及水质的影响，也能评估单体LID设施的性能。

与容积法相比，模型法是基于EPA-SWMM的产汇流原理，总降水量=蒸发量+下渗量+径流量，根据其水量平衡的关系可以看出，其调蓄容积以总设计降雨量为计算基准值。从计算原理讲，采用模型的计算更加贴近年径流总量控制率的概念。容积法和模型法不存在矛盾，只是容积法通过一个径流系数简化了模型中的蒸发模型、入渗模型等参数，在实际工程应用时，应根据不同尺度、不同深度分别应用。

7.1.3 两种方法的对比分析

依据LID建设要求，城市开发前后应尽可能保持各水文特征量不变。在实践中，这一开发要求常通过控制径流量或产流雨量来实现。例如，我国《指南》中所规划的控制目标实则为降雨总量控制目标，美国EPA导则以降雨场次控制为目标。

目前对于径流总量控制的两种方法，在实操层面上均存在一定的难度。容积法需要不断试算，直到配置的调蓄容积大于年径流控制率对应的容积时，才能得到满足要求的配置结果，若采用人工计算，涉及的计算量过大。而模型法虽然采用电算的方式，但是需要输入一系列复杂的初始条件，建立起蒸发、入渗等模型，且输入参数的正确性对配置结果将产生很大的影响。总体而言，模型法对设计人员的要求更高，对基础资料的完善程度也十分严格，因此实际操作的难度非常大。两种方法的对比如表7-2所示。

表7-2 容积法与模型法的对比

优劣势	容积法	模型法
优势	① 计算原理简易，方法成熟 ② 设计周期较短	① 模拟降雨产汇流过程，计算结果更为精确 ② 采用模型电算，建立起模型后无需手动计算
劣势	① 概化蒸发、下渗等计算产汇流过程，计算结果不如模型法精确 ② 需人工建立起各单项措施的调蓄容积计算模型 ③ 计算过程需要反复试算，计算量较大	① 对基础数据的要求严苛，存在一定的技术门槛 ② 建立模型过程复杂，所需设计周期较长

7.1.4 本研究的技术路线

针对以上两种方法各自存在的优缺点，本章旨在建立一种可以实现电算的容积法计算方法，充分发挥容积法计算方法成熟、设计周期短的优势，再采用 Excel 编程的方式，减小规模试算的计算量，对 LID 设施进行指标分解及规模计算。同时，也可以在给定 LID 设施面积的条件下，快速计算出是否达到所要求的年径流总量控制率，若不能达到，则给出仍需要增加的调蓄容积。

本章的技术路线图如图 7-2 所示。

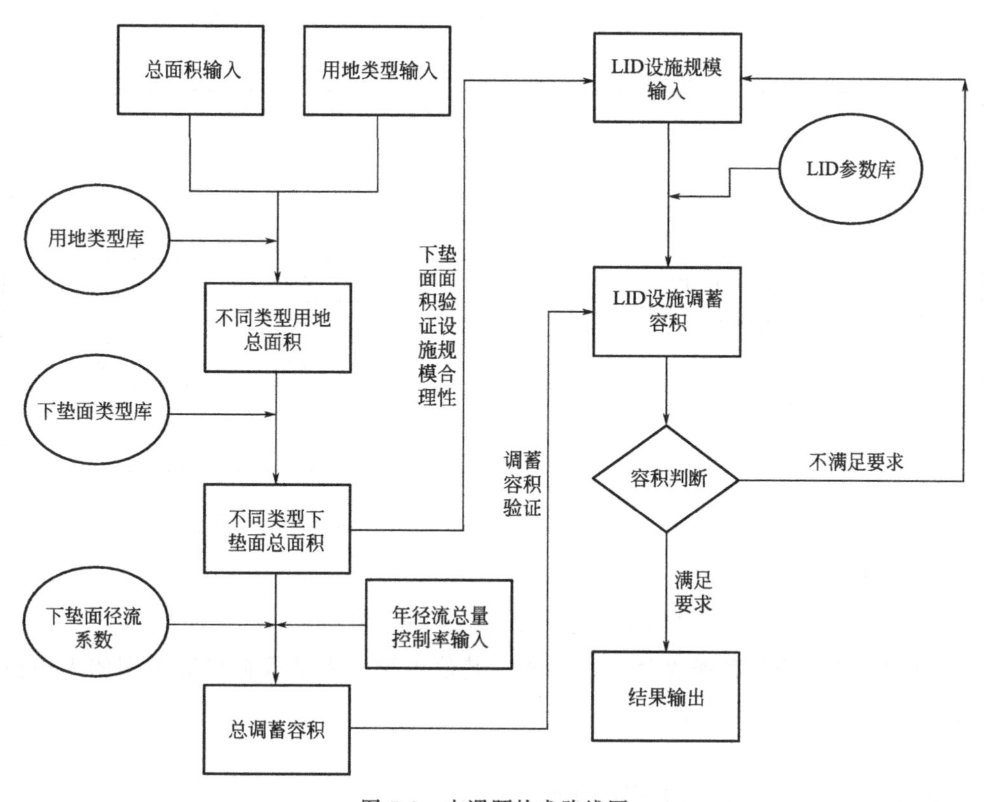

图 7-2　本课题技术路线图

7.2 用地类型、下垫面、 LID 设施映射关系的建立

7.2.1 用地类型与下垫面的映射关系

由于实际工程中，不同用地的下垫面种类和比例可能千差万别，如果对每一块用地都单独输入其所含下垫面种类和面积，将会带来巨大的工作量。因此，对同种类型的用地进行统一化处理，分配相同的下垫面类型比例。因此，首先需要确定用地类型与下垫面及其比例的映射关系。

本章主要将城市建设用地类型分为如下七类：居住用地（R）、公共管理与公共服务设施用地（A）、商业服务业设施用地（B）、工业用地（M）、道路与交通设施用地（S）、公共设施用地（U）、绿地与广场用地（G）。

一般下垫面类型分为：道路广场、绿地、屋面、水面。对于城市建设用地，下垫面类型为：道路广场、绿地及屋面。本章确定的初始默认比例参数值如表 7-3 所示，若实际工程中存在特殊需要时，可对表 7-3 中的数据进行修改。

表 7-3　不同类型用地对应的下垫面比例

用地类型＼下垫面类型	道路广场	绿地	屋面
居住用地(R)	0.25	0.35	0.4
公共管理与公共服务设施用地(A)	0.5	0.2	0.3
商业服务业设施用地(B)	0.3	0.25	0.45
工业用地(M)	0.3	0.3	0.4
道路与交通设施用地(S)	0.75	0.25	0
公共设施用地(U)	0.4	0.3	0.3
绿地与广场用地(G)	0.25	0.65	0.1

根据表 7-3 中数据，只要输入各类用地的面积，即可求出研究范围内不同下垫面的总面积，即

$$S_{下垫面}=\sum_{不同类型用地}S_{用地}\times P_{下垫面}$$

其中，$S_{用地}$为各种类型用地的面积，其值由设计人员根据研究范围的大小输入，$P_{下垫面}$为该类用地指定下垫面所占的比值。

7.2.2 下垫面与 LID 设施的映射关系

总体上，将 LID 控制设施分为“过流型”（如生态屋顶、透水铺装、植草沟等）和“蓄渗型”（如生物滞留设施、下凹式绿地、渗透塘、蓄水池等）两大类。对于“过流型”的 LID 设施，各项 LID 设施分别有其对应的雨量径流系数，该类设施仅参与综合雨量径流系数的计算，其结构内的空隙容积一般不再计入总调蓄容积。对于“蓄渗型”的 LID 设施，不参与综合雨量径流系数的计算，直接进行设施的调蓄容积计算，与所需的总调蓄容积进行比对。总原则是配置的蓄渗型 LID 设施能够调蓄的容积大于传统下垫面和过流型 LID 设施需要调蓄的容积之和。如果各种备选 LID 达到最大比例后，蓄渗型 LID 设施能够调蓄的容积仍然小于需要设施能够调蓄的容积之和，则需要在地块中配置一个蓄水池。

根据目前较为常用的 LID 设施建立设施类型库，本书选用的 LID 设施为：雨

水花园、下凹式绿地、透水铺装、绿色屋顶和蓄水池五种。其中过流型设施两种，即透水铺装和绿色屋顶；渗蓄型设施三种，即雨水花园、下凹式绿地和蓄水池。

需要注意的是，LID 设施的规模受到下垫面面积的限制。例如，某地块内的屋面面积为 10hm^2，则可配置的绿色屋顶面积必须小于 10hm^2，因此，需要建立起下垫面与 LID 设施的映射关系。本书下垫面类型库与 LID 设施库的映射关系如图 7-3 所示。

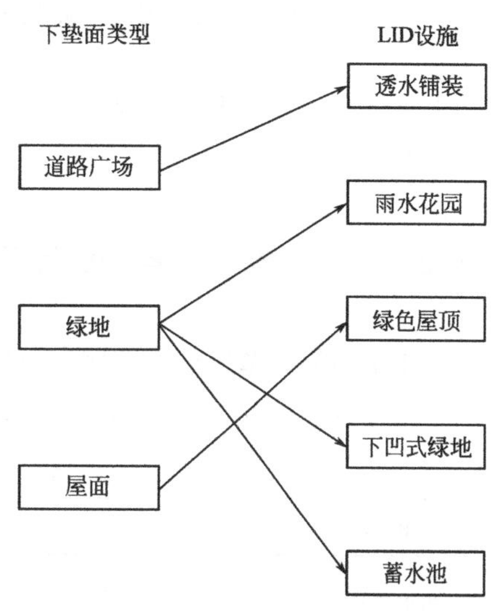

图 7-3　下垫面与 LID 设施库的映射图

根据图 7-3 关系，建立 LID 配置的检验不等式组，若 LID 设施的面积不符合以下任意一个不等式方程，则需要重新分配其面积：

$$\begin{cases} S_{透水铺装} \leqslant S_{道路广场} \\ S_{雨水花园} + S_{下凹式绿地} \leqslant S_{绿地} \\ S_{绿色屋顶} \leqslant S_{屋面} \end{cases}$$

7.3 海绵计算模型的计算方法

7.3.1 控制目标下总调蓄容积计算

控制目标下调蓄容积主要受设计降雨量、综合径流系数的影响。设计降雨量可通过查询《指南》及内插法得出，本书采用拟合曲线方式求取，具体公式见第 3 章。

由于下凹式绿地及绿色屋顶参与径流系数的计算，因此本书的综合径流系数与传统的计算方法存在一些不同。将本书的道路广场、绿地、屋面三种下垫面扩展为五种进行加权计算，即将部分配置 LID 的面积取代传统下垫面面积，道路广场区分为传统道路广场及透水铺装，屋面区分为传统屋面及绿色屋顶，区分后本书采用的默认径流系数如表 7-4：

表 7-4　下垫面径流系数表

下垫面类型	普通道路广场	绿地	普通屋面	透水铺装 S_t	绿色屋顶 S_1
径流系数	0.9	0.15	0.9	0.3	0.35

$$\varphi_{综合}=\frac{0.9(S_{道路广场}-S_t)+0.15S_{绿地}+0.9(S_{屋面}-S_1)+0.3S_t+0.35S_1}{S_{总}}$$

求出综合径流系数后，代入设计降雨量和总面积，即可求出控制目标下的总调蓄容积 $V=10H\cdot S$。

7.3.2 LID设施调蓄容积的计算

引用本书第3章中雨水花园、下凹式绿地及透水铺装调蓄容积计算的成果，单项设施的计算公式列于表7-5，推导过程详见第3章。

表7-5 单项设施容积计算表

设施名称	设施调蓄容积计算/(m^3/m^2)
雨水花园	$n\cdot d_f+h_m\cdot(1-f_v)+\frac{K\cdot(d_f+h)\cdot T\times 60}{d_f}$
下凹式绿地	$60KJT+\Delta h$
透水铺装	参与径流系数计算，考虑结构空隙时：$V=h_pn_m+h_zn_z+h_dn_d$
绿色屋顶	仅参与径流系数计算，不考虑调蓄容积
蓄水池	V=蓄水池有效容积

表中各参数含义如下：

n——平均空隙率，取0.3；

d_f——种植土和填料层总深度，m；

h_m——最大蓄水高度，m；

f_v——植物横截面积占蓄水层表面积的百分比；

K——土壤的渗透系数，m/s；

h——雨水花园蓄水层平均设计水深，m；

T——渗蓄所用时间，min，取120min；

J——水力坡度，雨水垂直下渗时，$J=1$；

Δh——下凹式绿地的下凹深度，m；

h_p——面层厚度，m；

n_m——面层有效孔隙率；

h_z——找平层厚度，m；

n_z——找平层有效孔隙率；

h_d——垫层厚度，m；

n_d——垫层有效孔隙率。

LID 设施的调蓄总容积 $V=V_{雨水花园}+V_{下凹式绿地}+V_{透水铺装}+V_{蓄水池}$，其中 $V_{透水铺装}$ 一般不计。

7.3.3 年污染物总量去除率计算

根据《指南》，在城市径流污染物中，SS 与其他污染物具有一定的相关性，一般采用 SS 作为径流污染物的控制指标，年 SS 总量去除率可按下式计算：

年 SS 总量去除率＝年径流总量控制率×LID 设施对 SS 的平均去除率

在 LID 设施的调蓄容积计算完成后，即可得出实际的年径流总量控制率，因此，重点在于如何确定多项设施共同作用下的设施平均去除率。本模型涉及的 LID 设施为雨水花园、下凹式绿地、透水铺装、绿色屋顶和蓄水池。根据《指南》推荐值确定各单项对 SS 的去除率分别为 0.65、0.55、0.85、0.75、0.85。本书采用其对应的调蓄容积加权的方法确定。由于透水铺装和绿色屋顶参与径流系数的计算，因此有部分容积未体现在 LID 的计算调蓄容积之内，但实际上对径流污染的去除起到了效果，应将其纳入设施的控制容积之中进行加权。SS 的平均去除率具体计算公式如下：

$$\eta_{平均}=\frac{\sum V_i\eta_i+\eta_{透水铺装}\times(\varphi_{道路}-\varphi_{透水铺装})\times S_{透水铺装}\ h+\eta_{绿色屋顶}\times(\varphi_{屋面}-\varphi_{绿色屋顶})\times S_{绿色屋顶}\ h}{\sum V_i+(\varphi_{道路}-\varphi_{透水铺装})\times S_{透水铺装}\ h+(\varphi_{屋面}-\varphi_{绿色屋顶})\times S_{绿色屋顶}\ h}$$

式中　V_i——五种 LID 设施的调蓄容积；

η_i——五种 LID 设施的 SS 去除率；

φ——径流系数；

S——LID 设施的面积；

h——实际控制的降雨量。

7.4 模型计算表的建立

本书将模型计算表分为六个区域：用地面积区、控制目标区、LID 参数区、LID 配置区、配置检验区和结果输出区。现对各区功能进行分别介绍。

① 用地面积区：体现用地面积与下垫面的映射关系，在该区输入研究区域各类型用地的面积，输出对应的下垫面面积值、综合径流系数及所需的调蓄容积。

② 控制目标区：体现年径流总量控制率目标与设计降雨量之间的关系，输入年径流总量控制率，输出设计降雨量。

③ LID 参数区：体现 LID 设施的基本参数与其单位面积调蓄容积的关系，可

根据具体研究范围调整输入设施的初始参数值，以更符合具体工程的真实情况，各项设施输出单位面积上的控制容积。

④ LID 配置区：主要为输入区，由设计人员输入各单项设施的配置面积，输出 LID 设施的总调蓄容积。

⑤ 配置检验区：输出配置面积的合理性，若 LID 设施配置未超出下垫面限制，则输出“OK”；否则输出提示信息，提示减少对应的 LID 设施配置面积。

⑥ 结果输出区：输出当前配置工况下的下凹式绿地率、透水铺装率、绿色屋顶率、LID 项目的总占地面积、实际控制降雨量、实际年径流控制率、LID 设施的平均 SS 去除率、年 SS 总量去除率等八大指标。

具体表格样式详见篇末附表。

7.5 计算实例

以南昌市朝阳新城为例，利用本章建立的计算模型对其进行 LID 指标分解。根据《南昌市朝阳新城控制性详细规划（修改）》中的规划建设用地一览表，输入朝阳新城的用地面积，具体见表 7-6。

表 7-6 朝阳新城规划建设用地一览表

用地类型	居住用地(R)	公共管理与公共服务设施用地(A)	商业服务业设施用地(B)	工业用地/物流仓储用地(M)	道路与交通设施用地(S)	公共设施用地(U)	绿地与广场用地(G)
用地面积/hm^2	313.55	66.72	135.3	22.75	253.37	20.18	219.48

根据《南昌市海绵城市专项规划（2016—2030 年）》，朝阳新城片区的年径流总量控制率为 67%，因此，可计算出其对应的设计降雨量为 20.7mm，片区内所需的调节容积为 132827m^3。LID 设施的参数均采用默认参数，透水铺装不考虑结构内空隙。对 LID 设施进行配置，透水铺装面积取 36hm^2，绿色屋顶面积取 5hm^2，雨水花园面积取 14hm^2，下凹式绿地面积取 20hm^2，此时满足调蓄容积的要求。根据配置结果，此时片区内的下凹式绿地率为 5.3%，透水铺装率为 8.7%，绿色屋顶率为 2%，年 SS 总量控制率为 40.7%。

7.6 本章小结

本章的主要研究内容是海绵城市建设技术的计算模型，通过对目前常用的两种方法——容积法与模型法进行比较分析，确定本章主要目的在于建立起基于容积法的电算模型。模型建立起用地类型、下垫面及 LID 设施的映射关系，对透水铺装、绿色屋顶、下凹式绿地、雨水花园及调蓄池的面积进行配置，并输出指定径流总量控制率下的下凹式绿地率、透水铺装率、绿色屋顶率、年 SS 总量控制率等指标。本模型的建立，能够对 LID 设施规模进行便捷的计算和结果输出，对于设计人员在海绵城市的设计具有一定的指导意义。

第8章 排水体制、溢流污染控制研究

改革开放以来我国经济高速发展，城市化进程加快，但作为重要基础设施的排水系统，发展远远跟不上城市化扩张速度，城市中河道、湖泊受到严重污染，使城市水环境承受越来越重的压力，严重破坏城市生态环境系统，暴露出我国城市排水设施建设方面的诸多问题。

造成水体污染很重要原因是在管网建设方面存在一定的误区，尤其对管网建设中起重要作用的排水体制了解不够深入，为此，对排水体制的深入研究，进而提出污染控制措施十分必要。本章进行排水体制的研究目的，就是使污水和初期雨水得到充分处理，控制溢流污染不超过水体环境容量，维护水环境。

8.1 传统排水体制分析

8.1.1 排水体制概念

城市排水系统规划任务是使整个城市的污水和雨水畅通地排泄出去，处理好污水，达到环境保护的要求。排水体制指在一个区域内收集、输送污水和雨水的方式，有合流制和分流制两种基本方式。

采用不同的排水体制，对城市排水系统的投资、建设和运行管理起重要作用。除降雨量少的干旱地区外，新建地区的排水系统应采用分流制；现有合流制排水系统，有条件的应按城镇排水规划要求，进行雨污分流改造；暂时不具备雨污分流条件的，应采取截流、调蓄和处理相结合的措施。

8.1.2 排水体制分类

合流制指用同一管渠系统收集、输送污水和雨水的排水方式。合流制又分为直排式、截流式合流制和全处理式三种。

分流制指用不同管渠系统分别收集、输送污水和雨水的排水方式。由于排除雨水的方式不同，分流制排水系统又分为不完全分流制、完全分流制和截流式分流制排水系统。不同排水体制示意图如图 8-1 所示。

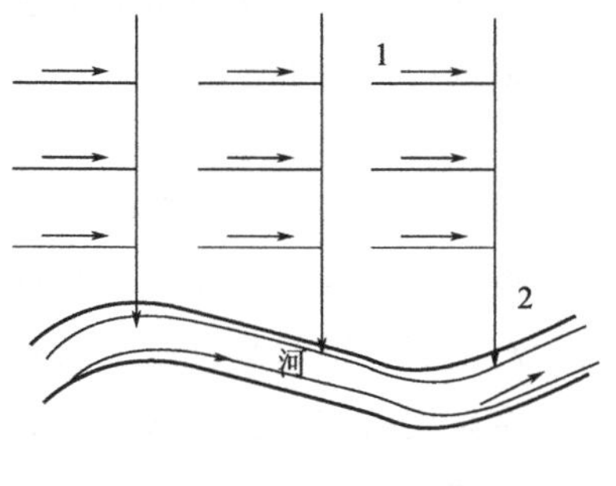

1—合流支管；2—合流干管
a. 直排式合流制

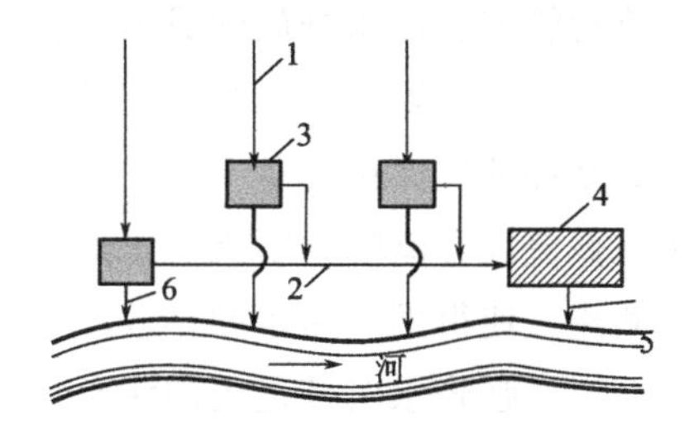

1—合流干管；2—截流主干管；3—溢流井；
4—污水处理厂；5—出水口；6—溢流出水口
b. 截流式合流制

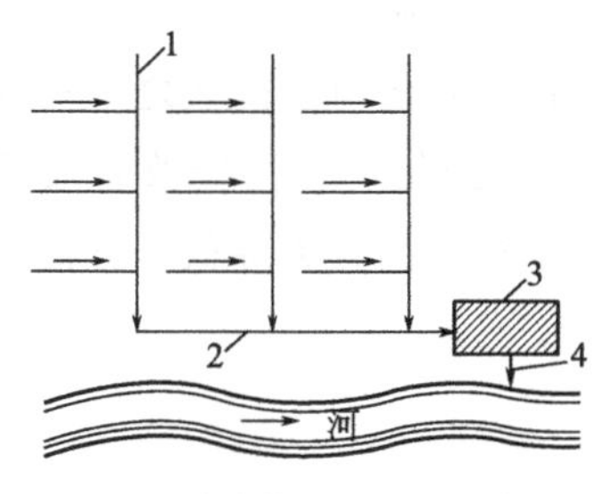

1—合流支管；2—合流干管；
3—污水处理厂；4—出水口
c. 全处理式合流制

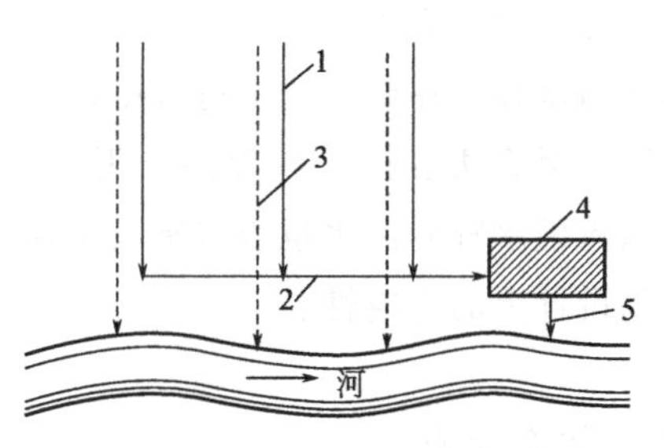

1—污水干管；2—污水主干管；3—雨水干管；
4—污水处理厂；5—出水口
d. 完全分流制排水系统

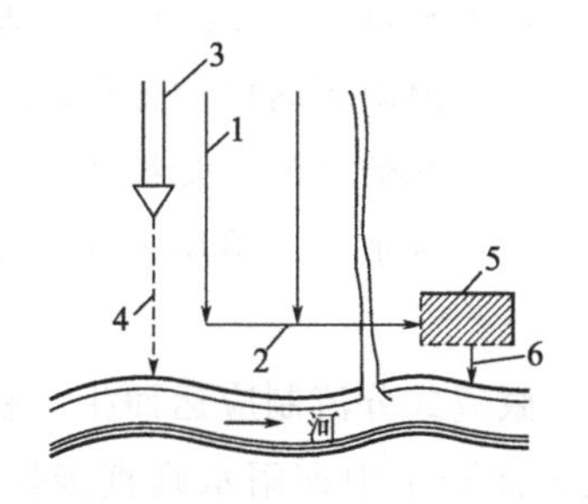

1—污水干管；2—污水主干管；3—原有水塘；
4—雨水沟；5—污水处理厂；6—出水口
e. 不完全分流制排水系统

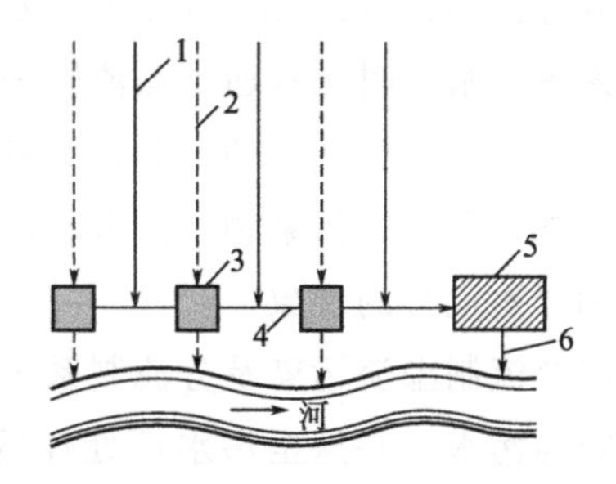

1—污水干管；2—雨水干管；3—截流井；
4—截流干管；5—污水处理厂；6—出水口
f. 截流式分流制排水系统

图 8-1　排水体制示意图

8.1.3　排水体制存在问题

在实际应用过程中，上述传统体制都在不同方面出现了漏洞与问题。

首先是直排式合流制，直接让雨水与污水混合流入同一管渠之中，其优势在于能够有效节约管道和污水排放的成本，将排水过程简化。然而这种体制在进行污水排放时，由于缺乏必要的净化与过滤措施，往往造成严重的水体污染，不利于可持续发展的战略和环境保护的基本出发点。

其次是截流式合流制，晴天污水经由排水管道直接流入污水处理厂，降雨时对雨水有效截流，使得雨、污水的排放路径区分，有效地实现分类处理。然而这种体制的缺点在于，强降水时管道内的污水如果大大超出了管道的截流输水能力，水体会出现周期性污染。尽管当前西方国家的城市仍多采用截流式合流制，但基于我国城市建设发展的特殊情况，截流式合流制已逐渐不适应我国的实际情况，在经济水平不发达、管理落后的城市，该体制的弊病显得尤为突出。

完全分流制是应用较为广泛的排水体制。然而在实际运行过程中仍存在诸多问题：初期雨水径流在城市建设进程中逐渐成为水体污染的重要因素之一；管道混接造成分流管渠无法发挥应有效用；雨、污水收集不到位，直接导致管渠闲置与浪费；渗透入雨水管的污水也直接造成水体污染。上述原因大大降低了分流制排水系统在规划设计上的优越性。

8.1.4 溢流污染

根据成因，溢流污染分为截流式合流制、截流式分流制溢流污染。

合流制溢流污染（combined sewer overflows，CSO），主要指排水体制为合流制的管网系统，晴天时污水通过截流管进入处理站，但雨天时由于受到截流管道输送能力以及污水厂处理能力的限制，大量的混合雨污水被溢流到受纳水体，同时将晴天沉积于管道系统的污染物一并带起，裹挟排入下游水体，给城市河网水系带来沉重负担和严重危害的现象。

为克服合流制溢流污染及分流制系统缺陷，截流式分流制应运而生：初期雨水通过截流管与污水一并送至污水厂处理后排放，而降雨中期雨水则直接排入水体。这种体制较好保护水体不受污染，同时减小了截流管断面尺寸，亦减少污水处理厂和泵站的运行管理费用。但关于初期雨水的界定也存在争议，收集量直接影响排水系统投资、管理及污染控制效果。

随着城市化不断加快，城市人口不断增加，生活污水排放量不断增大；同时城市面源污染尤其是初期雨水径流污染也日益严重，溢流污染对城市水体造成严重威胁，已成为许多城市水体的主要污染源之一。城市水环境质量要想得到根本改善，就必须加强对溢流污水的控制和管理。如何有效削减和控制排水管道溢流污染，已经成为关注焦点。城市非点源溢流污染控制将成为未来水环境治理的重点和必然趋势。

8.2 国内外控制合流制溢流及分流制污染措施

8.2.1 国内对合流制溢流污染的控制

目前，我国某些城市已经先行开展了一些研究，并采取了相应的治理措施，并有所成效。

上海市中心城区多数的排水管网仍为合流制，由于大量污水未经处理就通过合流管道直排入黄浦江、苏州河等水体，严重污染水体。为减少合流制系统溢流污染，上海市一直进行研究，主要任务是加强合流污水调蓄池的建设，对初期雨水进行调蓄处理并配套相应的管理措施，结合工程措施和非工程措施，加强污染源头治理与控制。苏州河整治二期工程实施期间，上海市科委支持完成了 5 个合流制排水系统初期雨水污染控制技术的相关子课题研究，为控制合流制溢流污染提供了技术支撑。苏州河环境整治一期、二期工程建设完成后，继续实施苏州河沿线排水系统雨天溢流量削减工程，以减少雨天溢流的次数和溢流污染负荷。

广州市合流管道溢流问题在雨季尤为明显。市政部门为此针对老城区推出雨污合流的污水收集和处理办法。市政园林局等部门经过调研，提出了针对合流制管道溢流的八大改良措施，包括对检查井底部处理以防垃圾和污浊物沉积、增强污水管道排水能力、尽量减少溢流口直排入河的污水量、雨水溢流井内设置过滤网格栅等手段。这些措施在老城区生活污水治理方面可发挥重要作用。

武汉市三镇旧城主体排水体制均为雨污合流制，存在雨水排放标准低、污水集中处理率低、管网覆盖率低、合流制管道比例大、设施老化等问题。对于合流制排水的问题，武汉市规划通过改造、增加截流支管等方法提高截流倍数和增加截流量，减少溢流数与量、避免合流污水污染水体。此外，对有条件的地区采用调蓄，将降雨初期超出截流量的合流污水暂时贮存，待污水系统设施空闲，再纳入污水系统处理排放。

8.2.2 发达国家对合流制溢流污染的控制

国外很多城市合流制管道系统也面临溢流污染问题，他们很早便开始了对合流制管道溢流污染控制的研究，制定了比较成熟的 CSO 污染控制手段。

雨水与生活污水合流是造成城市附近水域污染的主要原因。为解决合流制管道溢流污染问题，美国环保局在 1989 年 8 月 10 日发布合流制系统的溢流污染控制对策。该对策将溢流当作点源污染，列入国家污染排放许可和清洁水法控制之列，要求所有合流制系统的溢流必须按照上述法律法规进行治理，并达到以下 3 个目标：确保溢流只在雨季发生；所有溢流排放须符合清洁水法在技术和水质方面的要求；减小溢流对水质、水生生物和人类健康的影响。

虽然这个对策在当时引起大家对 CSO 污染的关注，但在解决一些根本问题上仍存在缺陷。于是美国环保总局于 1994 年在 CSO 控制对策基础上发布了 CSO 控制法规，使 CSO 污染控制政策有了进一步发展，1995 年美国环保总局发布了 CSO 长期控制规划指南和 CSO 九项基本控制措施指南（表 8-1）。

通过对 CSO 污染控制的逐步研究，美国总结 CSO 污染控制必须加强源头的管控，即将 CSO 污染控制与暴雨径流控制有效结合，以便从根本上减少或消除 CSO 的发生。美国不仅出台了系列法规，同时各城市根据法规要求，也采取诸如改造合流管道、改进管道中截污装置材料、增大原有管道尺寸、增大污水厂处理容量等相应措施。例如费城在溢流口采用充气式橡胶堰，可充分利用现有系统的储存容积，减少溢流量，利用此技术，费城可减少一场降雨中 70%的溢流量。

表 8-1　CSO 九项基本控制措施指南

基本控制	控制方法举例
设施的运行和维护	维护、检修设施；清理沉积物；修理泵站；检查系统运行
使收集系统的储存能力最大化	增加下水道储水能力、增大水力停留时间、清除沉积物、调整和增大截流泵站能力
加强对预处理设施的调整	体积控制：优化储存池、限制流量、减少径流、增设挡板 污染控制：暴雨处理、日常管理、BMP 措施
污水处理厂处理的最大流量	分析流量、评估设计能力、调整内部管道、分析管道系统运行情况
削减旱季污水溢流	执行常规检查；去除非法连接；清理、检修合流制管道系统
CSO 中的固体和悬浮物质的控制	增加挡板、格栅、筛网、截流井；源头控制、街道清洗、公众教育、固体废物回收
污染预防	源头控制、保护水资源
公共宣传	记录；电视、报纸报道；信函通知
监测溢流污染影响和控制措施成效	确定所有 CSO 排水口；记录 CSO 发生的次数、频率和持续时间；总结受纳水体的水质数据；总结 CSO 的影响

日本多数大城市合流制溢流污染问题也非常突出，为此专门成立了合流制管道系统顾问委员会研究 CSO 控制，主要在格栅、高效过滤、沉淀和分离、消毒、检测仪器等领域开展污染控制研究，还提出 24 种相关技术并已应用于 13 座城市。到 2005 年，所有技术都被成功地测试并提议应用于全国。

大阪市约 97%的地区采用合流制管道系统。为解决当地 CSO 污染问题，市政府建造了如雨水储存管、雨水隧道、蓄水池等控制设施，并创立了一个 2002—2006 年的合流制管道系统发展紧急计划，以加快设施运用。计划包括在雨季对混合水进行活性污泥处理、建立雨水蓄水池、利用大规模雨水干管的富余调蓄空间储存雨水、改进并安置滤网以分离微粒和砂粒等。大阪市还提出了雨季废水处理方法，可使雨季管道处理能力达到最优化以实现对 CSO 污染的控制。

德国是早期重视城市雨水径流污染控制的欧洲代表国家。因为认识到分流制耗资巨大，合流制改造为分流制影响范围大，耗时长，也不足以有效防止城市雨水径流继续污染，基本放弃雨污分流思想，而更加重视源头污染控制、CSO 污染控制和雨水径流污染控制的结合。典型措施是修建大量雨水池、修建雨水入渗和雨水渗透设施来减缓暴雨径流，以截流处理合流制管道的溢流污水和雨水、采取分散式源头生态措施削减和净化雨水。

到 2002 年，德国已拥有 38000 座雨水池，其中溢流截流池 24000 座，雨水截流池 12000 座，雨水净化池 2000 座，总容积达 $4000\times10^4m^3$，平均每座污水厂拥有 4 座雨水池。德国通过全面科学的系统规划，较快地实现了对 CSO 污染的有效控制。

德国在中心城区主要采用雨污合流制，周边及新建地区主要采用分流制。合流制下水道的比例约占 70%，分流制下水道比例约占 30%。建有 37000 座合流制雨水池，其总池容 $1400\times10^4m^3$，建有 10000 座分流制雨水净化池，其总池容 $1000\times10^4m^3$，雨水均需经处理达标后排入水体，大大改善了水体水质。

除上述提及的发达国家外，世界上许多国家长期以来都在积极探索并努力改善合流制系统。CSO 污染控制也是国际上近几十年乃至今后很长一段时期内城市水污染控制领域中的重大热点问题。

总体来看，近几十年来，很多国家对已有合流制排水系统，并不是一味盲目地改造为分流制，而是对原有合流制进行改造，并采取相应的溢流污染控制措施，同时实施对分流制排水系统污染的控制。

8.2.3 国内分流制污染控制措施

上海市对于新建城区的雨水管排出口进行了适当的截流，以截流错接雨水管的污水和截流部分初期雨水，并在主要排出口设置了调蓄池，减小初期雨水对主要水体的污染。

深圳市作为新建城市，其排水管网的规划、设计、建设和管理采用的是雨污分流制。但雨污水管道混接现象严重，存在严重的错接乱排、雨污混流现象，不能充分发挥污水收集作用。为此深圳市采取了对主要受纳水体沿线增设截流系统的手段，为了避免混接的污水和初期雨水对河道持续污染，逐步对市内作为受纳水体的河流和湖区分设截污工程。同时对分流制居住小区混接改造，对市内主要河道、湖泊进行综合整治、生态修复，逐步恢复水体的自净能力。

8.3 分流制初期雨水污染和合流制溢流污染控制研究

虽然我国一些大城市对CSO污染控制采取了措施，但不少城市尚未理清其排水体制上存在的问题、缺少规划战略思路、缺乏CSO污染问题的系统研究，如污染负荷评价、污染规律、控制对策及技术措施等。此外，缺少相应的控制管理政策和法规也制约了我国溢流污染控制研究的进步。

我国城市排水现状基本是新城区的雨污分流制与旧城区截流式雨污合流制并存。分流制的初期雨水、合流制超过截流量的合流排水分别是两种排水体制下的水体主要污染源。因此控制污染的关键是分析初期雨水性质和截流处理量，以及截流式合流制系统中截流倍数的选取。

8.3.1 分流制初期雨水研究

国内外调查资料（表8-2）表明，降雨形成的初期径流含有大量污染物，有些污染物（BOD_5）的浓度与城市污水厂的进水水质浓度相近，某些重金属含量超过城市污水处理厂的进水浓度。这些污染物主要来源于大气沉降、地面垃圾堆积、车辆排放以及地面车轮摩擦侵蚀。

表8-2 国内外城市径流污染物浓度比较

项目		TSS /(mg/L)	CODcr /(mg/L)	TN /(mg/L)	TP /(mg/L)	NH_3-N /(mg/L)
武汉路面	平均值	56	90	4.7	0.41	—
武汉屋面	范围	6～302	7.2～122	1.52～27.3	0.04～3.70	—
	中值	60	58.5	5.3	0.5	—
北京路面	平均值	243.47±40.47	140.18±13.94	6.89±0.57	0.61±0.08	—
北京屋面	平均值	77.90±11.17	140.13±15.26	8.21±0.72	0.17	—
重庆居民区路面	平均值	112±131	95±52	6.8±3.1	0.4±0.4	4.2±2.2
	EMC平均值	89±45	89±45	7.1±3.4	0.2±0.2	4.5±2.7
重庆商业区路面	平均值	110±91	139±86	7.3±4.0	0.45±0.28	4.1±2.0
	EMC平均值	140±139	172±114	8.2±4.3	0.47±0.3	4.3±1.4
重庆校园区	平均值	31±76	38±22	2.7±1.0	0.13±0.05	0.52±0.40
	EMC平均值	35±40	43±20	2.6±0.8	0.14±0.04	0.58±0.37
重庆屋面	平均值	69±90	83±73	5.9±3.6	0.19±0.2	1.7±2.0
	EMC平均值	65±37	77±27	5.6±1.9	0.2±0.15	1.8±1.26

续表

项目		TSS /(mg/L)	CODcr /(mg/L)	TN /(mg/L)	TP /(mg/L)	NH_3-N /(mg/L)
巴黎	范围	36～421	56～569	20～36	—	—
	平均值	264	389	26.8	—	—
伊斯法罕	平均值	161	561	6.65	0.274	—
	EMC	149	649	6.75	0.274	—

北京连续 4 年对雨水水质进行分析研究，结果表明路面和屋面初期径流中的 CODcr、SS、合成洗涤剂、酚、TN、TP 及重金属等浓度远超排放标准。对上海中心城区降雨径流进行研究时发现，上海中心城区路面径流主要污染物为 TSS 和 CODcr，超出地表 V 类水质标准最大限定值 4 倍，总磷超标 2 倍，总氮也有不同程度污染。表 8-3 为天津市初期雨水径流污染浓度值。

表 8-3　天津市南开区初期雨水径流调查表

功能区 / 污染因子	商业区		居民区		文教区		地表 V 类水标准 /(mg/L)
	0～30min /(mg/L)	平均值 /(mg/L)	0～30min /(mg/L)	平均值 /(mg/L)	0～30min /(mg/L)	平均值 /(mg/L)	
CODcr	110～2266	524	32～335	40	38～230	104	40
TSS	82～1946	747	28～948	296	86～532	198	—
BOD_5	61～2361	528	3～18	10	4～28	17	10
总氮	1.6～5.7	4.0	2.2～11.8	2	1.5～9.4	5.2	2

对于初期雨水截流量的确定，目前只有美国和英国“90%降雨事件法”具有较强理论依据，然而国内并无将其频率改进适用的研究，因此不严谨。事实上，初期雨水一般指降雨在不同汇水面或管渠系统中所形成径流初期的某一部分量，是基于降雨事件和具体条件下的冲刷规律以控制污染物含量较高的初期径流，达到理想的径流污染控制效率为目标衍生出的经验性概念及控制参数。受降雨发生的季节及两场降雨之间的时间间隔等很多因素影响。在《指南》中明确指出，应以基于不同城市条件的多年降雨资料得出的总量控制率作为核心指标。因此需要分析初期雨水量，结合各地污染情况得到合适初雨收集处理方案。

不同地区的场次降雨，管道内收集的累积污染物和冲刷规律有所不同。为了更准确地预测需要截流处理（或调蓄）的含污雨水地面径流的量，就要求了解雨水地面径流的水质污染的特征，分析当地下垫面累积污染物质在径流中的冲刷规律，才能为不同地点的初雨截流处理、控污调蓄池设计提供依据。

在下垫面一定的条件下，降雨量与污染物浓度之间的相关性研究历史已经相对久远。污染物的冲刷过程受到许多因素交互影响，其过程也是相对复杂的。而经过现有研究分析，一阶冲刷模型能够很好地描述管道收集的地面雨水径流中污染物浓度变化随降雨历时及累计降雨量之间的关系，而且该模型特别适用于描述在一定汇水面积内，径流污染物的浓度变化规律（比如道路、小区等）。这一特性已经被许多研究学者验证，并受到广泛认同。关系式可以表达为：

$$C_t = C_0 e^{-k'h}$$

式中 C_t——t 时刻污染物浓度；

C_0——污染物初始浓度；

h——t 时刻的降雨深度，mm；

k'——以降雨量为变量的综合冲刷系数，与城市降雨特征、下垫面性质、污染物性质有关。

基于城市面源污染流经的下垫面大多呈小面积相间分布的典型特点，而且一阶冲刷模型可反映累计降雨量与污染物浓度关系，且考虑到径流量也会与径流系数发生联动关系。因此选用较为成熟的一阶模型描述污染物的浓度过程是合理的。由上式可以看出，降雨深度 h 与污染物浓度 C 呈指数关系。这给参数 k' 的确定带来困难，将其变形两边取对数，得到公式：

$$\ln C_t = -k'h \ln C_0$$

由上式分析可知，雨水径流污染物浓度 $\ln C_t$ 与降雨量（用降雨深度 h 表示）呈线性关系，以面源污染代表性指标 COD 为例，其相互间变换关系定性如图 8-2 所示。

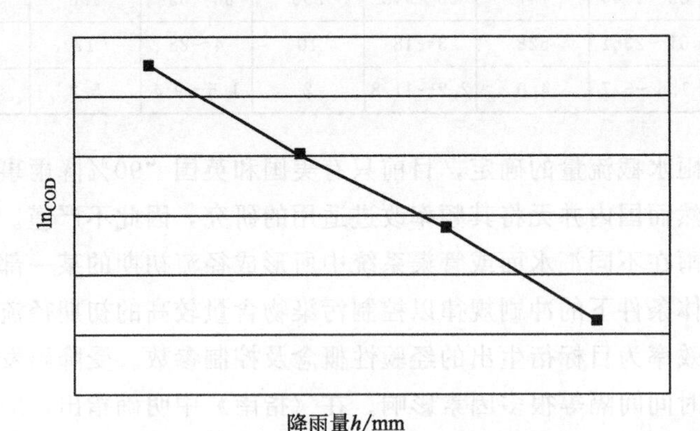

图 8-2 降雨量与 COD 关系

由图可知，该近似直线的斜率数值，即为参数 $-k'$。该函数关系式结构简单，可应用性强，只要根据测定数据确定某污染物浓度 C 与降雨深度 h，即可绘制 $\ln C_t$ 与 h 的关系图，通过数据拟合即可得到关联性较高的 k' 数值。

当设定了某种污染物浓度削减比为 $P\%$ 时，根据公式进一步推论得到：

$$P\% = \frac{C_0 - C_t}{C_0} \times 100\% = \frac{C_0 - C_0 e^{-k'h}}{C_0} \times 100\%$$

由上式可计算出完成某污染物既定目标削减率 $P\%$时，所需要截流的初期累积降雨深度 h，表达如公式：

$$h=\frac{-\ln(1-P\%)}{k'}$$

即在此模型条件下，通过设定某污染物的目标控制浓度，得到既定削减率，就可求得对应一个累积降雨深度值，即为需要截流处理或调蓄收集的初期雨水量。后文以初期雨水计算实例，阐明操作过程。

8.3.2　截流倍数研究

城市污水及初期雨水的截流倍数是污水治理规划、设计和工程实施的重要参数，合流制排水系统截流倍数不仅决定了污染物收集、处理的程度，影响污水治理的环境效益，也很大程度上决定了污水治理工程的建设规模和投资，影响污水治理工程的经济效益。若截流倍数 n_0 偏小，在地表径流高峰期混合污水将直接排入水体造成污染；若 n_0 过大，则截流干管和污水厂的规模就要加大，基建投资和运行费用也将相应增加。然而在一般城市合流制排水系统中，截流倍数大多仍采用经验和计算相结合的方法。例如把某一频率洪水标准作为截流规模的洪水计算法，用污水截流倍数对应的合流流量确定截流规模的市政排水计算法、水质模型计算法等。缺少针对各城市排水状况，实用性强的截流倍数确定方法。

截流倍数选取受多方面因素影响：合流水量，包括污水总变化系数及当地水文气象条件的不同形成暴雨强度的区别；合流水质，包括污水水量和雨水水量的比值、合流水的各项污染物指标；受纳水体卫生排放要求及受纳水体的自净能力；等等。合理选择适合各排水系统的截流倍数是溢流污染控制研究的重点方向。实际工程中可按如下顺序确定。

8.3.2.1　排水流量计算

合流管渠设计流量：

$$Q=Q_s+Q_g+Q_y$$

式中　Q_s——设计生活污水流量（按最平均日生活污水量计算）；

Q_g——设计工业废水流量（按平均日工业废水量计算）；

Q_y——设计雨水流量。

截流井以后管渠的设计流量：

$$Q'=(n_0+1)Q_r+Q'_s+Q'_y$$

式中　Q'——截流井以后管渠的设计流量，L/s；

Q_r——截流井以前的平均日污水流量，L/s；

Q_s'——截流井以后的平均日污水流量，L/s；

Q_y'——截流井以后汇水面积的雨水设计流量，L/s。

① 雨水设计流量计算：

$$Q_y = \Psi \cdot F \cdot q$$

式中 Q_y——雨水设计流量，L/s；

Ψ——径流系数；

F——汇水面积，hm^2；

q——设计暴雨强度，L/（s·hm^2），采用各地暴雨强度公式计算。

② 污水设计流量的计算。一般采用合流制排水老城区域不再有工业，工业废水量小，忽略不计。

$$Q_s = (K_z \cdot q \cdot N)/86400$$

式中 Q_s——污水设计流量，L/s；

q——每人每日平均综合生活污水量指标，L/(cap·d)；

N——设计总人口数，cap；

K_z——污水总变化系数。

总变化系数（K_z）的确定。一般居住区生活污水量总变化系数按照以下公式求得：

$$K_z = 2.7/Q_P^{0.11}$$

式中 Q_P——平均日平均时污水流量，L/s。

8.3.2.2 确定截污目标

老城区排水系统截污改造方案应达到以下具体目标。

① 尽量利用现有截污系统，节省造价。

② 旱季污水全部送往污水处理厂集中处理。

③ 将现有旱季排污口的污水完全截除。

④ 提高截污标准，减少雨季溢流。根据水体现状及治理后目标水质确定工程实施后，雨季溢流的合流污水排入水体，水质目标。

⑤ 工程实施后，应有利于雨季排涝，使实施范围内的排涝系统能满足规划的排涝标准要求。

8.3.2.3 截污效果评估

采用污染指标数据分析计算的方法进行预测评估，因老城区以生活污水为主，采用BOD作为评价因子，其他指标（COD、氨氮、总磷、总氮等）评价类同。为了简化计算，做以下合理假设。

① 老城区排水管网比较密，可以假设污水与雨水进入管道后完全混合，截污管道内污染物同一时刻浓度一致。

② 由于截污管沿线溢流井较多，河道较短，假设溢流合流污水与河道存水完全混合，河道内污染物浓度同一时刻均匀一致。

③ 降雨期间，雨水假设是以平均的强度降落至地面，污水假设以平均流量均匀流入排水管。

④ 管道（河道）底泥由于雨季水流速增大受水流冲刷均匀的释放污染物至管道（河道）流水内。

以假定为基础，可列出下列两个物料平衡方程式：

$$V_1C_1 \cdot \alpha + V_2C_2 = (V_1 + V_2)C_3 \tag{8-1}$$

$$V_1C_1 \cdot \alpha + V_2C_2 + V_3C_4 \cdot \beta - (n_0 + 1)V_1C_3 = (V_2 + V_3 - n_0V_1)C_5 \tag{8-2}$$

式中　V_1——污水量，$V_1 = Q \cdot h$（Q 为污水平均流量，h 为降雨时间）；

V_2——降雨径流水量，$V_2 = A \cdot H \cdot \Psi$（$A$ 为汇水面积，H 为降雨量，Ψ 为径流系数）；

V_3——河道中常水位时的存水量；

C_1——纯污水中 BOD_5 初始浓度；

C_2——径流雨水中 BOD_5 初始浓度；

C_3——截污管道中的混合污水的 BOD_5 浓度；

C_4——雨前河道中的初始 BOD_5 浓度；

C_5——雨后河道中的 BOD_5 浓度；

α——管道中污泥中 BOD_5 浓度的释放系数，与降雨时间有关，短历时降雨取大值，长历时降雨取小值；

β——河道中污泥中 BOD_5 浓度的释放系数；

n_0——截流倍数。

根据式(8-1) 和式(8-2) 两个方程，可求解目标值 C_5，进而判断污染程度。截流倍数应根据截污目标，结合截污效果评估结果来确定。下文将以南昌市玉带河截污工程为例，说明实际工程中截污倍数确定及溢流污染控制效果。

8.4 截流倍数取值

8.4.1 工程概况

以南昌市玉带河改造为例。南昌市玉带河位于南昌市旧城区南部，功能是排除旧城区 34.13km^2 雨污水，是规划排涝、景观一体的景观河道，两岸均为绿化景观带。

玉带河沿线排水体制为截流式合流制（图 8-3），即老城区的排水干管收集的雨污水排入玉带河截污干管中，旱季污水排往青山湖污水处理厂，雨季截流倍数以外的雨污水溢流入玉带河，最终排往青山湖电排站。改造前玉带河设计截流倍数n_0=2.0，这种排水体制使得雨季尤其是初期管道合流水自溢流口将管道中含高浓度污染物的淤泥带入河道，使得玉带河水质下降，河底沉积大量淤泥。

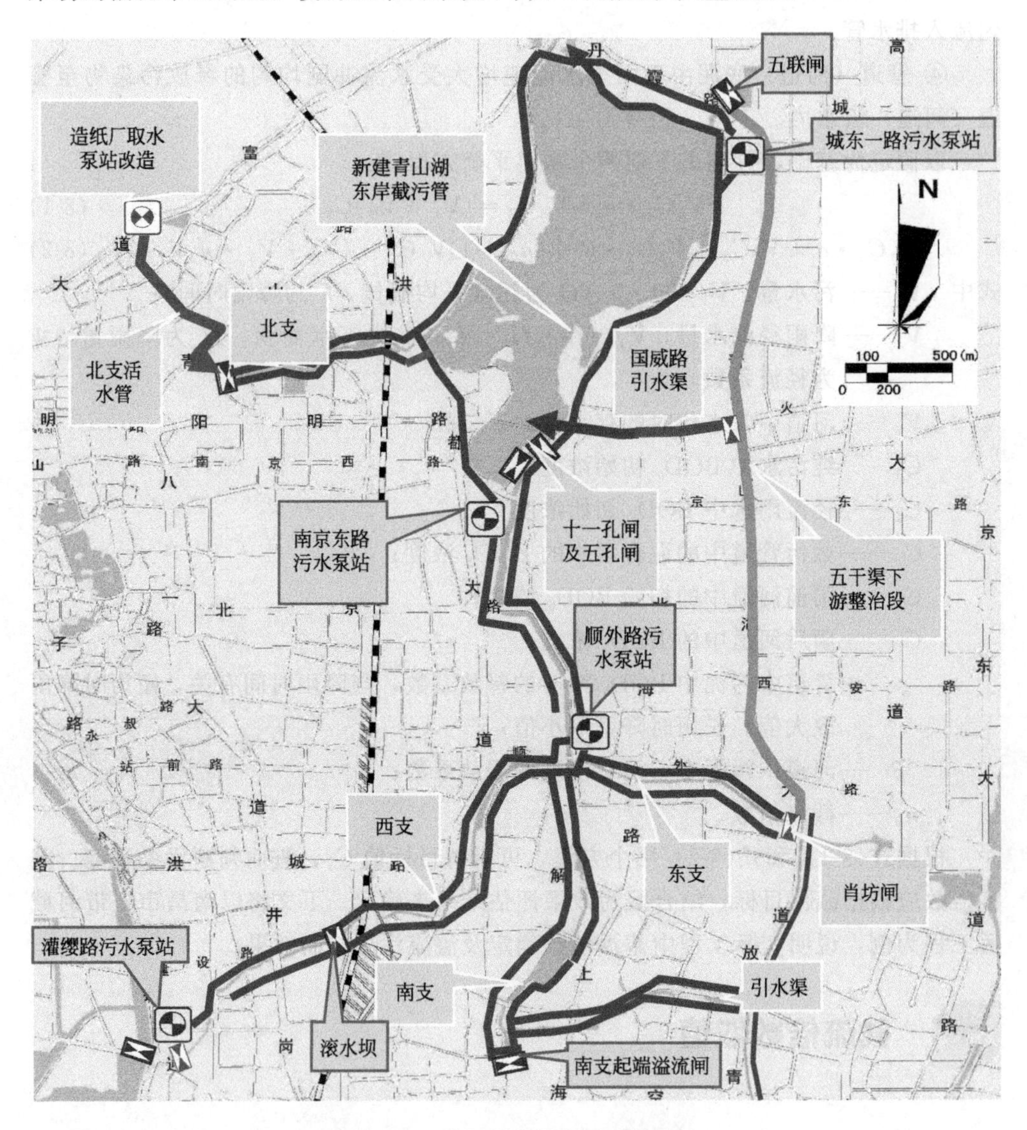

图 8-3　玉带河现状排水平面布置图

对玉带河沿线截污提升改造是十分必要且紧迫的。关于玉带河截污工程实践，将在后续案例分析章节详细介绍，本章节仅对玉带河截污中不同截流倍数选择下，对溢流污染排放的控制效果进行阐述。计算过程中，南昌市暴雨强度公式：

$$q=\frac{1598(1+0.69\lg P)}{(t+1.4)^{0.64}}$$

式中，降雨历时 $t=t_1+t_2$（min）、暴雨重现期 P（年）根据现行标准结合提升改造项目条件选取。玉带河截污干管收集来自老城区的雨污水，服务排水区域工业废水量可忽略不计。

确定各定量取值：结合国内外城市径流污染物浓度统计数据，一般假定 BOD_5 浓度为 100mg/L。地面径流雨水及河道内初始 BOD_5 浓度定为 4mg/L。α 一般取 1.2～4.0，β 取 1.0～1.2。带入物料平衡式 1、2，分别计算 n_0 取 2、5、10、15、20 倍时排水溢流进入河道后，河道的污染物浓度。

8.4.2 截流效果分析

在现有截流倍数 $n_0=2$ 的情况下，分析短历时（2h）和长历时（12h）两种降雨历时各种不同降雨量时河道 BOD_5 的变化情况，采用计算机演算，可以绘制成以下两个结果曲线图（图 8-4）。

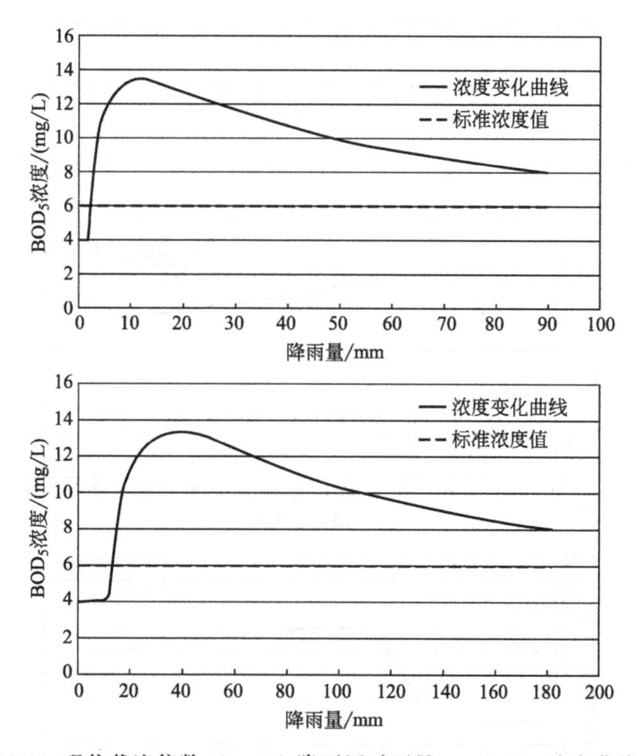

图 8-4　现状截流倍数 2h、12h 降雨历时雨量——BOD_5 浓度曲线图

由图 8-4 可以看出，现有截污标准降雨时很容易导致玉带河污染物超标，需要提高截污标准，图 8-5～图 8-8 为截流倍数 n_0 分别等于 5、10、15、20 时的结果曲线图。

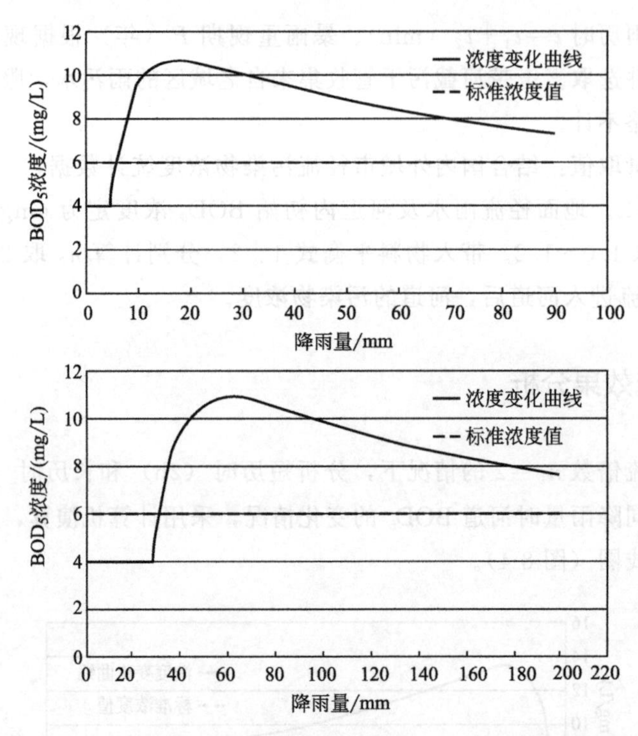

图 8-5　$n_0=5$ 时 2h、12h 降雨历时雨量——BOD_5 浓度曲线图

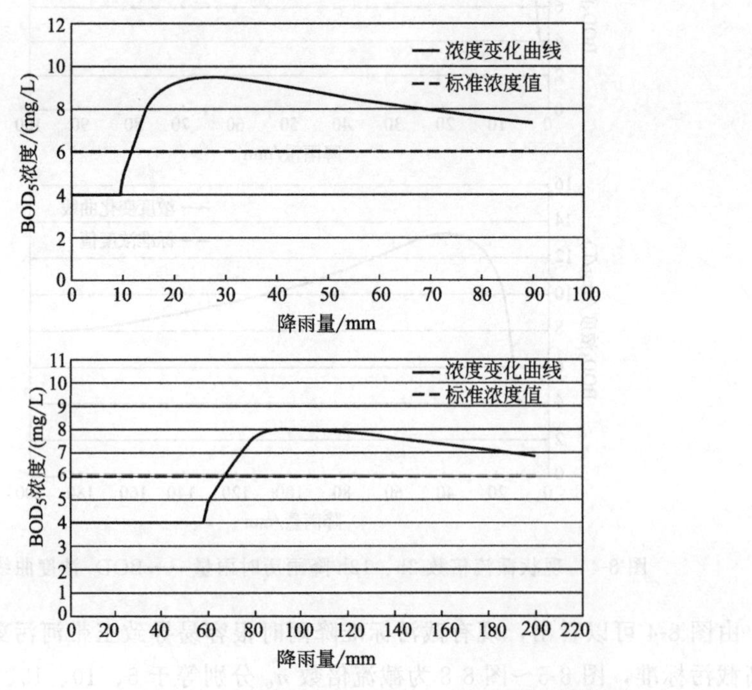

图 8-6　$n_0=10$ 时 2h、12h 降雨历时雨量——BOD_5 浓度曲线图

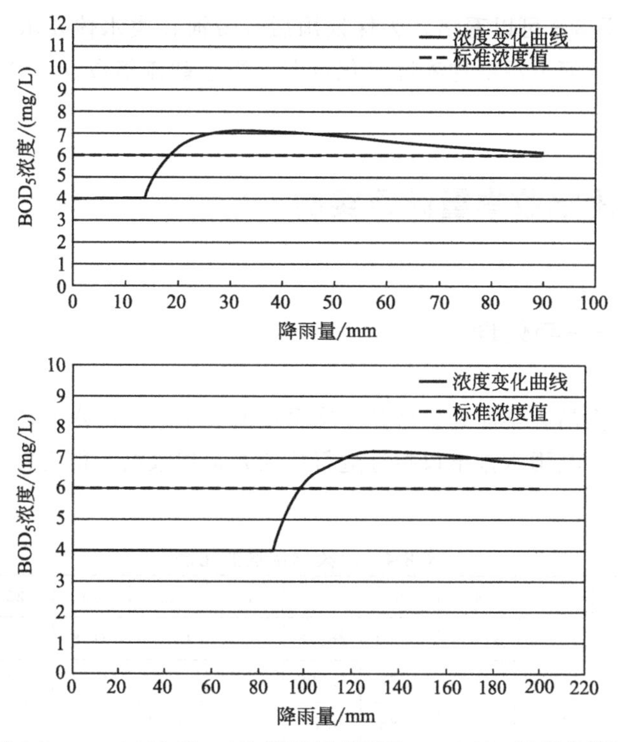

图 8-7　n_0＝15 时 2h、12h 降雨历时雨量——BOD_5 浓度曲线图

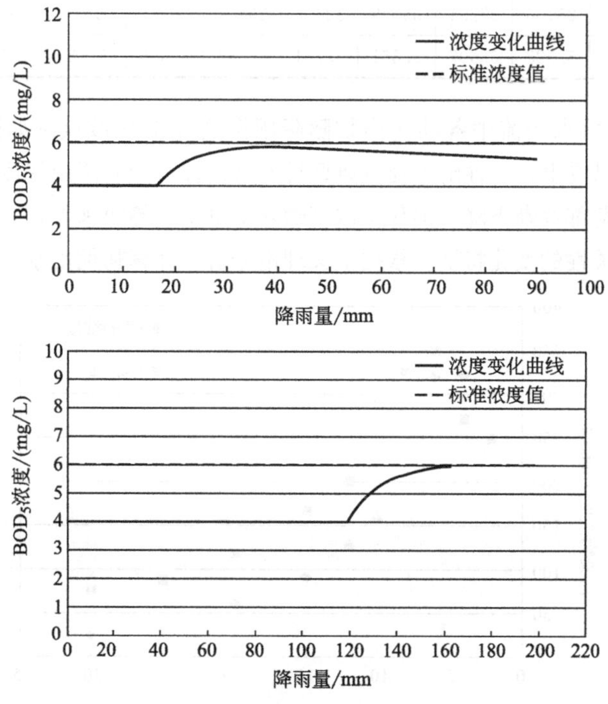

图 8-8　n_0＝20 时 2h、12h 降雨历时雨量——BOD_5 浓度曲线图

由图 8-5～图 8-8 可以看出，为保证雨后玉带河Ⅳ类水体要求，通过计算各种截留倍数情况下的河道污染物浓度变化情况，当总截流倍数 $n_0 \geqslant 20$ 时才能较好地满足要求。

8.5 初期雨水收集量计算实例

8.5.1 数据采集与处理

以吴雅芳等南昌大学前湖校区学生宿舍楼前关于路面雨水的径流污染特征研究的数据为标本，对其雨水排出口指标进行检测并整理数据。得到各项污染物指标数据如表 8-4 所示。

表 8-4 污染物浓度变化表

降雨厚度 h/mm	2	4	6	8	10	12	15	20	25	30
浓度/(mg/L)	303.4	321.6	320.4	269.3	161.2	127.3	91.8	61.5	34.9	26.7
ln(COD 浓度)数值	5.715	5.773	5.77	5.596	5.083	4.847	4.52	4.12	3.55	3.28
TP/(mg/L)	1.2	1.04	0.88	0.72	0.56	0.62	0.61	0.58	0.57	0.48
ln(TP 浓度)数值	0.182	0.039	−0.128	−0.329	−0.58	−0.478	−0.49	−0.54	−0.56	−0.73
SS/(mg/L)	251.6	272.4	350.9	324.2	294.7	201.5	168	119	88.5	78.6
ln(SS 浓度)数值	5.528	5.607	5.861	5.781	5.686	5.306	5.13	4.78	4.48	4.36

因此可作出雨水径流中各项污染物随降雨深度 h 变化散点图如图 8-9 所示。

由图 8-9 可以看出，三种雨水径流典型污染物指标，随着降雨深度的增加，管道内输送的污染物负荷都逐渐下降。但仅从浓度随降雨量变化趋势来看，并没有反应明显的线性或其他高相关性的变化特征。根据上文理论分析，计算初期雨水收集处理量，需要

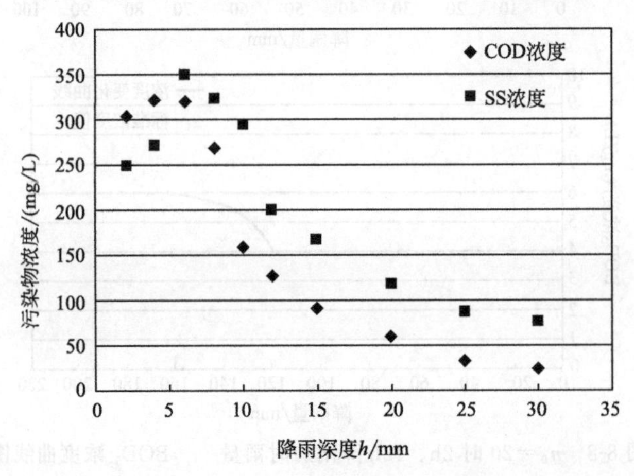

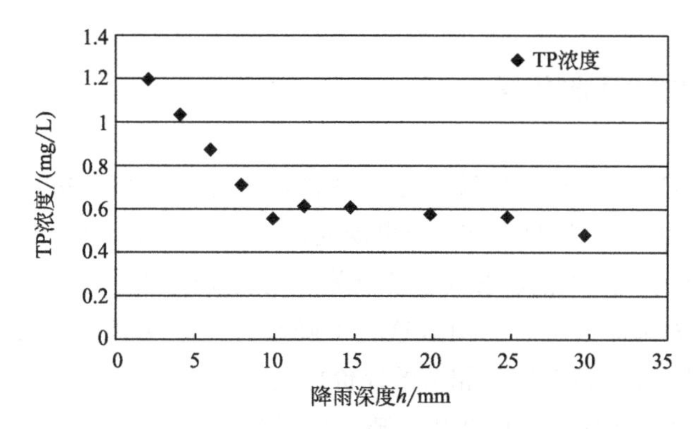

图 8-9　雨水径流中各项污染物指标随降雨深度的变化

作出所研究区域地面污染物 ln 值与降雨深度 h 的函数关系图，根据图形得到拟合方程，就可以求出 k'。因此，将表中污染物浓度取对数，我们得到 ln（污染物）与 h 关系图，对其进行线性拟合，得到关系式以及相关系数 R_2，结果如图 8-10 所示。

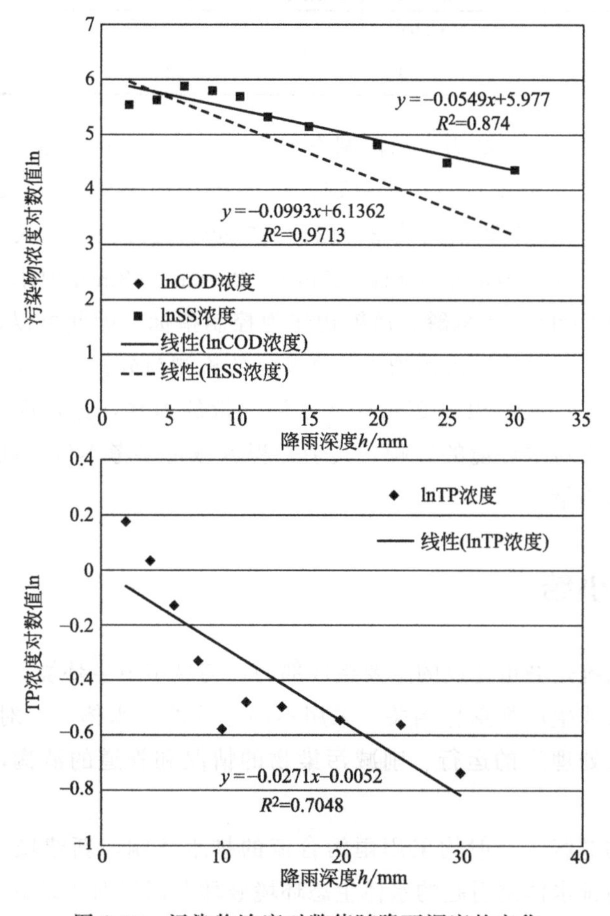

图 8-10　污染物浓度对数值随降雨深度的变化

8.5.2 分析与初雨收集量

分析可知，COD和SS随汇集到管道内的降雨深度而产生浓度变化，随着雨量的增加，在降雨初期，COD与SS均出现先增大后减小的趋势，与各污染物溶解性、冲刷规律有关，具体在本书其他章节关于地表径流冲刷机制中有论述。总体来说，收集5mm降雨深度之后的雨水这种下降趋势比较明显，尤其在取对数之后，相关系数均超过0.9，达到紧密相关的评价标准。

TP浓度随降雨历时浓度的变化，随着雨量的增加，TP的下降趋势比较明显，显然随着降雨深度增加，道路径流水量增大，发生稀释作用，使管道收集的强降雨事件中磷浓度逐渐减小。但变化速度由急变缓，整体线性关系不如以上两项指标紧密。函数斜率的负值即为k'值，结果总结如表8-5。

表8-5 各污染指标k'拟合值

项目	COD	TP	SS
k'取值	0.099	0.027	0.054

考虑一定的水体自净能力，以前湖作为受纳水体，套用《城镇污水处理厂污染物排放标准》一级A要求，COD、总磷、SS浓度分别控制在50mg/L、0.5mg/L、10mg/L以内。分别取对数值后为3.912、−0.693、2.303，代入线性关系式得到初期雨水截流量，分别为汇水面积内22mm、25mm、68mm雨水量。然而实际操作过程中，常以COD或者总磷等污染物作为控制指标。因此可以得出结论，对于案例所述片区，通过对管道内污染物浓度变化的检测与分析，采用调蓄池或其他初雨截流设施，收集汇流面积内25mm深度降雨量的雨水，过量雨水排入水体，可有效控制径流污染对水环境的影响。其余工程区域可参考本例，确定控制污染物，计算初期雨水收集量。

8.6 本章小结

城市排水系统是城市建设的重要组成部门，与城市卫生环境、居民生活、河流湖泊污染、工农业生产都息息相关。采用不同形式的排水体制，对自然水体环境、城市内涝、污水处理厂的运行、削减污染物的情况和管道的清掏，都具有不同的影响。

国内城市的老城区一般均采用雨污合流的排水体制，新建城区采用了雨污分流。随着合流制排水体制引起的水体生态环境破坏和居民对于良好居住环境的急切需求，国内很多城市对建成区排水管道进行改造。以解决合流制管道污水超出管道截流能力时，产生的溢流污染以及分流制初期雨水排放产生的径流污染等问题。总之，雨水径流污染是我国城市水环境的巨大遗患，对其控制将成为未来水环境治理的重点和必然趋势。

针对径流污染来源分析，控制污染的关键是分析初期雨水量以及截流式合流制系统中截流倍数的选取。本章从理论上分析了初期雨水应该截流处理的量，并且举例说明，通过污染指标确定汇水范围内需要收集处理的降雨量，各区域可根据各地降雨、污染物排放特点确定初期雨水处理方案。同时从理论及实例分别阐述了保证环境效益且兼顾工程经济效益时，截流式合流制排水系统的截流倍数选取过程。

从南昌市各功能区来看，初期雨水污染物浓度极高，随着径流量快速增大，污染物浓度急剧下降，说明对城市初期雨水径流处理是必要的，也是可行的。除了工程措施，也需要尽快制定国家、城市雨水径流和 CSO 污染控制的法律法规，综合采取绿色基础设施、灰色基础设施与非工程性措施，高效、经济地解决城市分流制初期雨水污染及 CSO 污染问题，为维护健康的城市水环境提供保障。

第9章

城市雨水排水及防涝水力模型研究

《海绵城市建设技术指南——低影响开发雨水系统构建（试行）》指出：海绵城市建设应统筹低影响开发雨水系统、城市雨水管渠系统及超标雨水径流排放系统。以上三个系统并不是孤立的，也没有严格的界限，三者相互补充、相互依存，均是海绵城市建设的重要基础元素。排水及防涝水力模型作为城市雨水管渠系统及超标雨水径流排放系统的重要研究工具，合理、高效地运用水力模拟软件显得至关重要。本章主要对DHI开发的MIKE系列软件主要功能、原理进行简要介绍，并重点针对模型搭建及运行常见的若干问题进行分析并提出解决方案，以期为后续模型的运用提供指导，也为读者提供一定的借鉴和参考。

9.1 MIKE系列软件简介

MIKE系列软件是丹麦水资源及水环境研究所（DHI）的产品，DHI的产品经过大量的实践验证，可靠性处于世界领先地位。用于城市排水及防涝研究的主要模块包括：MIKE 11一维河道模型、MIKE URBAN（一维城市管网模型）、MIKE 21（二维地表漫流模型）及MIKE FLOOD动态耦合模型。

9.1.1 MIKE 11模型介绍

常用于城市排水防涝模型的为MILE 11模型中的水动力模块，即MIKE 11 HD，MIKE 11 HD主要用于洪水预报及水库联合调度、河渠灌溉系统的设计调度，以及河口风暴潮的研究，是目前世界上应用最为广泛的商业软件，具有计算稳定、精度高、可靠性强等特点，能方便灵活地模拟复杂河网水流、闸门、水泵等各类水工建筑物的运营调度，尤其适合应用于水工建筑物众多、控制调度复杂的情况。

MIKE 11 HD是基于垂向积分的物质和动量守恒方程，即一维非恒定流圣维南方程组来模拟河流或河口的水流状态。

$$\frac{\partial Q}{\partial x}+\frac{\partial A}{\partial t}=q$$

$$\frac{\partial Q}{\partial t}+\frac{\partial}{\partial x}\left(\alpha\frac{Q^2}{A}\right)+gA\frac{\partial h}{\partial x}+gn^2\frac{Q|Q|}{AR^{4/3}}=0$$

式中　A——过水断面面积，m^2；

t——时间变量，s；

Q——流量，m^3/s；

q——旁侧流量，m^3/s；

x——沿管道正方向的长度变量，m；

α——动量校正系数；

g——重力加速度，m/s^2；

R——水力半径，m；

h——水位，m。

方程组利用 Abbot-lonescu 六点隐式有限差分格式求解，如图 9-1 所示。该格式在每一个网格点不同时计算水位和流量，按顺序交替计算水位或流量，分别称为 h 点和 Q 点。Abbot-lonescu 格式具有稳定性好、计算精度高的特点。离散后的线形方程组用追赶法求解。

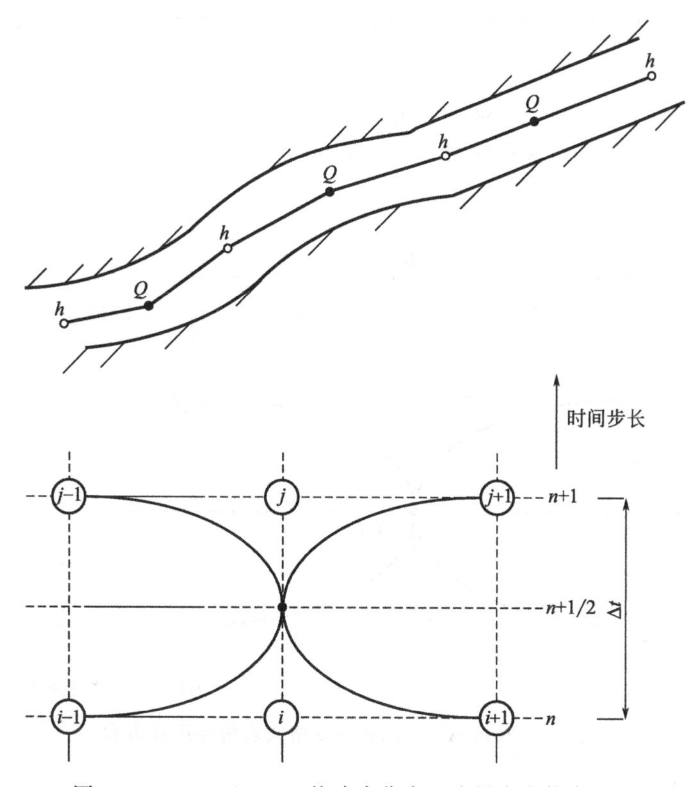

图 9-1　Abbott-lonescu 格式水位点、流量点交替布置图

连续性方程求解：

对每一个 h 点求连续性方程。h 点处过流宽度 bs 可以描述为：

$$\frac{\partial A}{\partial t}=bs\,\frac{\partial h}{\partial t}$$

则连续方程可以写为：

$$\frac{\partial Q}{\partial x}+bs\,\frac{\partial h}{\partial t}=q$$

如图 9-2，在时间步长 $n+1/2$ 时，空间步长对 Q 的导数为：

$$\frac{\partial Q}{\partial x}=\frac{\frac{(Q_{j+1}^{n+1}+Q_{j+1}^{n})}{2}-\frac{(Q_{j-1}^{n+1}+Q_{j-1}^{n})}{2}}{\Delta 2x_j}$$

$$\partial h/\partial t\approx\frac{h_j^{n+1}-h_j^n}{\Delta t}$$

而 bs 又可以写为：

$$bs=(A_{0,\,j}+A_{0,\,j+1})/\Delta 2x_j$$

式中，$A_{0,j}$ 为计算点 $j-1$ 和 j 之间的面积（m^2），$A_{0,j+1}$ 为计算点 j 和 $j+1$ 之间的面积（m^2），$\Delta 2x_j$ 为计算点 $j-1$ 和 $j+1$ 之间的空间步长。将以上各式代入连续性方程得出：

$$\alpha_j Q_{j-1}^{n+1}+\beta_j h_j^{n+1}+\gamma_j Q_{j\pm 1}^{n+1}=\delta_j$$

式中，α、β、γ 是 b 和 δ 的函数，并随 n 时刻 Q 和 h 及 $n+1/2$ 时刻 Q 的大小而变化。

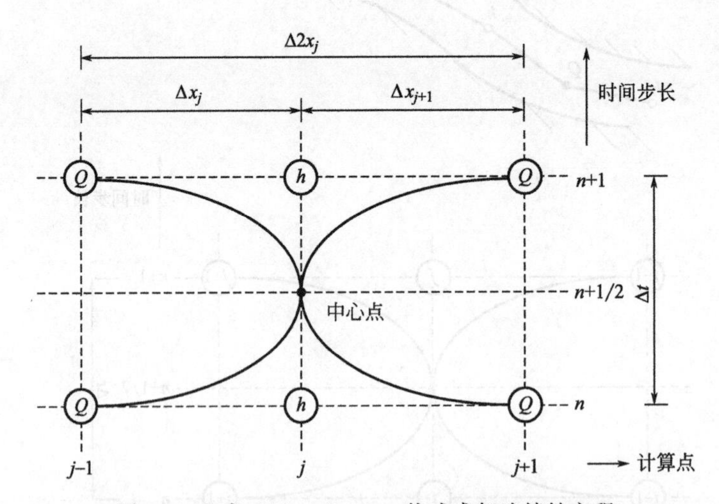

图 9-2　六点 Abbott-Ionescu 格式求解连续性方程

动量方程的求解：

对每一个 q 点求解动量方程，如图 9-3 所示。

同理，通过数值变换，动量方程可以写为：

$$\alpha_j h_{j-1}^{n+1}+\beta_j Q_j^{n+1}+\gamma_j h_{j\pm 1}^{n+1}=\delta_j$$

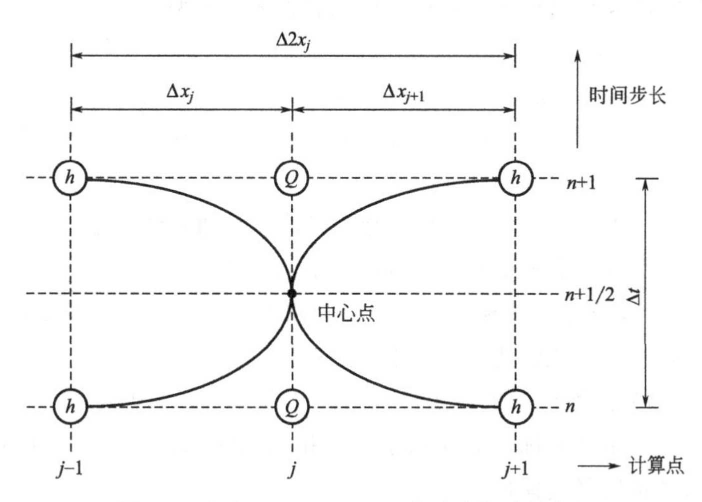

图 9-3　六点 Abbott-lonescu 格式求解动量方程

式中（各参数符合意义同上）：

$$\alpha_j = f(A)$$

$$\beta_j = f(Q_j^n,\ \Delta t,\ \Delta x,\ C,\ A,\ R)$$

$$\gamma_j = f(A)$$

$$\delta_j = f(A,\ \Delta t,\ \Delta x,\ \alpha,\ q,\ v,\ \theta,\ h_{j-1}^n,\ Q_{j-1}^n,\ h_{j+1}^n,\ Q_{j+1}^{n+1/2})$$

MIKE 11 将水工建筑物定义为闸孔出流型（如泄流闸）、越流型（如橡胶坝）、流量型（如泵）等，对水工建筑物运行可以设置复杂的调度规则，可依据河道某处的水位或流量、水位差或流量差、蓄水量、时间等数十种逻辑判断条件控制水工建筑物的运行。模型根据建筑物上下游水文条件自动判断所处流态（亚临界流、临界流、超临界流等），选用相应的流体力学公式进行计算。

9.1.2 MIKE URBAN 模型介绍

（1）MIKE URBAN 水文学模型介绍　MIKE URBAN 水文学模型（即 MIKE URBAN CS）由 DHI 开发，是模拟城市集水区和排水系统的地表径流、管流、水质和泥沙运输的专业工程软件包，可以应用于任何类型的自由水流和管道中压力流交互变化的管网中。MIKE URBAN CS 具有友好的应用界面，是用于简单或复杂的管网系统的分析、设计、管理和操控的动态模拟工具。

MIKE URBAN CS 降雨径流模块提供了四种不同层次的城市水文模型用于城市地表径流的计算，同时提供了一种连续水文模型以计算降雨入渗情况。径流模块的输出结果是降雨产生的每个集水区的流量，计算结果可用于管流计算。

MIKE URBAN 径流模块中四种表述地表径流的模型如下。

模型 A：时间-面积曲线模型。

模型 B：详细的水文过程描述包括非线形水库水文过程线。该模型将地面径流作为开渠流计算，只考虑其中的重力和摩擦力作用。多用于简单的河网模拟，同时也可作为二维地表径流模型。

模型 C：线形水库模型。该模型将地面径流视为通过线性水库的径流形式，也就是说每个集水区的地表径流和集水区的当前水深成比例。

UHM：单位水文过程线模型——用过程水文线来模拟单一的暴雨事件。该模型用于无任何流量数据或已建立单位水文过程线区域的径流模拟。

考虑时间-面积曲线模型更适用于高度城市化地区，且数据需求量小，计算原理简单易懂，参数定义明确，故应用于城市排水防涝综合规划时，推荐采用时间-面积曲线模型法进行径流模拟。

在时间-面积曲线模型中，径流系数、初损、沿损控制了径流总量。径流曲线的形状（径流的方式）由集水时间和 T-A 曲线控制。

时间-面积法将整个连续的汇流过程离散到每个计算时间步长进行计算。恒定径流速率的假设意味着该方法将集水区表面在空间上离散为一系列同心圆，其圆心也就是径流的出水点。单元（同心圆）的数量为：

$$n = t_c / \Delta t$$

其中，t_c 为集水时间，Δt 为计算时间步长。模型中根据特定的时间-面积曲线计算每个单元面积，所有单元的面积等于给定的不透水面积。MIKE URBAN 中预定义了如图 9-4 所示的三种时间面积曲线。

当降雨超过定义的初始损失时汇流模型开始计算，汇流开始计算后的每个时间步长中，计算单元的累积水量都会进入下游方向。因此，计算单元中实际的水量根据上游单元的来水量、当前降雨以及流入下游单元的水量计算得到。最下游单元的出流量实际上就是水文学计算的结果。

(2) MIKE URBAN 水动力模型介绍　MIKE URBAN 管流模块能够详细预报整个管网系统中水动力学情况。MIKE URBAN 水动力模块主要用于计算管网中非恒定流。计算建立在一维自由水面流的圣维南方程组即连续性方程（质量守恒）和动量方程（动量守恒牛顿第二定律）：

$$\frac{\partial Q}{\partial x} + \frac{\partial A}{\partial t} = 0$$

$$\frac{\partial Q}{\partial t} + \frac{\partial}{\partial x}\left(\alpha \frac{Q^2}{A}\right) + gA\frac{\partial h}{\partial x} - gAS_0 + gA\frac{Q|Q|}{K^2} = 0$$

式中　A——过水断面面积，m^2；

t——时间变量，s；

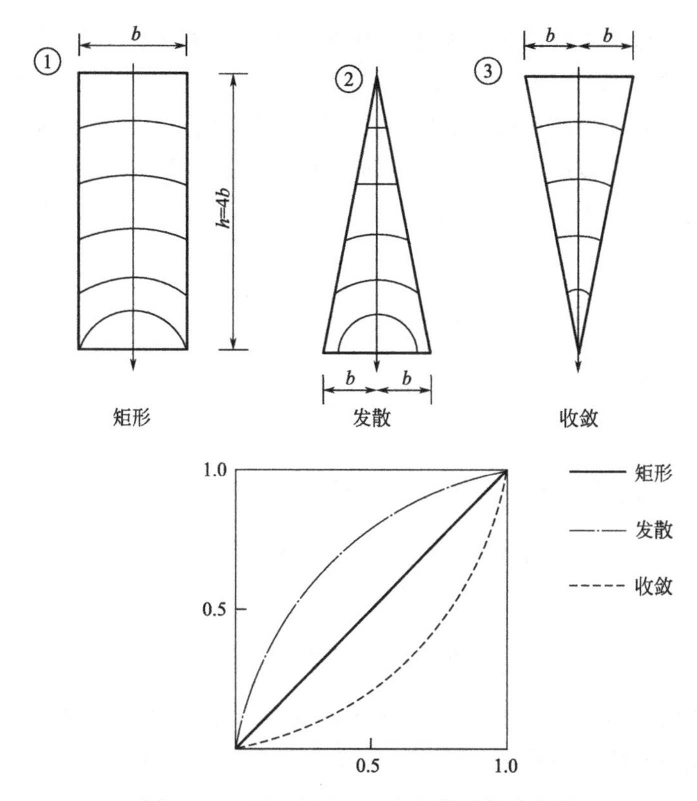

图 9-4　MIKE URBAN 水文模型原理介绍

Q——流量，m^3/s；

x——沿管道正方向的长度变量，m；

α——系数；

g——重力加速度，m/s^2；

S_0——管底坡度；

K——流量模数；

h——水位，m。

与 MIKE 11 计算原理类似，MIKE URBAN 模型也采用了 Abott-lonescu 六点隐式格式有限差分数值求解，此计算方法可以自动调整时间步长，并为分支或环型管网提供有效而准确的解法，并且该计算方法适用于排污管道的有压流和自由水面的垂向均匀流。临界和超临界流都使用同样的数值解法处理。水流现象如倒灌和溢流可以被精确地模拟。

9.1.3　MIKE 21 模型介绍

MIKE 21 是专业的二维自由水面流动模拟系统工程软件包，适用于内陆河道、湖泊、河口、海湾、海岸地区的水力及其城市洪水等相关现象的平面二维仿真模拟。MIKE 21 在模拟城市洪水二维漫流过程中可以真实地模拟出水面在道路、小区、绿地、河道等不同地形状况下的漫流过程。模拟结果以数据、表格、图像、动画等形式输出，内容包括洪水水量的空间分布、淹没范围、淹没水深、淹没历时。

MIKE 21 模拟计算所基于的维水动力学的基本方程为浅水方程，方程组如下所示：

$$\frac{\partial \zeta}{\partial t}+\frac{\partial p}{\partial x}+\frac{\partial q}{\partial y}=\frac{\partial d}{\partial t}$$

$$\frac{\partial p}{\partial t}+\frac{\partial}{\partial x}\left(\frac{p^2}{h}\right)+\frac{\partial}{\partial y}\left(\frac{pq}{h}\right)+gh\frac{\partial \zeta}{\partial x}+\frac{gp\sqrt{p^2+q^2}}{C^2h^2}-$$

$$\frac{1}{\rho_w}\left[\frac{\partial}{\partial x}(h\tau_{xx})+\frac{\partial}{\partial y}(h\tau_{xy})\right]-\Omega_q-f_vV_x+\frac{h}{\rho_w}\frac{\partial}{\partial x}(P_a)=0$$

$$\frac{\partial p}{\partial t}+\frac{\partial}{\partial y}\left(\frac{p^2}{h}\right)+\frac{\partial}{\partial x}\left(\frac{pq}{h}\right)+gh\frac{\partial \zeta}{\partial y}+\frac{gp\sqrt{p^2+q^2}}{C^2h^2}-$$

$$\frac{1}{\rho_w}\left[\frac{\partial}{\partial y}(h\tau_{yy})+\frac{\partial}{\partial x}(h\tau_{xy})\right]-\Omega_q-f_vV_y+\frac{h}{\rho_w}\frac{\partial}{\partial y}(P_a)=0$$

模型采用的数值方法是矩形交错网格上的 ADI 法，具体离散用半隐式，求解用追赶法，交错网格上各物理量的布置如图 9-5 所示，其中 z、h、u、v 分别处于不同的网格点上。

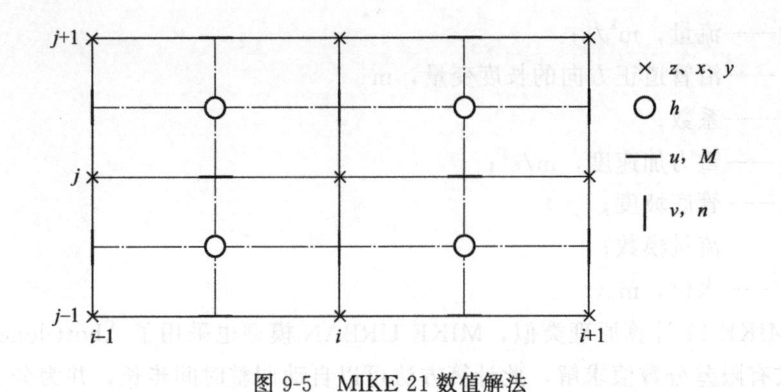

图 9-5 MIKE 21 数值解法

9.1.4 MIKE FLOOD 耦合模型介绍

MIKE FLOOD 由 DHI Water & Environment & Health 独立开发，它将一维模型 MIKE URBAN 或 MIKE 11 和二维模型 MIKE 21 整合，是一个动态耦合的模型系。这种耦合的方式，既利用了一维模型和二维模型的优点，又避免了采用单一模型时遇到的网格精度和准确性方面的问题。模型可以同时模拟排水管网、明渠、排水河道、各种水工构筑物以及二维坡面流，可用于流域洪水、城市洪水等的模拟研究。

MIKE FLOOD 耦合了 MIKE 11 或 MIKE URBAN（MOUSE）和 MIKE 21，建模人员可以通过它选择不同模块的优点，使得模型得到最优化。各模型的优缺点汇总如表 9-1。

表 9-1　模型优缺点汇总表

软件	优点	不足
MIKE 11	·拥有全面的经过实践检验的结构物模块 ·只需较短的计算时间就可以模拟出非常长，或者非常复杂的河网 ·可以精确模拟一维渠道水流程 ·可以耦合降雨径流过程 ·可以模拟高速水流和超临界水流	·它是一维模型，所以要准确模拟二维水流现象是困难的 ·对水流路径不确定的水流（漫堤）的模拟较为困难 ·需要对水流条件更加概化和更多的近似 ·对海洋的水流的模拟较为困难
MIKE URBAN（MOUSE）	·可以对管道水流进行精细地描述 ·可以模拟非常复杂的管网 ·可以方便地和降雨径流模块耦合 ·可以模拟包含开数断面（open sections）的管网模型	·它是一维模型，所以要准确模拟二维的地表水流现象是困难的 ·模拟地表水流和管道水流之间的复杂相互作用过程是困难的
MIKE 21	·它是二维模型，有更好的网格精度和准确性 ·嵌套网格法可以更好地描绘结构形状 ·可以模拟地表水流，而不用事先知道水流方向 ·利用稳健的算法，可以很好地处理地表的水流淹没和退水过程 ·可以模拟高速水流和超临界水流 ·可以模拟沿海的水流	·相对于一维模型，它需要较多的计算时间

耦合技术可以有效发挥一维和二维模型各自具备的优势，取长补短，避免在单独使用 MIKE 11、MIKE URBAN 或 MIKE 21 时所遇到的模型分辨率和模型准确率的限制问题。

采用 MIKE FLOOD 耦合管网模型 MIKE URBAN、一维河道模型和二维地面漫流模型 MIKE 21，不仅能反应管网中水动力学情况，更能直观地表现暴雨期间雨水在地面上的漫流，及暴雨结束后的退水情况。

9.2 模型的搭建

9.2.1 MIKE URBAN 模型建立

利用 MIKE URBAN 建立城市排水管网系统的动态模型，包括了降雨径流模型和管网水力模型。降雨径流模型由降雨模拟和集水区汇流过程模拟两部分组成。管网水力模型是雨水汇入管道后对水流流态和水质等的模拟，管网水力模型可以有效地模拟雨污水管道流动。

（1）降雨径流模型的建立　建立降雨径流模型的目的是生成降雨流量过程线，其为管网水力模型提供了上游边界条件。首先，定义降雨过程。降雨过程的数据可由实测数据拟合得到，也可以设定适当的雨型参数，利用暴雨强度公式来推求，这称为合成暴雨模型。暴雨强度公式则是该种方法的基础。暴雨强度公式主要有暴雨选样方法、频率分布线型、相应统计参数、暴雨公式的形式和公式参数等组成。因此这些要素决定了暴雨强度公式的精确度。利用暴雨强度公式，结合雨型模拟方法，如芝加哥模型等即可得出设计重现期的降雨过程线。其次，进行划分、定义城市集水区。给雨水管网系统的网管分配到合理的汇水范围。集水区是人为划分的多边形，用来模拟实际中降雨过程中的地表径流流入各个雨水井的过程。最后，进行此区域雨水管网系统的集水区的参数块布置，将参数块与雨水管网的雨水检查井相连接。

（2）管网水力模型建立　城市管网水力模型的建立，MIKE URBAN 管流模块能够较为准确、客观地描述管网内的各种要素及水流流态，如横截面形状、检查井、水流调节构件、检查井以及集水区的各种水头损失。首先，将管网系统的各种构成要素进行抽象化处理，分别将管段等抽象为线，检查井等抽象为点，再把这些线和点组成结构图。管网信息复杂而繁多，包括管网拓扑结构数据（如管段、泵、阀门、检查井等）、边界条件数据（如降雨数据和排水口水位信息、各个地区土地用途以及泵站服务区和排水管网的服务区）。因此，按照模型的精度要求，对管网信息进行适当地简化处理。

9.2.2 MIKE 11 模型建立

MIKE 11 HD 建立模型的结构如图 9-6 所示，模型包含以下数据文件。

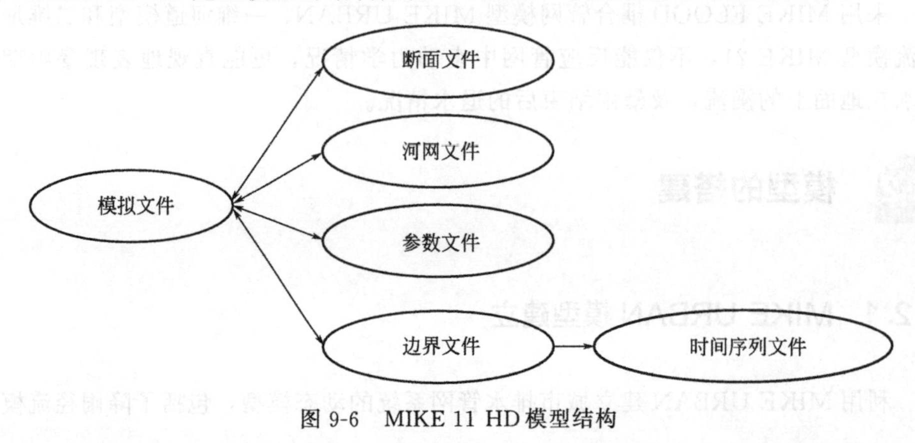

图 9-6　MIKE 11 HD 模型结构

① 模拟文件（.sim11）；

② 研究区感潮段河网文件（.nwk11）；

③ 河道断面数据文件（主河道及主要支流断面.xns11）；

④ 河道边界文件（.bnd11）包括：上下游水位、流量等时间序列文件（.dfs0）；

⑤ 模型水动力参数（糙率）文件（.hd11）。

9.2.3 MIKE 21模型建立

二维网格是模型建立的基础。MIKE 21 提供了两种网格类型供建模者选择：矩形网格和三角形网格。矩形网格的特点是数值计算量小，但对于不规则边界的模拟很难精准；三角形网格的特点是可以利用三角形的大小和数量灵活组合，很容易实现对不规则边界的模拟表达，但数值计算量相对较大。现以三角形网格为例来介绍二维网格的创建过程。在计算区域内划分好的三角形网格中，通过差分方法可以在建好的网格节点处算得高程值，用于模拟地表的地理情况。因此，网格的精度，以及其与实际地表相符的程度是模型最终可靠运行的重要基础。网格文件的生成和设置都是在后缀名为.mdf 的网格定义文件中进行的，其信息包括计算区域的范围和各个点的坐标值，地表高程信息，边界条件的类别和编号，显示地表高程信息的分辨率等。后缀名为.mesh 的网格文件由设置好的.mdf 网格定义文件生成导出，它是一个 ACSII 文件，用于后续输入到二维模拟文件中。这里需要介绍一下构成网格的几何要素，即节点、顶点、多线段和多边形。多线段由节点和顶点构成，其中节点是多线段开始和结束的点；而顶点是多线段贯穿途中的点。一个封闭的多线段构成了一个多边形，并且由于封闭的特点，它的节点仅一个。多边形的构成既可以由一条封闭的多线段构成，也可以由多条彼此相连的多线段构成。首先要在 MIKE 21 模块中的网格生成器（mesh generator）中建立新的网格定义文件.mdf，并指定其坐标系统。为了定义计算区域，需要加载一个计算区域的描述几何边界的数据文件。这是一个需要单独准备的后缀名为.xyz 的 ASCII 文件，其中包括各边界点的坐标值和高程值，每一边界点都有一标识数据值：1 或 0。其中，除最终边界点的标识是 0 之外，其余均应为 1。加载几何边界数据文件之后，即可在边界区域内生成一个无高程信息的网格，网格的密度，及单元三角形的角度可以通过调节生成参数来调整。此外，需要设置各个边界的边界条件。边界类型由一个名为“a”的字段属性区分。其默认值是 1，表征此边界是水陆边界，亦即闭边界。其他开边界条件可以设置成 2 或者以上的数字，来定义其各自的类别。开边界既可以是水位边界，即由水位随时间空间的变化数据序列构成的边界条件，也可为流量边界，即由流量随空间时间的变化数据序列来构成的。

在导入高程数据之前，要检查网格的生成质量，例如三角形的角度不可过大，边界附近的三角形网格不可过小，等等。通过应用平滑处理可以对生成的网格进行优化，如此，则可以避免相邻三角形的大小、偏斜度等出现太大差别，在网格密度不同的区域过渡更平缓。

9.2.4 MIKE FLOOD耦合模型建立

耦合模型的关键在于上述三者模型的连接，以下着重阐述模型的连接。

（1）标准连接　MIKE FLOOD的标准连接形式，反映的是有一个或者更多的MIKE 21网格单元和MIKE 11中河道的一端相连接。这种连接形式是把MIKE 21连接到MKE 11的一段河网，或者连接到内部结构物（需要2个以上的21网格相连），或者连接到在一个21网格中的特征物。这种连接形式是“显式的Explicit”。

（2）侧向链接　MIKE FLOOD侧向连接，是指一维河道模型（MIKE 11）和二维模型（MIKE 21）动态耦合。侧向连接允许MIKE 21的网格从侧面连接到MIKE 11的部分河道，甚至是整个河道。利用结构物流量公式来计算通过侧向连接的水流，用侧向连接来模拟水从河道漫流到洪泛区的运动，是非常有效的。

（3）管网连接　MIKE FLOOD URBAN连接，是指城市雨水管网系统（URBAN）和二维模型（MIKE 21）动态耦合。耦合后的模型不仅能够模拟复杂的管网系统及开渠，同时可以模拟暴雨时期城市地面道理的积水情况，耦合后的模型反映了地面水和管网水流的互动过程。

模型中城市管网与二维地表的耦合链接是通过检查井连接来实现的。检查井连接是用来描述城市地面水流和下水道水流通过检查井的相互影响。检查井连接也可以连接下水道出口和地面地形，可以描述排水系统和一个集水区之间的相互作用，其中积水集水区是通过地形来描述的，而不是用面积-水位曲线来描述。检查井连接也可以描述排水系统通过泵、堰向地面泄流的现象，此时泵、堰必须定义为没有下游节点。

检查井连接方式，要求MIKE 21至少有一个网格和MOUSE的检查井、集水出口、泵或者堰相连。

（4）管网河道连接　MIKE FLOOD河道排水管网连接，是指一维河道模型（MIKE 11）和城市排水管网系统（MIKE URBAN）动态耦合。河道排水管网连接是用来模拟河网和城市排水系统的相互作用，它可以应用在以下几个方面。

① 排水系统通过排污口向河道泄水；

② 污水通过泵向河道泄水；

③ 排水系统通过堰向河道泄水。

9.3 模型应用常见问题及解决方案

如前所述，水力模型在为设计、研究人员提供更加精准的动态计算结果的同时，也需要使用者对模型的原理及操作方法具有较深刻地认识。以下结合某些工程实例对模型的具体运用应该注意的若干问题展开讨论。

（1）防涝区域的划分　为了减小单个模型的数据量，增加模型的稳定性，应先有效、合理地划分防涝区域，其难点在于如何找出汇水界线，而整个防涝系统并不能简单的以分水岭作为汇水边界线，应结合河道、湖泊以及行政区域等诸多因素划分。而且一旦各排涝区域划分完毕，应严格按照划分界限对区域内的管网、河道、泵站等设施进行评估和规划。涉及相邻区域的排水转输问题，应及时反馈数据，只有这样，划分防涝区域才有其实际意义。以南昌市排水防涝综合规划为例，共将南昌市划分成了 15 个排水分区，其中昌南 8 个分区，即象湖排涝区、青山湖排涝区、吴公庙排涝区、鱼尾排涝区、南塘湖排涝区、下范排涝区、麻丘区域排涝区、航空城排涝区，昌北 7 个分区，即凤凰洲排涝区、红谷滩中心区排涝区、红角洲排涝区、前湖下游区域排涝区、九龙湖排涝区、昌北经济开发区排涝区、空港新城排涝区。

（2）模型的概化　由 MIKE 11 计算原理可知，为了提高 MIKE 11 模型（即河网模型）的计算稳定性，其计算步长一般要比 MIKE URBAN 模型（即管网模型）长。如此，在两者耦合计算时，河网模型的较小波动可能会导致管网模型的较大波动，甚至导致模型发散。例如，在断面尺寸较大的雨水箱涵和断面尺寸较小的河道耦合点处，若箱涵出口处于淹没出流状态，模型就较难收敛，而这种情况在南昌等一些平原城市是常有的。因此，如何界定大、小排水系统，灵活地选择模型并将实际管网或河网进行概化，就显得尤为重要。

采用三种办法可解决上述问题：①将管径≤DN2000 的圆形管道及水力半径与之相当的箱涵作为小排水系统，采用 MIKE URBAN 进行概化；将尺寸更大的管道及河道、湖泊视为大排水系统，采用 MIKE 11 进行概化。②将所有城市雨水管网及无调蓄功能的天然或人工河道视为小排水系统，采用 MIKE URBAN 进行概化；将有调蓄工程的河道、湖泊视为大排水系统，采用 MIKE 11 进行概化。③预先给定排出口一个固定的水位边界，然后单独运行一次 MIKE URBAN，查看 PRF 结果文件便可知道排出口水位在什么时刻达到高于河道水位；再通过该时刻的热启动实现两者耦合。方法③由于步骤繁琐，效率低，故在此不推荐。

以南昌市象湖排涝区为例，西桃花河北延工程排水涵（断面尺寸 4m×2m）与西桃花河明渠（断面尺寸 8m×2m）连通，排水涵出水口为淹没出流，若分别采用 MIKE URBAN 和 MIKE 11 对排水涵和明渠进行概化（图 9-7），模拟结果显示，模型在图 9-7 中圆圈所示处发散（图 9-9 中 NODE _ 26）。若依据方法②，均采用 MIKE 11 对排水涵及明渠进行概化（图 9-8），则模型运算稳定（图 9-10）。

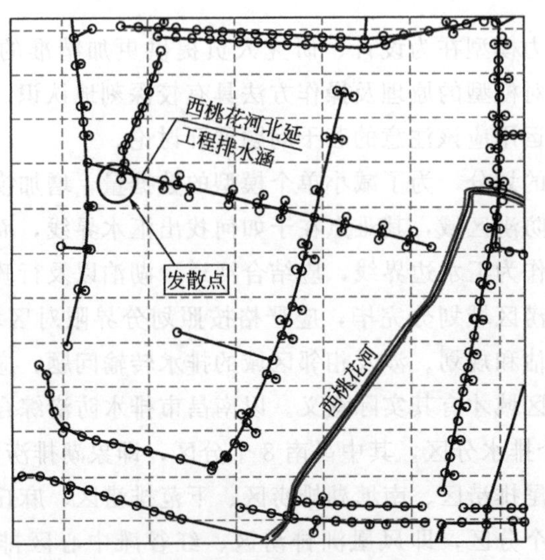

图 9-7　分别采用 MIKE URBAN 和 MIKE 11 对排水涵和明渠进行概化结果

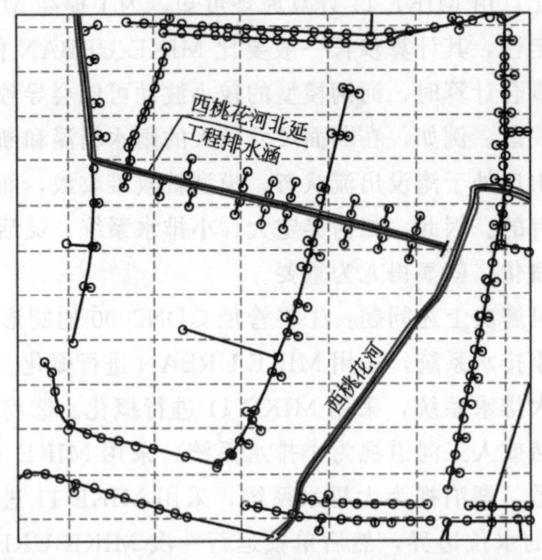

图 9-8　均采用 MIKE 11 对排水涵及明渠进行概化结果

（3）汇水面积的划分　关于汇水面积的划分，软件多采用泰森多边形原理进行自动划分，这在平原城市是比较合理的。但由于计算机本身是按照一定的算法或搜索规则进行计算的，局部仍需人工进行修整。

（4）雨型及评价标准的选择　对于城市排水管网，由于汇水时间较短，一般不

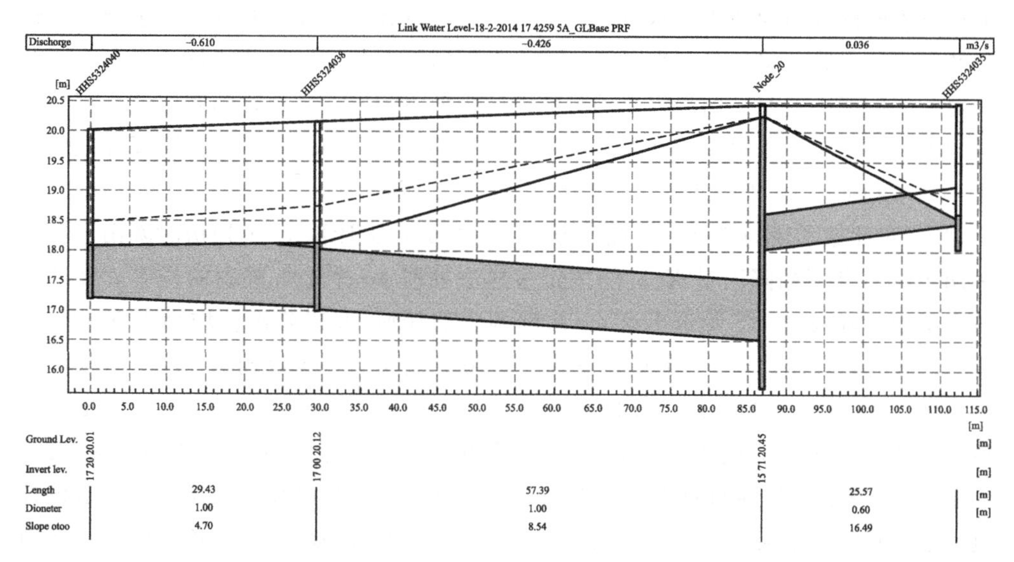

图 9-9　分别采用 MIKE URBAN 和 MIKE 11 对排水涵和明渠进行概化模拟结果

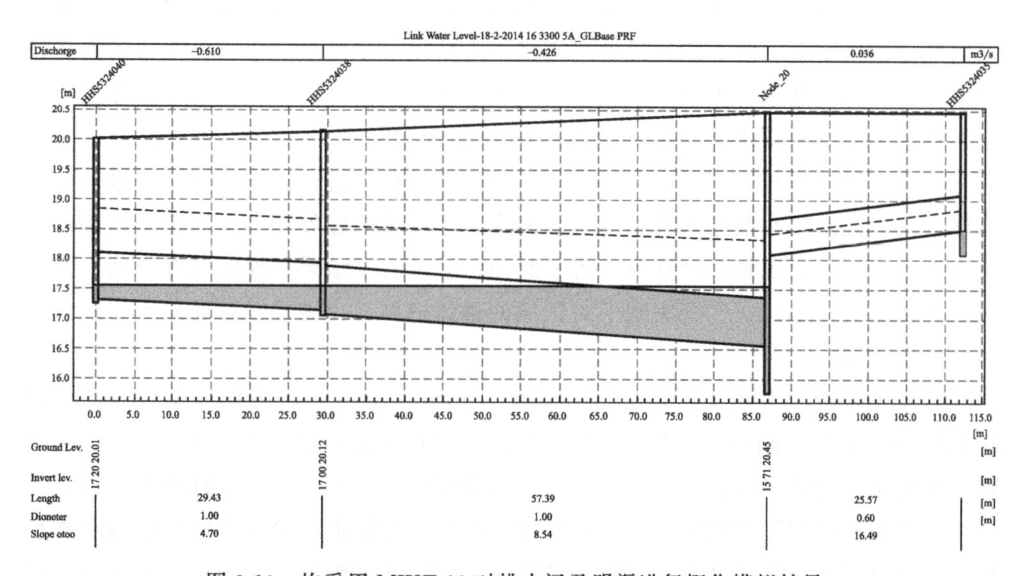

图 9-10　均采用 MIKE 11 对排水涵及明渠进行概化模拟结果

会超过 2h，两场雨之间不会有太大影响。因此，对于管道排水能力的评估，毫无疑问采用重现期 1～5 年的短历时降雨模型是合理的。而对于整个排涝分区的排涝能力评估，由于汇水面积较大，河道对涝水的调蓄能力不可忽视，采用何种雨型进行模拟则有待商榷。以下做简要分析。

城市内涝的产生主要有两个原因：①发生强度大于管网排除地面积水能力的短历时降雨，即使管网在承压流状态下，也来不及排除地面径流导致内涝；②发生一天连续不断的降雨导致内河水位不断上升至最高设计水面线，对管网产生顶托，这种情况下，尽管其单场降雨强度不一定大，但需要更长的时间才能排除涝水。因此针对不同的降雨过程，内涝程度和影响时间也各不相同，那么，到底应该采用什么样雨型和标准来评价呢？这就关系到市政部门和水利部门降雨历时及降雨标准的衔接。即水利部门50年一遇的24h降雨相当于市政部门多少年一遇的1～2h降雨。文献[1] 对此做了较为详细的研究，方法是这样的：①计算1h的短历时降雨，在重现期 $P_1=5$ 年时的降雨量 X_1；②按年多样法抽取 $4n$ 个24h降雨的样本，并统计各次降雨的降雨量；③筛选出这 $4n$ 次降雨中的任何1h段降雨量均小于 X_1 的 nz 次降雨过程，并统计这 nz 次降雨过程中降雨量最大的一场降雨 X_{24}，根据 X_{24} 在 $4n$ 个样本中的序号M，确定其次频率，最后计算相应重现期 P_{24}。该方法虽然忽略了序号大于M（即重现期小于 P_{24}）的降雨过程中仍然存在其中某1h段降雨量大于 X_1 的情况，但从统计意义上来讲，也是可行的。其研究结果显示：管道设计重现期5年相当于河道设计重现期35年。因此采用大纲规定的50年一遇24h降雨模型来评估内涝防治能力是绰绰有余的，无需再采用短历时降雨进行模拟评估。

（5）统筹兼顾、抓大放小　由于本次规划范围广，面积大，故应做到全局模拟及局部模拟的结合，而不能盲目地采用同一个精度搭建模型。全局模拟指的是将整个排涝分区所有基础数据输入一个模型，然后通过模拟得出结果，用于整体把握整个排涝分区的管网排水能力分布情况及内涝情况；局部模拟指的是对部分重要地区、立交、隧道等对人的生命财产安全影响较大的地区进行详细模拟，以进一步评估该区域的雨水泵站及排水管网的排水能力。这样做的好处是：①加快了模型的运行速度，为紧迫地规划设计任务节省了时间；②节省了结果文件的储存空间，而且提高了模型的稳定性；③既实现了对区域的整体把握，也满足了对局部重要地区深入分析的要求。

以象湖排涝区为例：首先建立网格大小为5m×5m的二维地形文件、断面间距约为500m的一维河网文件以及检查井平均间距约90m的管网文件，采用三者耦合，对整个排涝区进行全局模拟。然后建立网格大小为1m×1m的地形文件、检查井间距为实际间距的管网文件，对区域内的滕王阁隧道、象湖隧道等进行局部模拟，实现全局与局部的结合。需要注意的是：对于局部模拟，例如滕王阁隧道，由于存在服务范围外的客水侵入的可能性，故应根据地形地貌，找出明显的分水线及变坡点，建立面积略大于设计服务范围的模型，并以全局模拟的水位变化结果作为局部模拟的边界条件进行模拟。

（6）评价的方法及处理措施　当模拟结果给定后，应该如何准确地分析和把握这些数据，用于指导采用何种应对措施，才是本次规划的目的所在。这就涉及到底以什么参数来对现状进行评价。若简单的按管道是否承压来评价，只要某一根下游管道堵塞或管径过小，就可能会导致上游所有管道承压，因此，这种方法实际是不合理的。若按雨水是否有露出地面，对于某些地势较高，埋深特别大的管段，尽管其管径很小，遭遇暴雨时可以达到很大的水力坡度也不会出现雨水外漏，因此，采用此方法也是不太准确的。从理论上讲，按水面坡度线是否大于管道实际坡度来评估，应该是最为准确的，因为水面坡度线反映的是雨水通过该段管段所需的坡度降，若管道实际坡度小于水面坡度，说明管道偏小，或者说敷设坡度偏小。然而，在实际工程中，由于某些地区交通量大，或者地下管线复杂，且道路狭窄，若对所有水面坡度线大于实际敷设坡度的管道进行改造，任务十分繁重，既不现实，也无必要。综合以上几点，本次规划规定了以下三个原则：①按水力坡度线是否大于实际敷设坡度进行排水能力评估，并以此为据，对有条件或确实需要改造的地区进行改造或新建排水、调蓄设施，要求设计重现期为 3 年以上；②对一些难以施工的地区，尽管管径偏小，但由于有较高的地面标高优势，可不采取任何改造措施；③对已设计但未实施的管道，严格按照水面坡度线等于或小于设计坡度重新规划设计。

9.4　本章小结

① 城市雨水管渠系统及超标雨水径流排放系统均是海绵城市建设的重要基础元素，排水及防涝水力模型作为城市雨水管渠系统及超标雨水径流排放系统的重要研究工具，本章对 DHI 开发的 MIKE 系列软件主要功能、原理进行了简要介绍，并说明了模型搭建的基本方法。

② 水力模拟软件只是研究与规划设计的工具，更重要的是正确合理地使用它。本章以南昌市排水防涝系统为实例，对软件使用时应该注意的六个方面提出一些看法，包括排涝区域的划分、模型的概化、汇水面积的划分、雨型及标准的选择、全局与局部的结合、评价方法的选择及改造措施的原则。

第10章 南昌市合理采用海绵城市技术研究

10.1 概况简介

本章在总结利用前述章节中海绵城市建设技术理论研究成果，结合南昌市气候、地质、开发情况等因素，为南昌市海绵城市规划、设计、实施及维护管理提供参考、依据和指导。

10.2 南昌市气候、地质、水文特点研究

10.2.1 地理位置

南昌市位于东经115°27～116°35，北纬28°09～29°11，地处江西省中部偏北，赣江、抚河下游，东北方濒临我国最大的淡水湖鄱阳湖。南昌市北邻九江市，东毗上饶市，南接抚州市，西连宜春市，是江西省省会；既是唯一一个与长三角、珠三角和闽东南经济区相毗邻的省会城市，又是京九线上唯一的省会城市。

10.2.2 气候特点

南昌市气候属于亚热带湿润季风区，是受热带海洋气团与极地大陆气团交替控制的区域，冬季受西伯利亚高压影响，夏季常受副热带高压控制，导致四季温差较大，夏季酷热，冬季寒冷，且春秋季节短，冬夏季节长。根据中央气象台的数据，南昌市月平均最高温、最低温及降雨量情况见图10-1。

10.2.2.1 气温、日照及风向特点

南昌市多年平均气温为18.0℃左右，且呈现出逐年递增的趋势，根据研究资料显示，年平均气温的增大幅度约为每10年增大0.54℃。多年来的最低气温为－10℃左右，最高气温突破40℃。7月是全年平均气温最高的月份，多年平均月气温为29.5℃；1月是全年平均气温最低的月份，多年平均月气温为5.5℃。

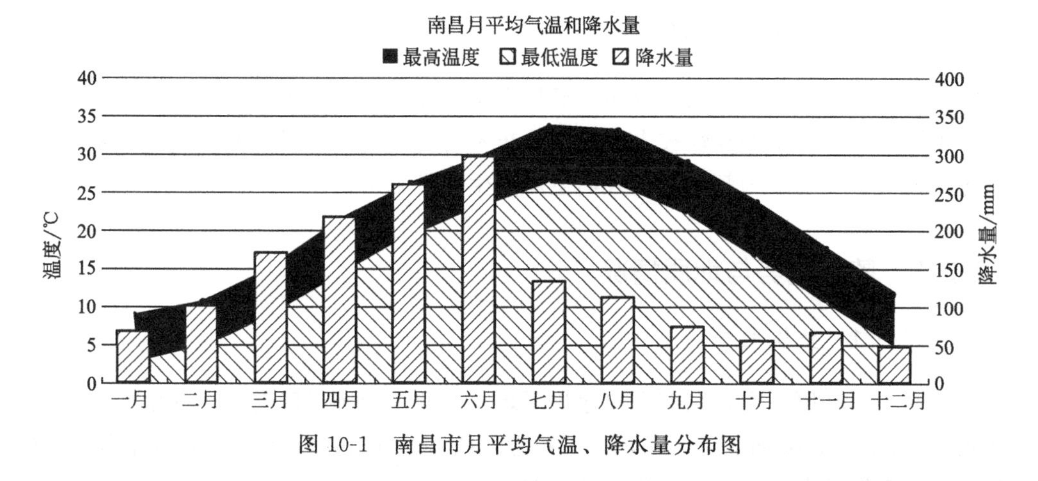

图 10-1　南昌市月平均气温、降水量分布图

日照时间方面，南昌市年平均日照时数为 1832.9h，全年平均无霜期为 277 天。降雪较少，多年平均降雪日 6.9 天，最大积雪厚度 160mm，多年平均结冰日为 21 天。

风向方面，南昌市常年主导风向是北风（发生频率 22.5%）和东北风（发生频率 20.1%），多发生于冬季，平均风速 4.6～5.4m/s。历史最大风力 11 级。夏季 7～8 月多西南风，偶有台风侵袭。静风一般在 1 月、2 月、4 月、8 月出现。

10.2.2.2　降雨特点

降雨方面，南昌市雨量充沛，年平均降雨天数为 142 天；多年平均降雨量为 1600mm 左右，年最大降雨量为 2356mm（1954 年），年最小降雨量为 1046.2mm（1963 年），其中 4～6 月为雨季，降雨约占全年总降雨量的 51%，气象站降水量年内分配表如 10-1。

根据历年降水量观测资料统计，南昌市一至四季度降水量分别占年降水量的 20%、51%、19%和 10%；最大 1 日降水量发生在 6 月的频率为 46.9%，发生在 5 月的频率为 22.5%，发生在 7 月的频率为 12.2%。从暴雨量级上分析，日降水量超过 100mm 的暴雨多发生在 4～7 月，8～9 月也有出现，但机会较少，其余月份最大日降水量一般小于 100mm。

表 10-1　南昌气象站降水量年内分配表

月份	1月	2月	3月	4月	5月	6月	7月	8月	9月	10月	11月	12月	年
均值/mm	60.6	96.6	159	218	248	303	142	114	71.1	56.6	66.6	42.1	1577.6
百分比	3.84%	6.12%	10.1%	13.8%	15.7%	19.2%	9.00%	7.23%	4.51%	3.59%	4.22%	2.67%	100%

10.2.2.3 气候特征总结

总的来说，南昌市气候特点属于亚热带季风性气候。由于每年季风强弱和进退迟早不同，导致气温差异性较大，降水分布不均匀，高温干旱、低温冷害和暴雨洪涝等气象灾害发生较为频繁，给人们生产、生活带来不便。

10.2.3 整体地势与地质情况

10.2.3.1 整体地势

南昌市以平原为主，东南方向地势平坦，西北方向则丘陵起伏。其中，平原面积占 35.8%，水域面积占 29.8%，岗地、低丘面积占 34.4%，全市平均海拔 25m，城区范围地势偏低洼，平均海拔 22m。

昌南城区地形平坦，整体地势低洼，其中西南高，高程为 24.00～28.00m，东北偏低，为 20.00m 左右。昌北城区方面，整体地势西北高东南低，其西部为西山山脉，主峰洗药坞高 841m；西北侧梅岭多为低山浅丘，高程为 140～170m；东南部多为合流台阶地，地势平坦，河流港汊交错地面高程一般为 17～22m。

总的来说，南昌市西北高，东南低，依次发育低山丘陵、岗地、平原，呈现层状地貌特征。以赣江为界，赣江西北部为构造剥蚀低山丘陵、岗地，赣江以东为河流侵蚀堆积平原，河湖港汊纷布，辫状水系发育，水网密布，湖泊较多。

10.2.3.2 地貌特点

南昌市区域整体地貌可以大致分为三种，其特点分述如下。

(1) 构造剥蚀低山丘陵　分布于西北部的梅岭一带，呈北向东展布，海拔标高一般为 300～500m。主要由花岗岩、片麻岩组成。由于受多期地质构造运动的影响，导致地势起伏，沟谷纵横，沟谷切割深度 200～500m。

(2) 风化剥蚀岗地　位于城区的新建县、乐化一带，呈东北向展布，位于南昌市断陷盆地的西北边缘，主要由残坡积红土、上白垩系紫红色砂岩、砂砾岩和前震旦系千枚岩、板岩组成。

(3) 侵蚀堆积平原地形　分布于赣江以东的广大地区，由全新统、中上更新统冲积层组，地势平坦。区内发育有漫滩、Ⅰ级堆积阶地和Ⅱ级堆积阶地。

Ⅱ级阶地：分布于莲塘、邓家埠、罗家集、尤口等地。呈南北向垄岗状分布，主要由上更新统下段和中更新冲积层组成，阶面宽 1～4km，地面标高 30～54m，相对比高 5～10m。地面坡度 1°～5°。阶面因受后期剥蚀破坏，阶面起伏不平。

Ⅰ级阶地：南北向条带状分布于赣江、抚河及支流两岸，阶面宽 6～8km，由上更新统上段冲积层组成，地势平坦，地面坡度 0.5°～2°。阶地前缘陡坎不明显，与Ⅱ级阶地呈内叠式接触。阶面水网密布，湖泊发育，较大的湖泊有艾溪湖、青山湖及瑶湖等。

高漫滩：主要位于赣江、抚河及支流两侧，由全新统下段冲积层组成，与Ⅰ级阶地呈内叠式接触。地势平坦，地面标高18～20m，相对比高0.5～2m。

低漫滩：主要为边滩和心滩，由全新统上段冲积层组成，沿河两岸断续分布，标高16～18m，洪水期被淹没。由于受洪水冲刷，该低漫滩，特别是心滩易于河床中移动，成为“流动”低漫滩地貌。

10.2.3.3 地质分布及其特点

（1）岩体　岩体仅出露于赣江西部，有前震旦系变质岩；晋宁期、燕山期花岗岩、辉长岩脉；中、新代碎屑沉积岩类零星出露，掩伏于赣江以东的第四系堆积层之下。

（2）土体

1）人工填土

① 松散高压缩杂填土层：老城区分布最广，由生活、建筑、工业废渣及黏土、碎石等组成。主要堆积在原地势低洼的池塘、暗滨及赣江沿岸等区域，厚度随原地形高低变化大，分布极不均匀。杂填土未经压密处理，压缩性高，属不良土体。

② 松散中压缩的人工冲填土：仅分布于赣江西岸的红谷滩新区，为2000年以后因开发红谷滩填高场地而冲填，物质成分为粉细砂、中细砂，厚度大于5.0m，局部暗滨沟部位可达9.0m。

2）软土　岩性为淤泥质黏土，淤泥质粉质黏土，青山湖、艾溪湖滨部位为淤泥或泥炭。厚度和埋深各地不一，变化也较大。总体呈北东南西分布。

区域内软土固结程度低，压缩性高，具触变性，是区内的不良土体。

3）一般性黏土　分布于赣江、抚河沿岸及山间谷地，组成河谷平原漫滩的表层。据岩性与工程地质特征差异可划分三个工程地质层。

① 可塑状中等压缩性黏土层：分布于赣江以西的西源刘家，掩伏于人工冲填土或粉土层之下，分布不连续，层位稳定性差。

② 可塑状中等压缩性粉质黏土：分布于赣江、抚河高漫滩，青山湖、艾溪湖周边地带，一般出露地表，局部伏于粉土层之下。分布连续、层位稳定，厚度一般2～6.0m，黏土矿物以高岭石与多水高岭石为主。

③ 中密湿的粉土层：分布于赣江东岸文石及八一桥以下赣江分支河间地区，抚河沿岸地带，一般出露地表。层位分布连续，较稳定。

4）老黏性土

① 硬塑状中等压缩性黏土层：分布于贤士湖至莲塘条带，层位断续分布，稳定性差，厚度一般为1.9～3.6m。

② 硬塑状中等压缩性粉质黏土层：广泛分布于赣江以东和莲塘一带，除城区伏于人工填土之下或软土之下外，多出露地表。厚度一般为 2.0～4.5m，层位分布连续、稳定，有由西向东逐渐增厚的趋势。

③ 中密稍湿的粉土层：分布于城区、莲塘、尤口及罗家镇一带，岱山至南昌农药厂一带出露地表，分布较连续，厚度 1.16～6.96m。其他地区主要呈透镜状伏于黏土层之下或夹于粉细砂层间，厚度小，顶板埋深 2.0～5.0m。

④ 硬塑状低～中等压缩性含砾石黏土粉质黏土层：分布于赣江以西的生米街、乐化等岗地上，厚度因地形起伏变化较大，一般 2.7～7.8m，地形坡度小于 20°。

5）粉细砂层　在赣江、抚河的沿岸边滩、心滩及莲塘富山等地带直接出露地表。

① 松散～稍密的粉细砂层：主要沿赣江、抚河沿岸的高漫滩、边滩、心滩分布，分布一般较连续，多处于地下水位以下，饱水状。

② 中密～密实的粉细砂层：主要分布于城东的罗家、瑶湖、莲塘，分布连续，层位稳定，顶板埋深 4.0～10.0m，厚度 2.0～10.0m。

6）中粗砂

① 中密的中粗砂层：主要分布于赣江、抚河的边滩、心滩地带，伏于粉细砂下，八一桥～南昌大桥则伏于一般黏性土下，顶板埋深 2.5～8.0m，厚度 2.0～4.0m。

② 中密～密实的中粗砂层：主要伏于粉细砂层或老黏性土层之下，除扬子洲、蒋巷、瑶湖一带分布较连续外，其余区域一般断续分布，顶板埋深 3.5～10.0m。

③ 密实的中粗砂层：分布罗家集、尤口等地，层位稳定，分布连续，顶板埋深 10.4～24.9m，厚度 2.0～18.4m。

7）砾砂

① 中密的砾砂层：分布于赣江（八一桥上游），抚河沿岸及赣江下游河间地块，分布连续，层位稳定，顶板埋深 5.0～14.0m，厚度 2.0～10.0m，渗透系数 103.68m/d。

② 中密～密实的砾砂层：广布于莲塘一带，层位稳定，顶板埋深及厚度变化较大，顶板埋深一般 5.0～7.0m，厚度 2.0～15.0m 不等，渗透系数 6.91～20.74m/d。

8）卵砾石层　贮存于全新统，上更新统以及中更新统冲积层，层位稳定，分布连续。顶板埋深 10～20.0m，厚度 5.0～12.0m，渗透系数 160.7m/d。

10.2.4 水文特征

10.2.4.1 水系情况

南昌市中心城区水系较为发达，河湖密布，城区水系以赣江为主干，自西南向东北将南昌城区分为昌南、昌北两个区域。赣江左岸（昌北）有乌沙河、前港河、幸福河等河流汇入，赣江右岸（昌南）主要接纳抚河故道水系。

南昌市区域内承担流域性防洪功能受纳水体水系基本情况如下。

（1）赣江　江西省内第一大河流，自南向北贯穿全省，干流全长439km。赣江最大日均流量为20900m^3/s，最小日均流量172m^3/s，四十年平均流量为2100m^3/s；历史最高洪水位23.22m，百年一遇最高洪水位24.21m，常水位16.50m，历史最低枯水位12.28m。最高水温35℃，最低水温0.2℃，平均水温19.0℃。

（2）抚河　抚河是鄱阳湖水系主要河流之一，发源于武夷山脉西麓，全长312km，流域面积$1.58\times10^4km^2$。一般称主支盱江为上游，其间自南城至抚州有疏山、廖坊两处火成岩坝段，以下为逐步开展的平原或丘陵；抚州以下为下游，两岸为冲积台地，田畴广阔。抚河下游李家渡水文站年均径流总量为$139.5\times10^8m^3$，实测最大流量8490m^3/s。南昌市城区处于抚河尾间，原支流故道在城区西部朝阳洲尾汇入赣江，1958年水利工程将其改道，往市郊东南隅由青岚湖汇入鄱阳湖。

（3）乌沙河　乌沙河流域位于江西省中北部，属于赣江下流左岸支流，主要由中堡水、前湖水、龙潭水、青岚水等支流汇合而出；流域面积263.3km^2，主河道长度约40km，流域多年平均降水量1628mm，多年平均产水量$2.14\times10^8m^3$。

南昌市河湖水系水流通畅、蓄泄兼顾；外与赣江、抚河相接，上可通赣、抚上游地区，下可达鄱阳湖，形成四通八达的河湖互通水系。

部分市区水系基本情况见表10-2。

表10-2　南昌市水系基本信息表

城区	片区	河湖名称	常水位/m	底标高(平均)/m	水面面积/km^2
昌南城区	老城区	东西南北湖	19.0	15.0	0.23
	象湖片区	象湖	18.7	14.43	2.14
		抚河故道	18.7	15.50	0.432
	桃花河片	桃花河	17.5	16.0	0.93
	梅湖、护城河片	梅湖	20.0	17.0	0.3
		护城河	20.0	16.0	0.7
	青山湖片区	青山湖	16.7	14.50	3.01
		玉带河	16.7	15.0	0.56
	艾溪湖片区	艾溪湖	16.0	14.43	3.92
		幸福渠	17.0	15.5	0.46
		南塘湖	16.0	14.5	0.631
	瑶湖片区	瑶湖	15.6	12.5	18.0

续表

城区	片区	河湖名称	常水位/m	底标高(平均)/m	水面面积/km^2
昌北城区	前湖水片区	红角洲水系	17.5	15.0	1.1
		前湖	18.5	15.0	1.5
	经开片区	黄家湖	18.0	16.0	0.74
		孔目湖	17.0	15.3	0.31
		白水湖	16.5	14.0	0.36
		乌沙河	16.5	14.0	0.93
		青岚水系	16.5	14.5	0.16
		龙潭水系	17.0	15.0	0.23
	空港新城	下庄湖	17.0	13.0	1.2
		汝罗湖	16.5	16.5	1.18
		杨家湖	16.5	13.0	0.95
	九龙湖	九龙湖	21.0	17.5	1.25

10.2.4.2　地表水水质情况

根据2015年对赣江多个断面的水质监测资料，赣江南昌段水质优良，其中全年水质类别达到Ⅱ类水体要求的断面比例为78.6%。污染河段主要分布于青山闸段，超标污染主要为氨氮、总磷等。

根据2015年对青山湖、艾溪湖、抚河故道等城市内湖、内河的水质监测结果，结合《地表水环境质量标准》（GB 3838—2002），全市内河内湖水质均劣于Ⅳ类水，玉带河、南塘湖等Ⅴ类或劣Ⅴ类水体居多，主要污染物为COD、氨氮及总磷等。

在富营养化污染方面，城市内湖普遍存在不同程度的富营养化问题：艾溪湖属轻度富营养化污染；东湖、西湖、南湖、北湖、青山湖及瑶湖属中度富营养化污染；梅湖属重度富营养化污染。

10.2.4.3　地下水分布情况

根据含水岩组的岩性特征、组合关系、贮水空间的形态及水力联系等因素，可将地下水划分为第四系松散岩类孔隙含水层，古近系、白垩系“红层”溶隙裂隙含水层，前震旦系变质岩裂隙含水层组，岩浆岩裂隙含水层共计四个含水层。

含水岩组按富水性可划分为四级：极强富水（单井涌水量＞5000m^3/d）、强富（单井涌水量为3000～5000m^3/d）、中等富水（单井涌水量为1000～3000m^3/d）和弱富水（单井涌水量≤1000m^3/d）。

各含水岩组空间分布及水文地质特征详见以下描述。

(1) 第四系孔隙含水层　第四系孔隙含水层由全新统、上更新统和中更新统冲积的砂、砂砾石层组成，分布于赣江、抚河河谷平原区。全新统、上更新统、中更新统三者含水层由于顶、底板高差不大，水力联系密切，构成统一的含水层。

砂砾石层顶板标高一般 9.0～18.0m，底板标高−8.0～10.0m，厚度一般 0.0～28.0m。含水层结构一般由两个岩性段组成：上部为黏性土、粉土，局部夹淤泥质黏性土透镜体，一般厚度 5～10m，导水性微弱；下部为砂砾石层，是地下水主要贮存空间，含水层厚度自西向东和自南向北逐渐增厚。含水层的富水性受岩性条件影响具有差异性，在赣江以东的广大地区单井涌水量为 1016～4916m^3/d，渗透系数一般为 53.0～160.9m/d，漫滩、心滩渗透系数为 260～360m/d。八一桥以下的赣江北支、中支、南支河间地块为极强富水，单井涌水量 5486～9776m^3/d，渗透系数一般为 23.4～149.0m/d。赣江以西的岗间谷地及残坡积层富水性弱，单井涌水量≤100～1000m^3/d，渗透系数 4.0～25.0m/d。

(2) 古近系、白垩系"红层"溶隙裂隙含水层　"红层"溶隙裂隙含水层组均伏于第四系孔隙水之下。区内老抚河至八一桥一线以东为第三系新余组 (Exn)，以东为上白垩系南雄组 (K_2)。两者均属河湖相紫红色碎屑岩构造。据钻孔揭露资料，在第四系地层之下有厚 10～20m 的"红层"粉砂岩风化裂隙发育，致使"红层"含水岩组与上覆松散类孔隙水含水层之间存在良好的连通性，形成统一的承压水面，水位标高 4.0～17.0m。

古近系溶隙裂隙水含水层主要为紫红色含钙质细砂岩、粉砂岩和灰绿色含钙泥岩互层组成。其岩石化学成分并无明显的差别，但其钙含量则有一定的差异。据南昌市红层供水勘察资料，沿莲塘—老福山—八一桥北北西向张剪性断裂带和老福山至南昌大学北东向背斜轴部一带，红层隔水顶板较薄，溶蚀孔隙发育，成为地下水富水带，富水带宽 1.0～2.0km 含水层厚 19.59～69.00m，顶板埋深 30.00～50.84m，单井涌水量一般为 1183.68～3630.83m^3/d，渗透系数一般为 4.09～11.61m/d；其富水带外围东西两侧含水层厚 17.27～90.08m，顶板埋深 25.05～77.05m，单井涌水量 136.23～921.44m^3/d，渗透系数 0.22～4.09m/d。在市区八一桥～赣江大桥一带，含水层厚 15.11～28.61m，顶板埋深 33.66～38.59m，单井涌水量 44.06～68.26m^3/d。渗透系数 0.22～0.94m/d。

(3) 变质岩裂隙含水层　分布于南昌市西北部的丘陵、岗地，岩性为混合片麻岩、千枚岩状板岩、千枚岩，因岩石长期暴露地表及受构造影响，岩层风化裂隙构造较发育，地下水赋存于风化裂隙中。地下水以大气降水补给为主，富水性弱，单井涌水量一般在 43.98～144.29m^3/d。

(4) 岩浆岩裂隙含水层　分布于南昌市西部低山丘陵的梅岭地区，岩性为富斜花岗岩。岩石坚硬，因受多期次构造的影响，构造裂隙、风化裂隙较发育，地下水以大气降水补给为主，富水性弱，单井涌水量≤100m³/d。

10.2.4.4 暴雨特性情况

南昌市所在地区属亚热带湿润季风气候区，主要的降水时期为每年的4～9月，暴雨类型既有锋面雨，又有台风雨，其水气的主要来源是太平洋西部的南海和印度洋的孟加拉湾。一般每年从4月开始，降水量逐渐增加；至5～6月西南暖湿气流与西北南下的冷空气持续交绥于长江流域中下游一带，冷暖空气强烈的辐合上升运动，形成大范围的暴雨区。

赣抚下游尾闾地区正处在这一大范围的锋面雨区中，此时期（5～6月）本流域降水量剧增。因此，锋面雨是流域的主要暴雨类型。7～9月，本流域常受台风影响，此时既有锋面雨出现，也有台风雨产生。暴雨历时一般为1～3天，2天居多，最长可达5天。锋面雨历时较长，台风雨历时较短。南昌市一次暴雨历时一般为4～5天，最长可达7天，最短的仅2天，锋面雨过程较长，台风雨过程较短，凡是由两次以上天气系统产生的降水过程较长，一次天气系统产生的降水过程则较短。

图10-2为南昌市水文站1950年至2015年范围内，南昌市历年最大一日降雨量与同期水位统计散点图，可以看出绝大多数暴雨出现在4～8月，以5～6月出现次数最多，且不同年份间年最大一日降雨量存在较大的波动性。

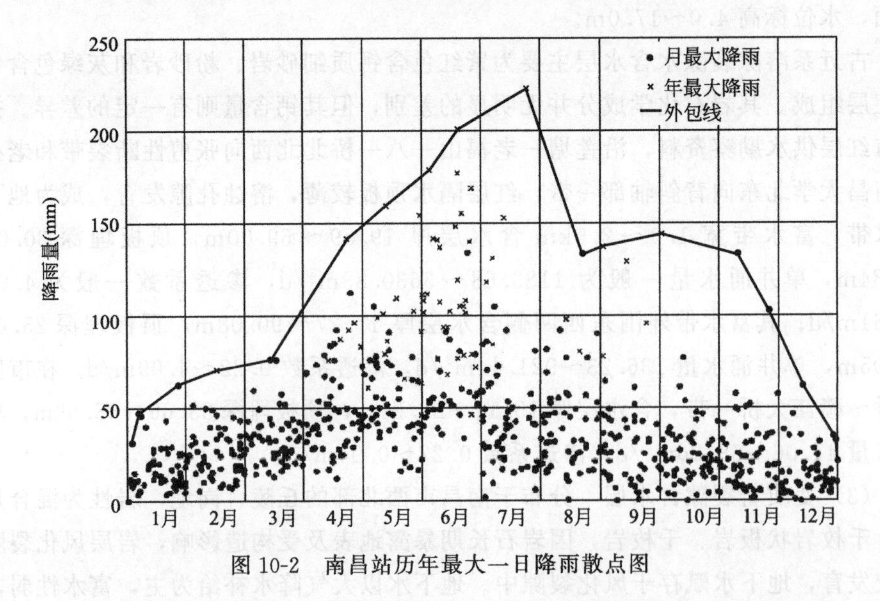

图10-2 南昌站历年最大一日降雨散点图

设计暴雨强度方面，根据《南昌市城市排水（雨水）防涝综合规划》（2014年），其分别对南昌、外洲、市汉、新建4个雨量站采用定时段年最大值选样法统计不同时段长的实测暴雨量，得到各站不同时段设计暴雨成果如表10-3。

表 10-3　各站不同时段设计暴雨成果表

方法	站名	时段	均值/mm	Cv	Cs/Cv	50 年一遇暴雨量/mm	20 年一遇暴雨量/mm
实测资料统计计算	市汊	1 天	106	0.43	3.5	231.0	194.9
		3 天	160	0.39	3.5	328.2	280.6
	外洲	1 天	102	0.35	3.5	196	170.3
		3 天	168.6	0.43	3.5	367.4	310
	南昌	1h	40.3	0.33	3.5	74.9	65.6
		3h	64.1	0.37	3.5	127.4	109.6
		6h	83.8	0.43	3.5	182.6	154.1
		1 天	106.5	0.39	3.5	218.8	186.8
		3 天	165.3	0.43	3.5	360.2	303.9
	新建	1 天	116.7	0.33	3.5	216.9	189.9
查等值线图		1h	45	0.47	3.5	104.2	86.5
		6h	85	0.48	3.5	199.7	165.3
		3 天	167	0.54	3.5	426.4	346.4

10.2.4.5　洪水特性情况

赣江洪水由暴雨形成，洪水的季节特性和时空变化规律与暴雨基本一致。每年3～4 月开始发生洪水，但峰、量一般不大；5～6 月进入主汛期，为洪水主要发生季节，尤其是 6 月，往往形成峰高量大的洪水；8～9 月由于受台风的影响，也会出现短历时洪水。据外洲站 1955—2015 年共 61 年实测年最高水位出现时间统计结果，年最高水位发生在 6 月的有 27 年，占总数 44.3%。

赣江洪水过程线形状有单峰也有复峰，据实测资料统计，复峰型洪水近 60%，历时一般为 15～20 天，单峰型洪水历时一般为 10～15 天，洪水过程线形状主要与降雨的时空分布有关。此外，4～9 月鄱阳湖可能出现高水位，对赣江南昌河段将产生顶托作用。

由年最大一日降雨量及赣江水位统计表可以看出，赣江出现年最高水位时，同日南昌地区降水量一般较小，部分日期没有降水，但同期遭遇大暴雨的机会存在。在 1950—2015 年共 66 年的资料系列中，年最高水位与年最大降水同期遭遇的有 15 年，遭遇概率为 22.7%。

由以上分析可知，赣江流域汇水面积大，洪水历时长，赣江南昌河段高水位持续时间也较长，加上鄱阳湖较长时期高水位的顶托影响，历年均存在乌沙河及前湖大洪水与赣江高水位相遭遇的机会，但年最大洪水与赣江最大洪峰流量完全遭遇的概率相对较小。

10.2.4.6 排水（排涝）情况

南昌市地势平坦低洼，洪涝灾害发生频繁，是全国重点防洪城市之一。经历年的防洪工程建设，基本形成以堤防、水闸、排水泵站、涝水调蓄区等为基础的防洪治涝工程体系，城区基本形成了完整、独立的防洪保护圈。防护圈内来水均为涝水，根据地形与汇水条件分成若干治涝片区，各区治涝体系主要由汇水沟渠、涝水调蓄区、防涝圩堤、电排站、排水闸组成。

根据《南昌市城市排水（雨水）防涝综合规划》，南昌市城区治涝标准为50年一遇一日暴雨不淹重要建筑物。南昌市昌南城区治涝分象湖、青山湖、艾溪湖、瑶湖等治涝片区；昌北城分乌沙河、白水湖、九龙湖、幸福河、杨家湖等治涝片区。各治涝片区治涝原则为：以排为主、蓄泄兼筹；采用“高水高排、低水低排、围洼蓄涝”的方法。各排涝区情况简介如下。

(1) 昌南城区排水防涝现状　经历年的城市排水防涝建设，依据地形与汇水条件等因素，昌南城区排涝区分为象湖治涝片、青山湖治涝片、艾溪湖治涝片和瑶湖治涝片四个治涝片。

① 象湖治涝片：象湖治涝片位于昌南城区西南部，东起船山路、十字街至新溪桥东路，南到朝阳洲隔堤，西至滨江路堤（赣东大堤），北至新洲闸，汇水面积约38.1km^2；此外，象湖治涝片汇水还包括朝阳洲隔堤以南的南昌县部分来水16.54m^3/s。

象湖治涝片采用二级排水方式排除涝水，新洲电排站为一级外排站，象湖西堤以西为二级排涝区域，划分为2个治涝分区，朝阳中路以北为西河滩治涝分区。设西河滩雨水泵站排除区内涝水，涝水排入抚支故道；朝阳中路以南至朝阳洲隔堤为朝阳治涝分区，设朝阳电排站排除区内涝水，涝水排入象湖和抚支故道。

② 青山湖治涝片：青山湖治涝片东以赣抚平原五干渠为界，南至胡惠元堤（昌南大道），西与象湖治涝片相邻，北依富大有堤，汇水面积52km^2。该片来水通过城市排水网络汇入青山湖，经青山湖调蓄后，由青山闸自排或青山湖电排站提排入赣江。

青山湖现有湖面面积3.01km^2，最低蓄涝水位16.23m，最高蓄涝水位17.23m，蓄涝容积$288\times10^4m^3$。青山湖治涝片汇水沟渠主要为玉带河。

③ 艾溪湖治涝片：艾溪湖治涝片位于昌南城区东部五干渠以东，南昌县尤口乡、太子殿、罗家集一线自然高地以西地区，汇水面积为78.1km^2。根据地形条件，该治涝片分成吴公庙、鱼尾、南塘湖三个治涝区。艾溪湖西堤以西的29.1km^2区域为吴公庙治涝区，涝水由吴公庙电排站抽排至赣江；艾溪湖西堤以东的面积沿艾溪湖与南塘湖之间的南北方向分水岭，分为鱼尾治涝区和南塘湖治涝区，区内分别建有鱼尾电排站和南塘湖电排站将涝水抽排至赣江，排涝面积分别为32.0km^2

和 17.0km^2。

吴公庙电排站的调蓄区主要为附近的低洼区以及艾溪湖低排沟等，总蓄涝面积约 0.405km^2，调蓄水位为 15.7～16.7m。鱼尾电排站的调蓄水面主要为艾溪湖，艾溪湖水面面积 3.92km^2，最高蓄涝水位为 17.2m，起调水位为 15.7m，调蓄容积 588×10^{4}m^3。南塘湖电排站调蓄区为南塘湖，湖面面积约 0.631km^2，最高蓄水位 17.20m，最低蓄水位 15.70m。

④ 瑶湖治涝片：瑶湖排涝片分昌东高校园区治涝区和航空城治涝区。昌东高校园治涝区雨水汇入中湖子、北湖子后由下范电排站排入赣江；航空城治涝区雨水汇入焦头河后，规划兴建杨家滩电排站抽排至赣江南支。

昌东高校园治涝区范围为：东至瑶湖西岸，南至尤口镇与罗家集镇行政区域分界附近的自然分水岭，西至昌南城区南塘湖区域边缘，北至红旗联圩，总面积为 34.1km^2，该区域由正在建设的下范电排站解决区域内涝问题。

航空城治涝区内的城市建设正在进行中，现状为农田排水体系，由红旗联圩圩区内的汇水沟渠与排涝泵站组成。现状区内主要有八字脑、红湖、东港口、红旗、五星、湘子口等泵站，汇水沟渠主要有焦头河、南流水、扁担港等。

(2) 昌北城区排水防涝现状　昌北城区地势西北高东南低，地形条件多低丘岗地，主要河流有乌沙河、前港水、幸福河、九龙湖水等。依河流水系，昌北城区治涝分为九龙湖排涝片、乌沙河排涝片、白水湖排涝片、幸福河排涝片和杨家湖排涝片等。

① 九龙湖治涝片：九龙湖治涝片包括九龙湖治涝区和安丰治涝区，总汇水面积约 16.8km^2。目前生米镇九龙湖大堤正在兴建实施中，其汇水范围包括滩涂吹填区（洪毛洲、新洲）及汇入吹填区的汇水面积，规划兴建九龙湖电排站排除片内涝水。

② 乌沙河治涝片：乌沙河流域治涝片范围的乌沙河流域范围，总汇水面积约为 263.3km^2。该治涝区片分成前湖和乌沙河两大治涝区。

a. 前湖治涝区。前湖治涝区为沿江大堤保护范围内的已建前湖电排站排水面积范围：南昌大桥北引桥至昌樟高速公路以南，祥云路以北，沿江大堤以西，总汇水面积约为 61.8km^2。赣江高水位期间，区内涝水由前湖电排站提排至赣江，赣江水位低时，区内来水经前湖闸自排至赣江或经老街闸自排至乌沙河。

b. 乌沙河治涝区。由于乌沙河中下游两岸地势低洼及规划乌沙河电排站控制（调蓄）水位较高等原因，乌沙河中下游两岸低洼区域需设二级提排站，将涝水提排至乌沙河，区内已建的二级电排站有如下。

丰和电排站，排水范围为南昌大桥北引桥以北，丰和联圩以东，庐山南大道以南地区，区域汇水面积 6.83km^2。丰和电排站扩建工程正在实施中，新增装机容量 880kW，扩建后总排涝流量为 14.54m^3/s。

凤凰电排站，排水范围为丰和联圩以东，庐山南大道以北地区，集雨面积 4.93km^2。电排站排涝流量为 8.1m^3/s。

丰收电排站，排水范围为京九铁路以北，丰和联圩和青港路堤所围地区，集水面积 1.1km^2，排涝流量为 2.5m^3/s。

③ 白水湖治涝片：白水湖治涝片内的邓家坊导排工程已实施，区内汇水面积为 13.28km^2，2008 年兴建有双港电排站，装机容量为 2000kW，设计流量 20.3m^3/s。电排站以白水湖 0.67km^2 的水面作调蓄区，电排站起排水位为 16.3m，最高蓄涝水位为 17.4m。

④ 幸福河治涝片：幸福河治涝片范围包括原幸福河流域以及瓜洲、汝罗湖等区域范围。根据区域地形水系条件及汇水情况，该治涝片可分成多个治涝区与导排区。现状区域内已建的电排站主要有狮子脑、下庄湖、汝罗湖、瓜洲圩，共 4 座电排站。

⑤ 杨家湖治涝片：杨家湖治涝片范围包括莘洲大道以东，赣江以西，京福高速以南，坎樵大道以北围合区域，面积约 15.76km^2，现状建有杨家湖电排站，总装机容量 670kW。

10.3 南昌市径流总量控制目标研究

10.3.1 年径流总量控制率的理论值

作为海绵城市建设过程中的核心指标，年径流总量控制率是指通过自然和人工强化的渗透、集蓄、利用、蒸发、蒸腾等方式，使场地（地区）内累计全年得到控制（不外排）的雨水量占全年总降雨量的比值。在理想状态下，径流总量控制率应以开发建设后径流排放量接近开发建设前自然地貌时的径流量为标准。如下表所示，《建筑与小区雨水利用工程技术规范》（GB 50400—2006）指出，绿地的雨量径流系数 ψ_c 经验值可取 0.15；《指南》也指出绿地的年径流总量外排率为 15%～20%（相当于年雨量径流系数为 0.15～0.20），故而自然地貌按绿地考虑时，理论上 80%~85%的径流总量控制率为最佳控制指标。

10.3.2 我国年径流总量控制率分区情况

我国幅员辽阔，南北差异巨大，不同区域的自然地貌、气候特征、土壤植被情况也不同，且不同城市开发程度、经济水平、雨水利用需求及可实施难度也各不相同，故而采用统一的年径流总量控制率是不合理的。此外，过高的径流总量控制率可能导致原有水体萎缩，破坏原有水系统平衡；且从经济角度考虑，年径流总量控制率超过某一限值后，海绵投资效益比会急剧下降。

我国水资源分布在时间和空间尺度上都存在极大的不均匀性：东南沿海地区水资源分布广泛，水资源占有率可达 80%以上，多年平均降雨量充足，如海口市 60%径流总量控制率对应的降雨量高达 23.5mm，且降雨多发生在 4～7 月，暴雨降雨量占比高；相反，西北内陆地区水资源稀缺，降雨稀少，如酒泉市 60%径流总量控制率对应的降雨量仅有 4.1mm。

设计降雨量的地域变化较大，导致西部地区达到一定径流总量控制率时，所需的海绵设施规模较小，而东南沿海地区达成同一目标时，所需的海绵设施规模、占地和投资巨大。同时，不同土壤下垫面的渗透系数不同，故即使下垫面同为草地，年径流外排量也有所不同。故而，从水循环的角度来看，维持开发前后外排径流量基本保持一致的原则是合理的。

径流总量控制率对应的设计降雨量是影响雨水花园等海绵设施占地面积的主要因素。考虑某居住小区总占地 1hm^2，其中绿地占有率为 30%，雨量径流系数取 0.15，其余硬化路面雨量径流系数取 0.9，则其综合径流系数为 0.675。若设计降雨量取 20～30mm，则所需的设计调蓄容积为 135～202.5m^3；考虑采用雨水花园单项措施，其最大调蓄深度取 0.25m，则所需的雨水花园占地面积为 540～810m^2，占绿化面积的 18%～27%。对于工业用地等非居住用地，由于绿地占比低（考虑为 15%），该比例将会提高至 42%～63%。由此可见，设计降雨强度对海绵建设实施的难易程度影响明显，单从绿地低影响开发设施实施难易程度考虑，20～30mm 设计降雨量是较为合理的。不同项目的雨量、流量径流系数如表 10-4 所示。

表 10-4　不同项目的雨量、流量径流系数表

项目	雨量径流系数	流量径流系数
硬屋面、未铺石子的平屋面、沥青屋面	0.8～0.9	1
铺石子的平屋面	0.6～0.7	0.8
绿化屋面	0.3～0.4	0.4
混凝土和沥青路面	0.8～0.9	0.9
块石等铺砌路面	0.5～0.6	0.7
干砌砖、石及碎石路面	0.4	0.5
非铺砌的土路面	0.3	0.4
绿地	0.15	0.25
水面	1	1
地下建筑覆土绿地(覆土厚度≥500mm)	0.15	0.25
地下建筑覆土绿地(覆土厚度<500mm)	0.3～0.4	0.4

如前所述，考虑开发前自然地貌为草地，其雨量径流系数为 0.15，则理论上 85%的径流总量控制率是相对合理的。故《指南》将 85%径流总量控制率对应的设计降雨量≤20mm 的区域归为区域Ⅰ，20mm＜设计降雨量≤30mm 的区域归为区域Ⅱ；除区域Ⅰ外，其余区域控制率上限值定为 85%。

区域Ⅰ至区域Ⅴ控制率下限值以 5%梯度逐级递减，对于区域Ⅲ至区域Ⅴ，其控制率下限值对应的设计降雨量均＞20mm 且≤30mm；如前所述，对低影响开发设施而言，该设计降雨量处于可实现的合理范围。

10.3.3 南昌市多年天然径流率及径流总量控制率目标

南昌市位于江南地区，气候类型属亚热带季风性气候，年降雨量丰富，但季节变化大，时间分布不均匀。依据《指南》分区图，南昌市处于区域Ⅳ，径流总量控制率范围为 70%～85%。

根据多年实测资料，南昌市年均降雨量为 1645mm；全市多年地表水径流量折合年径流深为 831.1mm，依此可见，南昌市多年平均天然径流率为 50.25%。南昌市水域面积占比约为 28.3%，将该部分水域面积扣除，可以估算出南昌市陆域多年平均天然径流率为（50.25%－28.30%)/(1－28.30%)＝30.61%，即南昌市陆域天然径流控制率为 1－30.61%＝69.39%，该值与控制率下限值相近。

南昌市降雨丰富，在雨水资源利用方面没有特殊需求，且由于降雨分布不均匀，雨水存储设施投资效益往往不高。根据《指南》中对南昌市径流总量控制率要求，考虑到南昌市建成区比例和经济发展状况，结合开发前后径流量一致的原则，70%径流量控制率是相对合理的控制指标。

2016 年 1 月，江西省人民政府发文《江西省人民政府办公厅关于推进海绵城市建设的实施意见》，要求通过海绵城市建设，将 70%的降雨得到就地消纳和利用。2017 年 8 月，《南昌市海绵城市专项规划（2016—2020 年）》公示，将南昌市 2020 年、2030 年径流总量控制率目标定为 70%。

10.3.4 南昌市各区径流总量控制率的影响因素

海绵城市建设难度与各个区域的开发情况、建成比例、地形地貌、土壤状况等条件密切相关。以南昌市东湖区（老城区）与九龙湖新区（新建城区）为例，其径流总量控制率目标应有一定的差异性。

老城区如东湖区普遍存在开发时间较长、已建成比例高、绿地占比偏低等特点。一般，城区建成比例越高，海绵城市建设改造的难度越大，留给海绵设施的空间越小；故相比之下，东湖区海绵城市改造的可实施性较低，径流总量控制率目标应适当降低。

绿地率与水面面积也是影响径流总量控制率的重要因素。一般，规划绿地面积和水面面积越大，海绵城市建设空间和水面调蓄空间越充足。此外，规划用地性质也是影响控制率目标的因素之一：容积率低、建筑密度低、绿地率大的地块应配备较高的总量控制率目标。相比于九龙湖新区，东湖区人口密集，建筑密度高，绿地比例低，故而其径流总量控制率目标应适当降低。

综上所述，可结合水系分布将南昌市划分为各个独立的流域片区，并根据各区域开发程度、绿地及水面比例、规划用地性质等因素将径流总量控制率目标分解至各流域片区，使各流域片区控制率加权得到南昌市 70%径流总量控制率要求。

《南昌市海绵城市专项规划（2016—2030 年）》将南昌市共分为十五个流域片区，并相应做了总量控制指标分解，见表 10-5。

表 10-5　南昌市流域片区年径流总量控制率一览表

片区名称	年径流总量控制率/%
空港新城片区	77.00
经开片区	67.00
凤凰洲片区	65.00
红谷滩片区	66.00
红角洲片区	70.00
西客站片区	70.00
九龙湖片区	73.00
航空城片区	77.00
麻丘片区	78.00
象湖片区	66.00
青山湖片区	66.00
吴公庙片区	66.00
鱼尾片区	68.00
南塘湖片区	70.00
下范片区	71.00

10.4 南昌市径流峰值控制研究

对于海绵城市径流峰值控制而言，雨水的渗、滞、蓄措施均能达到削减雨水管渠系统流量峰值，延后峰值出现时间的目的，其中调蓄是主要控制手段。

10.4.1 典型调蓄方式的分类及特点

对于调蓄手段，根据设施所处位置的不同，可以大致分为源头调蓄和末端调蓄两种。相比于末端调蓄仅能减少出水口下游水体的负荷，源头调蓄能降低整个排水管渠系统的流量负荷，减少其峰值流量；除此之外，末端调蓄由于来水时间不一致，对于汇水面积较大的区域，其初期雨水污染控制效果不佳，而分散的源头控制能对初期雨水污染起到更好的控制效果。

10.4.2 源头调蓄对峰值、管道重现期的影响

如图 10-3 所示，在本书第 4 章中，对南昌市红谷滩某小区地块调蓄容积效果的模拟结果。雨水管道流量峰值削减率与地块源头调蓄容积成正比，若模拟数据拟合趋势线采用指数形式，即 y（峰值削减率）$=0.997e^{0.024x}-1$，则回归系数 $R^2=0.995$。

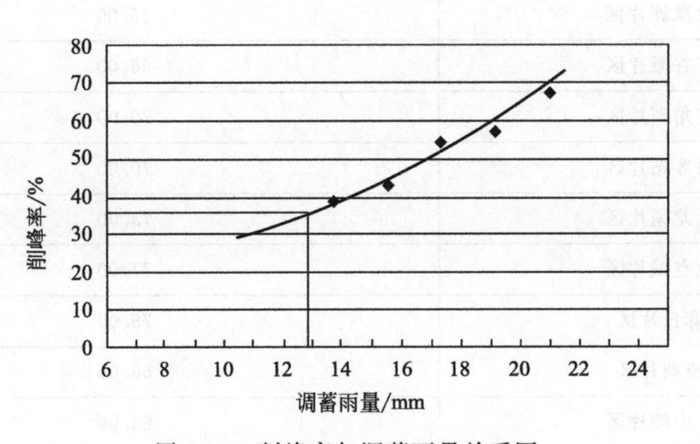

图 10-3 削峰率与调蓄雨量关系图

小区内源头调蓄措施能降低市政管渠系统流量峰值，控制径流污染，同时相比于末端调蓄，所需的总调蓄容积较小。考虑到雨水管渠的设计主要是为满足峰值流量要求，故源头调蓄亦可理解为间接提高了雨水管渠系统的设计重现期。以上述模拟为例，调蓄容积为 12.9mm 时，峰值削减率$=0.997e^{0.024\times12.9}-1=35.88\%$，相当于将 $P=1$ 年重现期管道系统提升至 $P=3$ 年。

综上所述，南昌市海绵城市建设推荐优先于小区地块内、景观绿地下使用诸如湿塘、雨水花园等起调蓄作用的低影响开发设施，建议采用源头调蓄方式，以减少调蓄容积和削减初雨污染。

10.5 南昌市径流污染控制研究

城市降雨径流污染是集中且频繁的人类生产、生活活动对环境所造成的负面影响。随着城市化进程的不断发展，下垫面属性发生巨大的变化，降雨径流入渗地下的通路被阻遏，降雨径流冲刷城市地表携带的大量地表污染物汇入城市水体，造成城市水体污染的加剧。降雨径流污染已经成为水体水质恶化、河流生态系统退化的重要原因。

10.5.1 径流污染的来源

城市降雨径流污染物来源广泛，成分复杂，主要由城市化程度、下垫面类型、空气污染程度和人类活动等因素决定。一般，城市降雨径流污染物的来源可以分为自然降雨、城市地表和城市排水系统。

① 自然降雨通过洗刷空气中的污染物，直接沉降至地表并形成降雨径流污染，其污染负荷一般比较稳定，与城市空气质量、区域功能性质（如工业区、文教区等）有关。

② 城市地表下垫面形式较多，其中路面、屋面是主要的组成部分。城市地表污染物主要是人类生产、生活过程中积累的，在降雨径流的淋溶与冲刷等作用下，其中累积的污染物转移到降雨径流中，随之汇入受纳水体。有研究表明，径流冲刷地表污染物是降雨径流污染的主要来源，约占降雨径流污染总量的 90%，且不同下垫面的降雨径流污染特征差异较大。

③ 城市排水系统污染来源于沉积物的冲刷及溢流污水。降雨过程发生时，在径流冲刷与携带下，排水管渠内的沉积物及合流制排水管网的溢流污水，将汇入城市水体形成降雨径流污染。

考虑到地表污染冲刷是主要的污染来源方式，故本文主要针对城市不同功能分区、不同下垫面的地表污染冲刷为研究目标。

10.5.2 南昌市不同功能分区、下垫面对径流污染的影响

城市功能分区类型是影响径流污染的重要因素，根据本书第 5 章的分析结果，南昌市各功能区在 SS、COD、TP、NH_3-N 等污染物负荷方面基本存在以下关系：交通区＞商业区≥居民区＞工业区。其中，交通区由于交通活动的频繁性，受人类活动影响最为激烈，存在持续的污染源，故污染负荷最高。由此可见，人类活动是影响污染负荷的主要因素。

下垫面类型也是影响径流污染的重要因素，一般可分为路面降雨径流污染、屋面降雨径流污染和绿地降雨径流污染，其中路面降雨径流污染是主要组成部分，其对受纳水体悬浮物贡献可达50%以上，且存在一定的初期冲刷效应。蒋元勇等以南昌大学前湖校区为研究范围，结果表明该区域南昌市路面径流污染最为严重，SS浓度超过二级排放标准的2.95倍，COD和TN浓度超过Ⅴ类水体标准的1.76倍和1.33倍。吴雅芳等也以南昌大学前湖校区某路面降雨径流污染为研究目标，研究结果显示降雨径流中污染物浓度随降雨历时不断变化，其中SS、COD、TP、TN浓度基本均随降雨历时增大而减小，且TP浓度基本单调递减，而SS、TN浓度存在明显的初期冲刷效应，在降雨历时为5～20min存在峰值，随后其浓度随历时递减。各污染物浓度均随降雨类型不同表现出较大的范围波动，其中SS、COD是主要的降雨径流污染物。

10.5.3 LID设施对径流污染的去除机理

部分LID措施能达到从源头削减降雨径流中悬浮颗粒、氮磷物质和重金属等污染物的目的。其去除机制分述如下。

① 对于固体悬浮物，LID设施主要依靠表面的沉降、填充介质的吸附和土壤介质的过滤作用去除。

② 对于含氮物质，LID设施主要通过沉淀、土壤基质的吸附、过滤、微生物硝化反硝化等作用得到去除。土壤基质表面带有负电荷，NH^{4+}进入LID设施后首先与土壤等介质阴离子吸附结合；土壤中的硝化细菌、反硝化细菌则将径流中的氨氮逐步转变为硝态氮、N_2，从而使含氮污染物得到去除。

③ 对于含磷污染物，颗粒态的总磷经过表层的沉淀和过滤作用得到去除；溶解态的总磷则主要通过介质的吸附作用去除。溶解态总磷的吸附作用包括临时性吸附和永久性吸附，其中永久性吸附是不可逆过程，但吸附容量一般较小；临时性吸附为可逆过程，前一场降雨吸附的溶解态总磷可在下一场降雨中被淋洗冲刷排出。

10.5.4 南昌市雨水花园径流污染控制效果

本书第5章主要研究了雨水花园单项LID设施对径流污染的削减作用。

同时，该章节以南昌市某1300m^2的汇水区域为例，分别以径流总量控制及径流污染（SS、COD）控制为目标，对比计算所需的雨水花园表面积，结果如下：以70%径流总量控制为目标所需的雨水花园表面积约为87.46m^2；而以70%的COD控制率、90%的SS控制率为目标所需的雨水花园表面积约为2.57m^2和0.2m^2，可见雨水花园对径流污染控制的效果远远大于对径流总量的控制效果。

综上所述，南昌市海绵城市建设过程中，在满足径流总量控制的前提下，可根据实测径流污染物浓度及上述负荷与去除率关系，核算海绵设施的径流污染控制效果；一般，诸如雨水花园等 LID 设施对径流污染的控制效果更强，在满足径流总量控制要求时，往往能达到较好的径流污染控制效果。

10.6 南昌市雨水利用研究

10.6.1 南昌市水资源利用情况

根据南昌市 2007—2015 年用水情况统计资料可知，南昌市总用水量保持稳定的态势。如图 10-4 所示从用水结构来看，农田灌溉用水占比最高，在 50%以上；农林渔业用水量逐年减少，其主要原因是灌溉水利用系数不断提高；工业用水整体随着工业增加值的不断增加而呈上升趋势；城镇公共用水和居民生活用水整体呈上升趋势。生态环境用水波动较大，主要原因为省赣抚平原管理局在 2009 年和 2010 年为南昌市城区环境大规模供水。

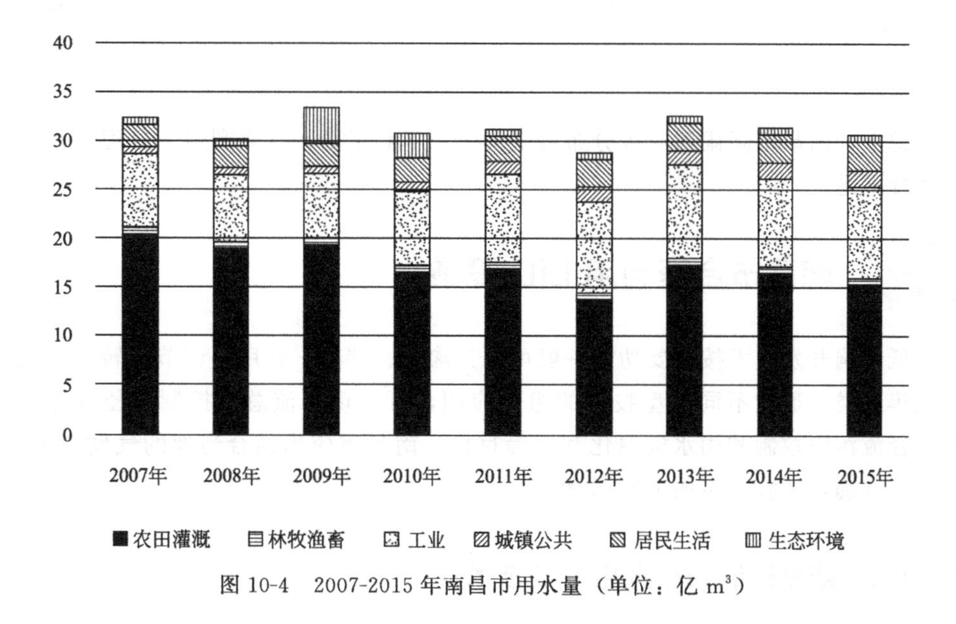

图 10-4　2007-2015 年南昌市用水量（单位：亿 m^3）

2015 年南昌市全市中用水量为 $30.64\times10^8m^3$，其中农田灌溉、林牧渔畜、工业、城镇公共、居民生活和生态环境用水量分别为 $15.55\times10^8m^3$、$0.66\times10^8m^3$、$9.17\times10^8m^3$、$1.75\times10^8m^3$、$2.89\times10^8m^3$ 和 $0.62\times10^8m^3$，占比分别为 50.8%、2.2%、29.9%、5.7%、9.4%和 2.0%。

10.6.2 南昌市降雨情况分析

南昌市位于我国江南地区，气候类型为亚热带季风气候。它是热带海洋气团和极地大陆气团交替控制和互相角逐交绥的地带，夏季高温多雨，冬季温和少雨。热量充足，降水丰富，但季节变化较大。南昌市雨量充沛，多年平均降雨量1645mm，年最大降雨量2356mm（1959年），年最小降雨量1046.2mm（1963年），4～6月为雨季，约占全年总降雨量52%，最大一日暴雨量为200.6mm（1962年6月17日），最大1h暴雨量为57.8mm（1958年4月22日）。

整体而言，南昌市的降雨量时程分布过于集中，不利于雨水收集利用。

10.6.3 雨水利用成本效益分析

根据南昌市的水资源利用情况和降雨情况，要评价南昌市雨水利用的利弊，则需要引入在南昌市进行雨水利用的成本效益分析。

根据本书第6章，雨水利用设施的设计寿命为10年，南方城市的雨水利用设施使用年限大于18年，北方城市的雨水利用设施使用年限大于6年时，工程产生的效益才能大于成本。因此，南昌作为典型的南方城市，采用雨水利用设施时经济性不足。

综上，南昌市降雨量时程分布过于集中，不利于雨水收集利用，且雨水利用的经济性不足。

10.7 南昌市合理利用LID设施

低影响开发技术按主要功能一般可分为渗透、储存、利用、调节、转输、截污净化等几类。通过不同类型技术的组合应用，可实现径流总量控制、径流峰值控制、径流污染控制和雨水资源化利用等目标。南昌市应当结合当地的气候、地质、水文特点确定适宜采用的LID技术。

10.7.1 依据控制目标选用LID技术

低影响开发雨水系统的控制目标主要有四个，即径流总量控制、径流峰值控制、径流污染控制和雨水资源化利用。

在水资源方面，南昌市境内主要河流有赣江、锦河（赣江的支流）、抚河、潦河（修河的支流）、信江等，河湖地表水资源较丰富；南昌市全市地下水资源量为

$14.8\times10^8m^3$，天然补给年总量为 $9.02\times10^8m^3$，折合日平均量为 $246.7\times10^4m^3$，是江西省地下水资源较丰富的地区。

在水环境方面，2015 年，根据 4 个水资源三级区 4 条河流 21 个监测断面的水质资料，采用《地表水环境质量标准》（GB 3838—2002），对南昌市境内 485.5km 的河流水质状况进行了评价。评价结果表明：全年Ⅱ类水占 66.6%，Ⅲ类水占 32.3%，劣于Ⅲ类水占 1.1%；汛期Ⅱ类水占 64.8%，Ⅲ类水占 35.2%；非汛期Ⅱ类水占 61.2%，Ⅲ类水占 37.8%，劣于Ⅲ类水占 1.0%。污染河段主要分布于赣江青山闸段，主要污染物为氨氮和总磷。全市内湖内河水质均劣于Ⅳ类水，主要污染物为生化需氧量、总磷和氨氮。内湖经营养化状态分析，艾溪湖属轻度富营养，东湖、西湖、南湖、北湖、青山湖和瑶湖属中度富营养，梅湖属重度富营养。

在水安全方面，南昌市位于江西省中北部，地处赣江下游，北濒鄱阳湖，属赣抚尾闾地区。南昌市是我国 25 座重点防洪城市之一。对南昌市城区形成洪水威胁并造成洪涝灾害的洪水来源主要为赣江洪水和鄱阳湖洪水。南昌市除昌北城区部分区域为丘陵岗地地势，相对较高外，南昌大部分城区地势低洼，一般地面高程 18～22m，低于赣江 20 年一遇洪水位 2～4m。赣江主汛期与南昌市降雨主要月份基本重合，由于外河赣江水位较高，为防止赣江洪水倒灌侵入，河口自排闸关闭，中心城区雨水依靠现有电排站抽排涝水，极易造成城区内涝积水。近五年来，南昌市中心城区内涝灾害发生频次逐年升高，共计发生大面积内涝灾害 7 次，其中 2015—2016 年发生 3 次，分别发生于 2015 年 6 月、2016 年的 6 月和 7 月，均由于短历时特大暴雨。

综上，南昌市水资源较为丰富，但是在水环境及水安全方面仍然存在很大的改善空间。因此，南昌市的 LID 技术选用针对的目标主要为径流峰值与径流污染，而径流污染可以通过径流总量控制，且径流总量控制是低影响开发的首要控制目标。本书推荐南昌市选用 LID 设施控制目标的优先级依次为：径流总量控制、径流污染控制、径流峰值控制、雨水资源化利用。

10.7.2 依据设施主要功能选用 LID 技术

南昌市全市以平原为主，平原面积占 35.8%，水域面积占 29.8%，岗地、低丘面积 34.4%。以赣江为界，赣江西北部为构造剥蚀低山丘陵、岗地，赣江以东为河流侵蚀堆积平原，河湖港汊纷布，辫状水系发育，水网密布，湖泊较多。要判断南昌市适宜优先采用何种功能的 LID 设施，关键是要判断南昌市土壤的渗透能力以及地下水位的情况。

南昌土壤类型主要以红壤、草甸土为主，鄱阳湖区的湖泊湿地土壤类型主要为草甸土、草甸沼泽土和水下沉积物，成土母岩为近代河湖冲积、沉积物等母质组成的湿地区域成土母质。红壤在中亚热带湿热气候常绿阔叶林植被条件下，发生脱硅富铝过程和生物富集作用，发育成红色，铁铝聚集，酸性，盐基高度不饱和的铁铝土，透水性较好。草甸土属半水成土，主要特征是有机质含量较高，腐殖质层较厚，土壤团粒结构较好，水分较充分，主要分布在平原地区。

南昌坐落于赣江、抚河下游河间地块，除洪水季节外，地下水位均高于赣江、抚河水位。因此地下水一般向赣江、抚河排泄。在城区的漏斗区，人为开采则是地下水的主要排泄方式。另外，由于红层含水层与第四系含水层存在着一定的水力联系，并且第四系地下水也排泄于红层含水层。由于人工长期集中超量开采地下水，南昌市第四系孔隙水现已形成以南钢为中心的区域地下水位降落漏斗，漏斗中心区沿西北——东南方向呈不规划的椭圆状展布，漏斗面积约为215km^2。

综上，南昌市土壤的渗透性较好，且赣江以东城区大部分均位于地下水漏斗范围内，根据LID技术的主要功能分类选择，适宜优先选用渗透技术；赣江以西以丘陵、岗地为主，整体地势变化较大，雨水汇流时间较短，适用于调节技术。结合各区人口密度和开发情况，列举出各区优先适用的LID技术及理由，具体如表10-6。

表10-6 南昌市各区优先适用的LID技术及理由

序号	位置	优先适用的LID技术	理由
1	东湖区	渗透技术、截污净化技术	土壤渗透性好，适于采用渗透技术；人口密度大，开发较为完善，面源污染严重，适宜采用截污净化技术
2	西湖区	渗透技术、截污净化技术	
3	青山湖区	渗透技术、截污净化技术	
4	青云谱区	渗透技术、截污净化技术	
5	高新区	渗透技术、转输技术	土壤渗透性好，适于采用渗透技术；尚未开发完全，采用转输技术可进行雨水削峰，同时净化雨水
6	红谷滩新区	调节技术、截污净化技术	整体地势变化大，汇流时间较短，适用于调节技术进行雨水削峰，面源污染严重，适宜采用截污净化技术
7	经开区	调节技术、截污净化技术	
8	新建区	调节技术、截污净化技术	
9	湾里区	截污净化技术	保留了原有的生态基底，采用截污净化技术尽量减小人类污染的影响

10.7.3 针对不同场地的LID设施组合

各类用地中低影响开发设施的选用应根据不同类型用地的功能、用地构造、土地利用布局进行。同时，应当注意在按照用地确定设施的类型时，要充分考虑用地是新建规划用地还是建成用地。对于城市已建区改造，海绵城市建设应以流域、排水分区为基础，红线内、红线外或场地内、场地外控制设施协同作用，综合达标。

对于建成比例高的区域，分配的年径流总量控制目标也要适当考虑降低，应避免“为海绵而海绵”的过度改造。南昌市各个片区内建成比例见表 10-7 所示。

表 10-7　南昌市中心城区建成比例一览表

片区名称	片区面积/hm^2	建成比/%
空港新城片区	8303.32	6.14
经开片区	6630.89	88.30
凤凰洲片区	442.87	88.96
红谷滩片区	964.51	96.64
红角洲片区	2548.25	89.87
西客站片区	924.39	76.13
九龙湖片区	3132.71	41.56
航空城片区	3959.76	7.27
麻丘片区	1085.25	10.65
象湖片区	4505.89	88.81
青山湖片区	5454.14	91.75
吴公庙片区	2632.93	89.31
鱼尾片区	2072.00	78.54
南塘湖片区	3159.77	59.13
下范片区	3040.69	54.15

由表 10-7 中数据可知，南昌市空港新城片区、九龙湖片区、航空城片区、麻丘片区的建成比均低于 50%，应当作为南昌市海绵城市年径流总量控制率的主要承担区域。根据《南昌市海绵城市专项规划》（2016—2030 年）中的指标分解结果，空港新城片区和航空城片区对应的年径流总量控制率均为 77%，九龙湖片区为 73%，麻丘片区为 78%，均高于南昌市总量控制率 70%的要求，与建成比低的区域承担更多径流总量控制目标的原则是一致的。

在针对具体地块选择 LID 设施、考虑用地类型时，一般可将场地分为四类：建筑与小区、城市道路、绿地与广场和城市水系。南昌市针对不同用地选择适宜的设施时，可参照《指南》进行选择，结合各个区宜优先采用的技术类型，不同地块内 LID 设施的选择如表 10-8 所示。

表 10-8　各区建议优先采用 LID 设施一览表

<table>
<tr><th>序号</th><th>区域</th><th>建筑与小区</th><th>城市道路</th><th>绿地与广场</th><th>城市水系</th></tr>
<tr><td>1</td><td>东湖区</td><td rowspan="4">透水铺装、绿色屋顶、下沉式绿地、生物滞留设施、渗透塘、渗井、植物缓冲带、初期雨水弃流设施</td><td rowspan="4">透水铺装、下沉式绿地、生物滞留设施</td><td rowspan="4">透水铺装、下沉式绿地、生物滞留设施、渗透塘、渗井、植物缓冲带</td><td rowspan="4">植物缓冲带</td></tr>
<tr><td>2</td><td>西湖区</td></tr>
<tr><td>3</td><td>青山湖区</td></tr>
<tr><td>4</td><td>青云谱区</td></tr>
</table>

续表

序号	区域	建筑与小区	城市道路	绿地与广场	城市水系
5	高新区	透水铺装、绿色屋顶、下沉式绿地、生物滞留设施、渗透塘、渗井、植草沟、渗管/渠	透水铺装、下沉式绿地、生物滞留设施、植草沟、渗管/渠	透水铺装、下沉式绿地、生物滞留设施、渗透塘、渗井、植草沟、渗管/渠	—
6	红谷滩新区	调节塘、植物缓冲带、初期雨水弃流设施	植物缓冲带	调节塘、植物缓冲带	植物缓冲带
7	经开区				
8	新建区				
9	湾里区	植物缓冲带、初期雨水弃流设施	植物缓冲带	植物缓冲带	植物缓冲带

10.8 南昌市内涝防治控制研究

10.8.1 南昌市内涝防治现状

以汇水分区划分，昌南城区可分为象湖、青山湖、吴公庙、鱼尾、南塘湖、下范、航空城和麻丘八个排水分区；昌北城区则可分为凤凰洲、红谷滩、红角洲、西客站、九龙湖、经开区和空港新城七个排水分区。目前，现状老城区已基本形成较为完善的排水防涝系统，其中昌南的象湖、青山湖、艾溪湖治涝区已达到 20 年一遇的排涝标准，昌北城区如丰和、双港等部分区域已达到 20 年一遇的排涝标准；但其他新区受设施建设尚不到位等因素影响，现状排涝标准较低，尚未达到 20 年一遇的排涝标准。

10.8.2 南昌市内涝防治目标及措施

依据《南昌市城市排水（雨水）防涝综合规划》，南昌市中心城区的治涝标准为 50 年一遇一日暴雨不淹重要建筑物。为达到该标准，规划采用灰绿结合的方式，结合海绵城市建设技术做如下措施。

① 控制新建城区、老城区的综合径流系数，建设如透水铺装、雨水花园等海绵设施控制小区雨水外排量，增大透水面积比例，从源头增加渗、滞、蓄过程，降低径流量。

② 对部分不满足排水要求的排水管网进行改造，对排涝量不足的电排站进行扩容，对城市内河进行清淤疏浚等整治措施，结合城市绿地、湿地、公园等地区建

设蓄洪涝区。

10.9 基于南昌市排水体制的溢流污染控制

10.9.1 南昌市排水体制现状

南昌市排水体制的现状是新城区雨污分流制与旧城区截流式合流制并存。其中，截留式合流制的区域为：灌婴路及昌南大道以北、沿江北大道以南、施尧路及沿江南大道以东、青山湖大道以西围合区域。截流式合流制排水区域面积约 $80km^2$。

南昌市内已设置的截污管涵主要为玉带河沿线截污管、幸福水系截污管、青山湖两岸截污箱涵、象湖截污箱涵、抚河截污箱涵、西桃花河截污管、桃花龙河截污涵、梅湖截污管。此外，经开区在建设初期为合流制，目前已基本改造为分流制，但园区内污水主管仍为截污管道，主要有龙潭水渠截污管、麦庐水渠截污管、麦庐支渠截污管以及青岚水渠截污管。

10.9.2 溢流污染控制计算方法

分流制的初期雨水、合流制超过截流量的合流排水是主要的溢流污染源。因此控制溢流污染的关键是分析需要控制的初期雨水量，以及截流式合流制系统中截流倍数的选取。

(1) 分流制区域初期雨水控制方法　在下垫面一定的条件下，降雨量与污染物浓度之间的关系受到许多因素交互影响，其过程也是相对复杂的。根据现有的研究成果，采用一阶冲刷模型能够较好地表述这种关系，详见第 8 章相应内容。

根据冲刷模型，对于特定城市的某一区域，综合冲刷系数 k' 为常数，若已知污染物的初始浓度及需要削减的污染物目标浓度，则可求出达到污染物目标浓度下的降雨深度，即削减溢流污染所需要的调蓄量。

(2) 合流制区域污染控制方法　南昌市老城区合流制均采用截留式合流制，截流倍数不仅决定了污染物收集、处理的程度，影响污水治理的环境效益，也很大程度上决定了污水治理工程的建设规模和投资，影响污水治理工程的经济效益。若截流倍数 n_0 偏小，在地表径流高峰期混合污水将直接排入水体而造成污染；若 n_0 过大，则截流干管和污水厂的规模就要加大，基建投资和运行费用也将相应增加。截留倍数的选取可根据污染物的物料平衡确定。

对于特定的截污系统，物料平衡式中的各个参数均可求出，因此，式子变为雨

后河道中 BOD_5 的浓度 C_5 与截留倍数的函数。根据受纳水体的要求，即可得出该系统适宜选用的截留倍数。

10.9.3 南昌市分流制区域初期雨水控制量

南昌大学前湖校区位于红角洲片区，属于南昌市的分流制新建城区，以该地为例，根据采集到的水质数据，拟合得出污染物对应的综合冲刷系数，如表 10-9 所示。

表 10-9 各污染指标 k' 拟合值

项目	COD	TP	SS
k'取值	0.099	0.027	0.054

采用 COD 的冲刷系数作为确定控制初期雨水量的标准，要求受纳水体接收的雨水 COD 按照污水处理厂一级 A 标准，即 50mg/L 进行计算，得出需要控制的初期雨水量为 22mm。《城镇雨水调蓄工程技术规范》(GB 51174—2017) 中规定，对于分流制径流污染控制时，调蓄量为 4mm～8mm，低于本研究的计算结果。按照 8mm 控制量进行反算，可得出径流雨水的 COD 浓度为 209mg/L，污染物的削减率约为 31%。

10.9.4 南昌市合流制区域截留倍数选取

以老城区玉带河沿线截污系统为例，其服务面积为 34.13km²，地面径流雨水及河道内初始 BOD_5 浓度定为 4mg/L，玉带河经截污提升后要求达到Ⅳ类水水质标准，因此雨后河道的 BOD_5 浓度定为 6mg/L。经计算得出在截留倍数为 20 时，2h 短历时降雨或 12h 长历时降雨过程内，河道的 BOD_5 浓度均满足要求（图 10-5、图 10-6）。

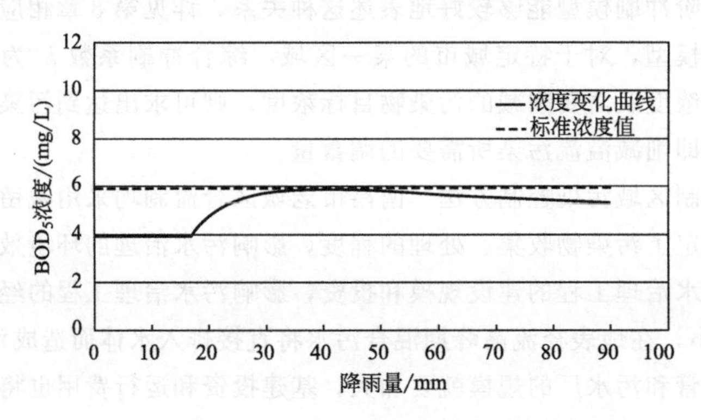

图 10-5 $4n=20$、$t=2$h 时污染物浓度随降雨量变化

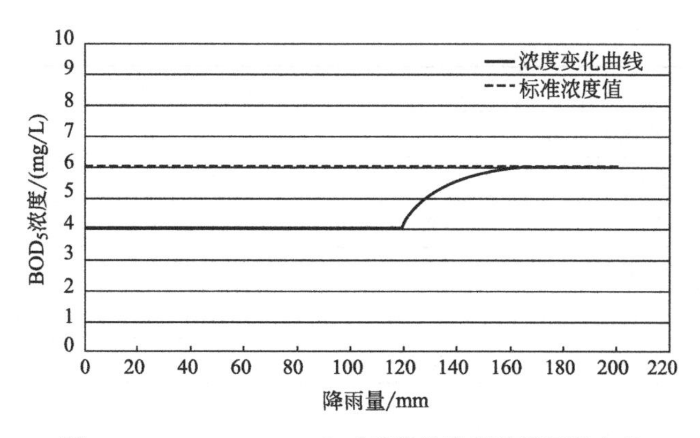

图 10-6　$5n=20$、$t=12\text{h}$ 时污染物浓度随降雨量变化

10.10　南昌市利用海绵城市建设技术实例（以朝阳新城为例）

综合本书的全部内容，阐释了海绵城市的概念和内涵，从“小海绵”方面，分析了低影响开发技术的特点，探讨了径流总量、径流污染、径流峰值、雨水综合利用四个主要目标的控制方法，研究了海绵城市 LID 设施计算模型；从“大海绵”方面，研究了溢流污染控制、雨水排水防涝模型。南昌市应结合自身独特的水文、地质、气候特点，合理采用海绵城市建设技术。本节以南昌市朝阳新城为例，探讨海绵城市建设技术的运用。

10.10.1　朝阳新城简介

朝阳新城位于南昌市中心城区的东南部（昌南城）；北临南昌市旧城中心区；东临象湖、抚河故道；东接南昌市城南地区；南至南昌市南外环线昌南大道；西濒赣江，与红角洲片区隔江相望；是南昌市中心城区“一江两岸、双城八片”中的重要组成部分。

10.10.2　朝阳新城运用海绵城市建设技术

根据《南昌市朝阳新城控制性详细规划（修改）》中的规划建设用地一览表，输入朝阳新城的用地面积，具体见表 10-10。

表 10-10　用地面积输入

用地类型	用地面积/hm^2	道路广场占比	绿地占比	屋面占比
居住用地(R)	313.55	0.25	0.35	0.4

续表

用地类型	用地面积/hm^2	道路广场占比	绿地占比	屋面占比
公共管理与公共服务设施用地(A)	66.72	0.5	0.2	0.3
商业服务业设施用地(B)	135.3	0.3	0.25	0.45
工业用地(M)	22.75	0.3	0.3	0.4
道路与交通设施用地(S)	253.37	0.75	0.25	0
公共设施用地(U)	20.18	0.4	0.3	0.3
绿地与广场用地(G)	219.48	0.25	0.65	0.1

根据《南昌市海绵城市专项规划（2016—2030 年）》，朝阳新城片区的年径流总量控制率为 67%，根据拟合公式得出的设计降雨量为 20.73mm。由不同类型用地的占地面积及其对应的下垫面比例，可得出片区内所有类型下垫面的面积，如表 10-11 所示。

表 10-11 设计降雨量的求取及下垫面面积计算

年径流总量控制率	0.67					
设计降雨量/mm	20.73					
设计调蓄容积计算		普通道路广场	绿地	普通屋面	透水铺装	绿色屋顶
总面积/hm^2	1031.35	376.132	375.795	238.423	36	5
综合径流系数	0.603	0.9	0.15	0.9	0.3	0.35
所需调蓄容积/m^3	128970.1	—	—	—		

南昌市适合采用渗透功能为主的 LID 设施，以径流总量控制作为首要目标，因此，朝阳新城配置的 LID 设施选用透水铺装、绿色屋顶、下凹式绿地及简易型生物滞留设施（以雨水花园为例），设施容积不足时采用蓄水池进行补充。对于这些设施的设计参数，具体见表 10-12。

表 10-12 LID 设施参数

	参数	数值
雨水花园	平均孔隙率 n	0.3
	填料区深度 d_f/m	0.8
	最大蓄水深度 h/m	0.2
	植物横截面比例 f_v	0.5
	土壤渗透系数 $K/(10^{-6}m/s)$	20
	蓄水池水深 h/m	0.1
	下渗时间/min	120
	污染物去除率(SS 计)	0.65
	单位面积的调蓄容积/m^3	0.502

续表

下凹式绿地	土壤渗透系数 $K/(10^{-6}m/s)$	20
	水力坡度 J	1
	渗蓄时间/min	120
	下凹深度 h/m	0.15
	污染物去除率(SS 计)	0.55
	单位面积的调蓄容积/m^3	0.294
透水铺装	若不考虑透水铺装结构空隙	则厚度均为 0
	面层厚度/m	0
	面层孔隙率	0
	找平层厚度/m	0
	找平层孔隙率	0
	垫层厚度/m	0
	垫层孔隙率	0
	污染物去除率(SS 计)	0.85
	单位面积的调蓄容积/m^3	0
绿色屋顶	污染物去除率(SS 计)	0.75
蓄水池	污染物去除率(SS 计)	0.85

经过反复配置，得出朝阳新城满足目标要求的 LID 设施规模（表 10-13）。

表 10-13　LID 设施规模配置

配置类型	面积/容积	极限值	调蓄容积/m^3
透水铺装面积/hm^2	36	412.132	0.00
绿色屋顶面积/hm^2	5	243.423	—
雨水花园面积/hm^2	14	375.795	70280.00
下凹式绿地面积/hm^2	20	375.795	58800.00
蓄水池容积/m^3	0	—	0.00
LID 总调蓄容积/m^3	129080	—	129080.00

对配置的结果进行检验，对与所需要的调蓄容积进行对比，调蓄容积满足要求，富余调蓄容积 109.92m^3。在此配置条件下，可得出片区的下凹式绿地率、透水铺装率、绿色屋顶率、年 SS 总量去除率等（表 10-14）。

表 10-14　片区主要海绵设施指标

下凹式绿地率/%	5.32	实际控制降雨量/mm	20.75
透水铺装率/%	8.74	实际年径流总量控制率/%	66.41
绿色屋顶率/%	2.05	LID 设施 SS 平均去除率/%	61.33
LID 总占地面积(hm^2,不含蓄水池)	75.00	年 SS 总量去除率/%	40.73

南昌市的其他片区可参照朝阳新城实例进行计算，合理运用海绵城市建设技术。

10.11 本章小结

本章总结了前述章节的理论成果，结合南昌市气候、地质、开发程度等具体参数，研究于南昌市合理采用海绵城市建设技术，并给出了应用实例，为南昌市海绵城市规划、设计、实施及维护管理等方面提供参考、依据和指导，也可作为相似城市建设海绵城市的案例。

① 南昌市降雨量充沛，多年平均降雨量为 1645mm，年降雨天数为 142 天；但年降雨分布不均匀，4～6 月为雨季，降雨量占全年降雨量的 50%左右。

② 南昌市大部分城区整体地势平坦，低于赣江 20 年一遇洪水位 2～4m；故每当汛期关闭自排闸，城区雨水无法自流排出，容易形成内涝积水。经多年建设，基本形成各排涝片区，且治涝标准为 50 年一遇。规划通过控制径流系数、对部分排水管网改造、扩容朝阳站等电排站、对乌沙河等内河疏通的方式达到排涝标准。

③ 南昌市多年平均水资源总量为 $65.98\times10^8m^3$，地下水资源丰富，分布广泛且水位较高，但部分地区地下水超采严重，形成地下水水位漏斗。天然下垫面土壤主要为红壤、草甸图、软土、黏土、粉细砾砂等，透水性能良好。

④ 南昌市年降雨分布不均匀，不利于雨水的收集利用，在雨水回用方面没有特殊要求。作为典型的南方城市，采用雨水利用设施时经济性不足。南昌市陆域多年天然径流控制率约为 69.4%，考虑到开发前后一致性原则、经济效益等因素，南昌市采用 70%的径流总量控制率目标是相对合理的。

⑤ 相比末端调蓄，源头调蓄能够控制初期雨水污染，从源头削减雨水管渠系统的流量峰值，可理解为提高了管渠系统重现期。南昌市推荐小区地块内采用雨水花园等具有调蓄功能的 LID 设施。

⑥ 径流污染与城市功能分区、下垫面类型有关，其中交通区、路面径流污染最为严重，其中 SS、COD 是降雨径流中的主要污染物。雨水花园等 LID 设施对各污染物有一定的去除效果，且相比于径流总量控制效果，雨水花园对径流污染有更好的控制效果。

⑦ 根据 LID 技术的主要功能分类选择，南昌适宜优先选用渗透、截污净化、调节等技术；根据海绵城市建设的控制目标，推荐南昌市选用 LID 设施控制目标的优先级依次为：径流总量控制、径流污染控制、径流峰值控制、雨水资源化利用；不同场地的设施规模确定应考虑其建成比例进行适当调节。

附表

海绵城市计算表							
用地面积输入							
	用地类型	用地面积/hm^2	道路广场/hm^2	绿地/hm^2	屋面/hm^2		
	居住用地(R)	3.2	0.25	0.35	0.4		
	公共管理与公共服务设施用地(A)	0	0.5	0.2	0.3		
	商业服务业设施用地(B)	0	0.3	0.25	0.45		
	工业用地(M)	0	0.3	0.3	0.4		
	道路与交通设施用地(S)	1.6	0.75	0.25	0		
	公共设施用地(U)	0	0.4	0.3	0.3		
	绿地与广场用地(G)	3.4	0.25	0.65	0.1		
控制目标区	年径流总量控制率	0.7					
	设计降雨量/mm	22.78					
	设计调蓄容积计算		普通道路广场	绿地	普通屋面	透水铺装	绿色屋顶
	总面积/hm^2	8.2	2.49	3.73	1.22	0.36	0.4
	综合径流系数	0.506	0.9	0.15	0.9	0.3	0.35
	所需调蓄容积/m^3	944.6					
LID 参数区							
	净化塘			雨水花园			
	平均孔隙率 n	0.3		平均孔隙率 n			0.3

续表

海绵城市计算表						
	填料区深度 d_f/m	1.1			填料区深度 d_f/m	1
	最大蓄水深度 h_m/m	1			最大蓄水深度 h_m/m	0.2
	植物横截面比例 f_v	0.5			植物横截面比例 f_v	0.5
	土壤渗透系数 $K/(10^{-6}\mathrm{m/s})$	2			土壤渗透系数 $K/(10^{-6}\mathrm{m/s})$	2
	蓄水池水深 h/m	0.5			蓄水池水深 h/m	0.1
	下渗时间/min	120			下渗时间/min	120
	污染物去除率(SS 计)	0.65			污染物去除率(SS 计)	0.65
	单位面积的调蓄容积/m³	0.85			单位面积的调蓄容积/m³	0.42
	下凹式绿地					
	土壤渗透系数 $K/(10^{-6}\mathrm{m/s})$	2				
	水力坡度 J	1				
	渗蓄时间/min	120				
	下凹深度 h/m	0.2				
	污染物去除室(SS 计)	0.55				
	单位面积的调蓄容积/m³	0.214				
	透水铺装					
	若不考虑透水铺装结构空隙	则厚度均为 0				
	面层厚度/m	0				
	面层孔隙率	0				
	找平层厚度/m	0			绿色屋顶	
	找平层孔隙率	0			污染物去除率(SS 计)	0.75
	垫层厚度/m	0				
	垫层孔隙率	0			前置塘	
	污染物去除率(SS 计)	0.85			污染物去除率(SS 计)	0.5
	单位面积的调蓄容积/m³	0				

设计降雨量

设计降雨量/mm

60.00
50.00
40.00
30.00
20.00
10.00
0.00

0.6 0.65 0.7 0.75 0.8 0.85 0.9 0.95 1

年径流总量控制率

续表

海绵城市计算表							
LID 配置区			调蓄容积/m^3				
	透水铺装面积/hm^2	0.36		0.00			
	绿色屋顶面积/hm^2	0.4		—			
	净化塘面积/hm^2	0.0209		177.85			
	雨水花园面积/hm^2	0.3		1247.52			
	下凹式绿地面积/hm^2	0.225		482.40			
	前置塘容积/m^3	41.6		41.60			
	LID 总调蓄容积/m^3	1949.37		1949.37			
结果输出区	下凹式绿地率/%	6.03		实际控制降雨量/mm		47.01	
	透水铺装率/%	12.63		实际年径流总量控制率/%		87.77	
	绿色屋顶率/%	24.69		LID 设施 SS 平均去除率/%		63.89	
	LID 总占地面积/hm^2	1.32		年 SS 总量去除率/%		56.08	

参考文献

[1] “海绵城市”概念的起源和国外流行表述方法 [J]. 建筑砌块与砌块建筑，2015，4：47.

[2] 仇保兴. 海绵城市（LID）的内涵、途径与展望 [J]. 给水排水，2015，3：1-7.

[3] 王晓峰，王晓燕. 国外降雨径流污染过程及控制管理研究进展 [J]. 首都师范大学学报（自然科学版），2002，23（2）：91-96.

[4] 刘琼. 基于海绵城市建设的山地城市雨洪管理模型构建及应用 [D]. 重庆：重庆大学，2017.

[5] 陈涛，李叶伟，张雅君. 典型城市雨水低影响开发（LID）措施的成本-效益分析 [J]. 西南给排水，2014，2：41-46.

[6] 邹寒，高月霞. 基于既有数据的年径流总量控制率与设计降雨量模型拟合方法研究 [J]. 给水排水，2017，43（1）：28-32.

[7] 郭丽娟. 哈尔滨生态园林城市建设对策研究 [J]，黑龙江工程学院学报，2010，24（4）：12-14.

[8] 向璐璐，李俊奇，邝诺. 雨水花园设计方法探析 [J]. 给水排水，2008，34（6）：47-51.

[9] 程江. 下凹式绿地雨水渗蓄效应及影响因素 [J]. 给水排水，2007，5：45-49.

[10] 弓亚栋. 建设海绵城市的研究与实践探索——以西安市某小区为例 [D]. 西安：长安大学，2015.

[11] 蒋元勇. 城市集水区降雨径流污染特征及调控模拟研究 [D]. 南昌：南昌大学，2015.

[12] 陈莹. 西安市路面径流污染特征及控制技术研究 [D]. 西安：长安大学，2011.

[13] 王业雷. 南昌市城区降雨径流污染过程与防治措施研究 [D]. 南昌：南昌大学，2008.

[14] 吴雅芳. 南昌大学前湖校区降雨径流污染特征及控制管理措施 [D]. 南昌：南昌大学，2007.

[15] 唐双成. 海绵城市建设中小型绿色基础设施对雨洪径流的调控作用研究 [D]. 西安：西安理工大学，2016.

[16] 蒋沂孜. 雨水花园对华南地区城市道路面源污染控制研究 [D]. 北京：清华大学，2014.

[17] 谢莹莹. 城市排水管网系统模拟方法和应用 [D]. 上海：同济大学，2007.

[18] 谭琼. 排水系统模型在城市雨水水量管理中的应用研究 [D]. 上海：同济大学，2007.

[19] 蔡凌豪. 适用于“海绵城市”的水文水力模型概述 [J]. 风景园林，2016，2：33-43.

[20] Zhao Jianwei，Shan Baoqing，Yin Chengqing. Pollutant loads of surface runoff in Wuhan City Zoo，an urban tourist area [J]. Journal of Environmental Sciences，2007，19（4）：464-468.

[21] 赵建伟，单保庆，尹澄清. 城市旅游区降雨径流污染特征-以武汉动物园为例 [J]. 环境科学学报，2006，26（7）：1062-1067.

[22] 任玉芬，王效科，韩冰，等. 城市不同下垫面的降雨径流污染 [J]. 生态学报，2005，25（12）：3225-3230.

[23] Wang Shumin，He Qiang，Ai Hainan，et al. Pollutant concentrations and pollution loads in stormwater runoff from different land uses in Chongqing [J]. Journal of Environmental Sciences，2013，25（3）：502-510.

[24] 陈莹，赵剑强，胡博. 西安市城市主干道路面径流污染特征研究 [J]. 中国环境科学，2011，5：781-788.

[25] 蒋德明，蒋玮. 国内外城市雨水径流水质的研究 [J]. 物探与化探，2008，4：417-420，429.

[26] 国家环境保护总局《水和废水监测分析方法》编委会. 水和废水监测分析方法 [M]. 第4版. 北京：中国环境科学出版社，2002.

[27] 吴雅芳. 南昌大学前湖校区降雨径流污染特征及控制管理措施 [D]. 南昌：南昌大学，2007.

下篇 应用篇

第11章 海绵城市建设技术在南昌市临空经济区杨家湖水系工程中的应用案例

南昌市杨家湖水渠位于赣江新区渠道，临空组团金山大道东侧绿化带内，渠道北起港兴路，由北向南途经港兴路、港隆路、杨家湖路，南至杨家湖，全长约2.3km，渠顶宽20m。由于位于国家级赣江新区起步区核心区域，设计标准高，兼顾排涝、除污和景观功能，因此，经过综合考量，运用海绵城市理念对其进行设计。主要思路是结合用地规划和《指南》等规划和规范标准的要求，并依据南昌市的降雨特点，将“渗、蓄、滞、净、用、排”的思想落实到杨家湖水渠地具体设计中，工程内容主要包括主渠、前置塘、渗透系统、水渠植物选用及附属设施。

11.1 主要控制目标分析

海绵城市的控制目标主要有4个，即径流总量控制、径流峰值控制、径流污染控制和雨水资源化利用。

南昌市水资源较为丰富，但是在水环境及水安全方面仍然存在很大改善空间。因此，南昌市的LID技术主要为径流污染、径流峰值和径流总量。

11.1.1 径流污染主要控制措施分析

杨家湖水渠所处区域为新建城区，采用雨污分流制排水体制，其径流污染主要是初期雨水。

在下垫面一定的条件下，降雨量与污染物浓度之间的关系受到许多因素交互影响。根据现有研究成果，采用一阶冲刷模型能较好表述，其公式如下：

$$C_t = C_0 e^{-k'h}$$

式中 C_t——t时刻污染物浓度；

C_0——污染物初始浓度；

h——t时刻的降雨深度，mm；

k'——以降雨量为变量的综合冲刷系数，与城市降雨特征、下垫面性质、污染物性质有关。

根据冲刷模型，对于特定城市的某一区域，综合冲刷系数 k'为常数，若已知污染物的初始浓度及需要削减的污染物目标浓度，则可求出达到污染物目标浓度下的降雨深度，即削减溢流污染所需要的调蓄量，径流污染可通过径流总量予以控制。

对于杨家湖水渠，通过拦截坝横向渗透、渠底下渗 2 种手段和调蓄有机结合来消减初期雨水的污染。

11.1.2 径流峰值主要控制措施分析

对于海绵城市径流峰值控制而言，雨水的渗、滞、蓄措施均能达到削减雨水管渠系统流量峰值、延后峰值出现时间的目的，其中调蓄是主要控制手段。

对南昌市红谷滩某小区地块调蓄容积效果的模拟结果，雨水管道流量峰值削减率与地块调蓄容积成正比（图 11-1），若模拟数据拟合趋势线采用指数形式，即 y（峰值削减率）$=0.997e^{0.024x}-1$，则回归系数 $R^2=0.995$。

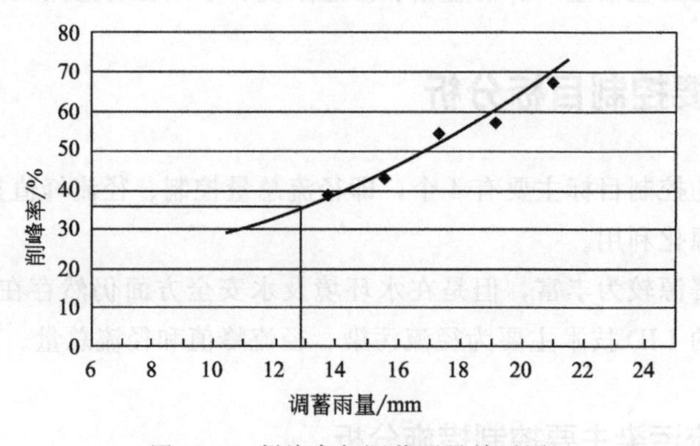

图 11-1 削峰率与调蓄雨量关系图

因此，可以得出，径流峰值也可以通过径流总量予以控制。

根据规划，杨家湖水渠的峰值控制目标为将排水管道的排水能力由重现期 $P=3$ 年，提升至 $P=5$ 年。

11.1.3 径流总量控制策略及目标分析

根据第 11.1.1 小节及第 11.1.2 小节的分析，径流峰值和径流污染可以通过径流总量控制，因此径流总量控制是海绵城市的首要控制目标。

南昌市位于江南地区，气候类型属亚热带季风性气候，年降雨量丰富，在雨水资源利用方面没有特殊需求，且由于降雨分布不均匀，雨水存储设施投资效益往往不高。因此径流总量控制，在暴雨时发挥调蓄作用，然后在下一场暴雨之前通过排和渗的方式予以排空，腾出调蓄空间，对截流初期雨水中的污染物，需要设置一定的调蓄空间，无法直接排水，这部分调蓄空间接纳的水主要通过渗透的方式予以放空，使污染物在水渗透的过程中被截流，然后被植物吸收降解。

11.2 渠道设计

11.2.1 控制目标实现原理

根据上述章节控制目标分析，本工程所在区域的主要控制目标是径流总量控制、径流峰值控制和径流污染控制，其中径流峰值控制和径流污染控制主要通过径流总量控制予以实现。主要以增加调蓄容积的方式解决径流总量控制的问题，调蓄容积包括两个类型：一种是以排为主的容积，这部分调蓄容积主要用于消减径流峰值，主要形式为渠道本体的调蓄容积，简称为调蓄区；另一种是以渗为主的调蓄容积，主要用于减少径流污染，主要形式是前置塘和渠道中间隔布置的凹地，简称为滞水区。

结合本工程实际情况，在渠道东侧适当位置预留东侧地块的雨水接户管，同时在预留有接户管的位置设置前置塘作为泥沙沉淀区用于初期雨水预处理。此外，在适当位置将渠道与金山大道雨水箱涵连通，实现地块、渠道、金山大道排水涵的相互贯通。渠道工作原理主要包括以下两方面。

① 发生 $P \leqslant 5$ 年一遇的暴雨时。东侧地块雨水经地块内的雨水渠统收集后，再通过接户管进入前置塘预沉，然后排入渠道，经下渗、调蓄后，再溢流至金山大道排水涵。该过程可以有效发挥渠道渗、滞蓄的功能，实现暴雨错峰、减小径流污染的功能。原理图见图 11-2。

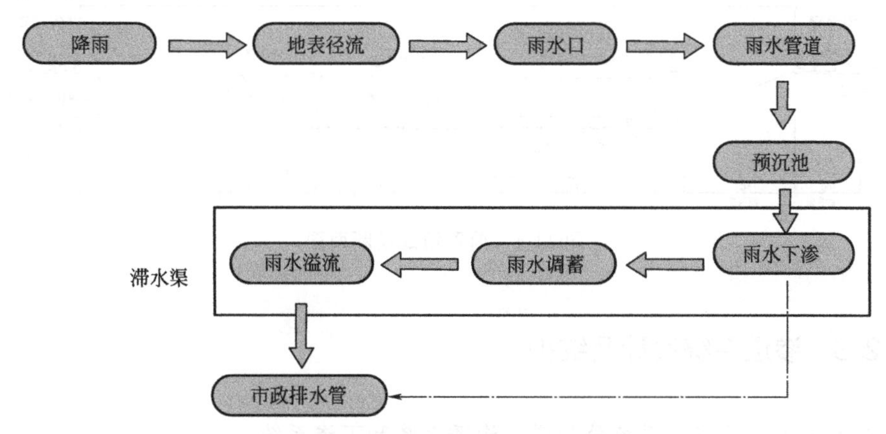

图 11-2　杨家湖渠道渗、滞、蓄原理图

②发生 $P>5$ 年一遇的超标暴雨时。金山大道雨水箱涵内的雨水也可反向流入水渠，发挥其调蓄功能，以减小雨水箱涵的压力。

杨家湖水渠横断面包括前置塘、主渠和金山大道雨水管道系统三大部分，该段渠道标准断面如图 11-3 所示：

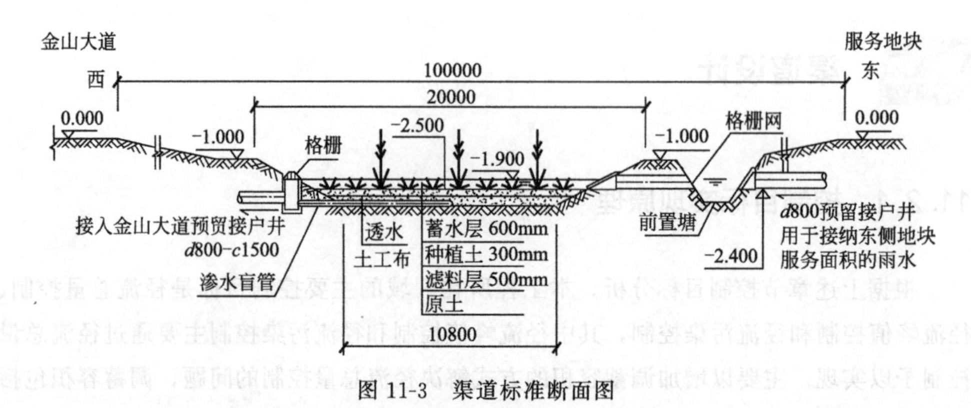

图 11-3 渠道标准断面图

11.2.2 前置塘设计

为满足周边地块排水要求，需在适当位置设置雨水接户管，为对初期雨水进行初次净化，在各雨水接户管接入处均设置前置塘一座（图 11-4），雨水先通过接户管进入前置塘预沉，然后溢流至主渠。前置塘底标高等于主渠卵石层底标高，前置塘溢流堰标高高于塘底标高 1.2m，溢流堰宽 25m，前置塘尺寸按照暴雨时最大设计流量（即雨水设计流量）在塘内停留 30s 进行尺寸校核，并结合景观要求，确定前置塘大小。

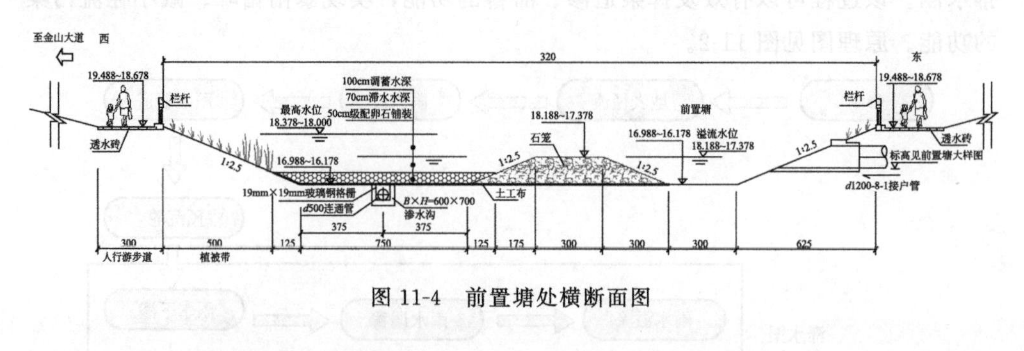

图 11-4 前置塘处横断面图

11.2.3 渗透系统设计及维护

杨家湖水渠的渗透系统分为横向渗透系统和下渗系统。

横向渗透系统包括两个部分：一是前置塘和主渠之间采用石笼予以分隔，前置塘内的滞水可通过石笼横向渗透至主渠；二是主渠渠底呈凹凸交替布局（图 11-5），凸起部位由级配卵石和表层种植土，滤料层与种植土之间设置透水土工布防治种植土堵塞滤料层，相邻凹地之间可横向渗透。使地块的初期雨水含有的大颗粒悬浮物和密度较大的悬浮物均拦截在前置塘和渠道下凹段中。主渠和金山大道雨水管道系统之间通过带格栅井盖的金山大道预留雨水井连通。

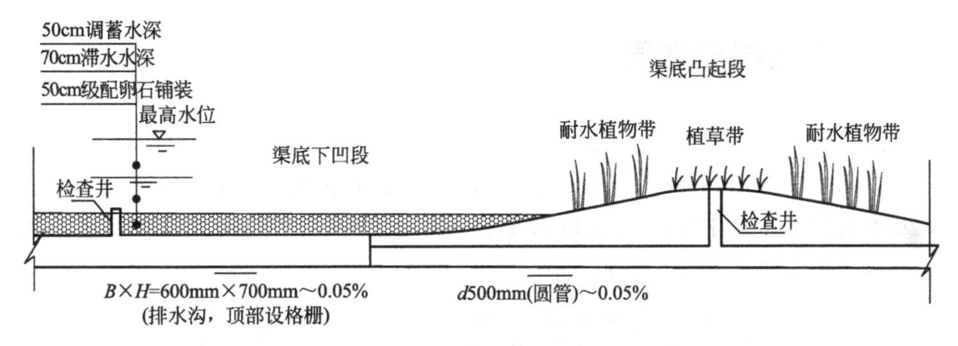

图 11-5　主渠纵向布局示意图

下渗系统也包括两个内容：一是往土壤渗透，补充地下水，包括渠边、前置塘底部和主渠部分渠底的渗透；二是下渗后排入在渠道中心线设置的排水沟，最后排入下游湖体，本工程排水沟的断面尺寸 $B\times H=600\text{mm}\times 700\text{mm}$，上部用格栅盖板覆盖，格栅上部铺设 50cm 的级配卵石过滤层，卵石净化区的渗水由渠底的排水沟收集，排水沟下穿上凸段时采用 DN500 的圆管过渡。

渗透系统每年检修一次（检修放在雨季来临前），可采用水力清掏。渠道检修、植物残体清理 3 次/年（雨季来临前 1 次、雨季中 1 次、秋末 1 次），植物收割 1 次/年（秋末），渠底鹅卵石每 10 年置换 1 次。前置塘每年雨季来临前清淤 1 次，且淤积沉积物淤积超过 0.35m 时，应及时进行清淤。

11.2.4　植物选择

① 满足耐涝属性。海绵城市的属性要求收集、净化和下渗雨水。雨水景观设施中，景观植物在雨洪期间汇集雨水的区域能正常生长。

② 满足耐旱属性。海绵城市理念建设的渠道要求在一定的时间通过排和渗的方式及时将水渠排干，使水渠腾出调蓄下一场降雨的空间。加之南昌市的降雨特点是每年大概降雨 142 天，即运用海绵城市理念建设的南昌市杨家湖水渠每年的大部分时间是干旱的，因此要求植物具有较强的耐旱能力。

③ 满足根系发达，净化能力强的属性，能够对雨水冲刷带来的面源污染物进

行净化。拥有对土壤中氮、磷等污染物的净化能力，使雨水无害化下渗进地下水。

④ 满足景观效果。选用满足本土化植物景观搭配需求，使当地植物的筛选结合，最大化因地制宜，组合搭配宜人的植物组团。

本次设计所选用的植物主要有千屈菜、鸢尾、马蔺、再力花、梭鱼草、水生美人蕉、黄菖蒲、芦苇、旱伞草、纸莎草、水葱、香蒲、矮蒲苇、合子草和三裂叶薯等。从实际运行来看，香蒲、矮蒲苇、合子草和三裂叶薯长势良好，适合南昌的环境。

11.3 渠道建成效果

渠道建成后，基本实现了设计意图。

一方面，前置塘和水渠中下凹式渠道段均拦截了混浊的雨水，经过 2 天左右的时间基本可以渗干，下游的出水清澈见底，基本发挥了“浊水进、清水出”的作用，达到了控制径流污染的目标（图 11-6～图 11-8）。

图 11-6　雨后的前置塘实景图

图 11-7　雨后的下凹段水渠建成图片

图 11-8　下游渠道实景图（渠水清澈见底）

另一方面，本渠道连通了周围地块的接户管以及金山大道的雨水管涵，基本实现了整个区域的排蓄结合。从运行 1 年半的时间来看，整个排水流域再未发生过内涝事件，特大暴雨时渠道可接近满流状态，暴雨后 1h 左右基本可以排干至以渗为主的水位，为下场雨消减峰值腾出空间，有效地发挥消减径流峰值的作用。

最后，植物作为渠道景观和消减径流污染的主体，其建设情况也非常关键，从本工程建成后的实际效果来看，经历旱涝交替的环境后，芦苇、合子草和三裂叶薯长势良好，其他植物长势较差，需要进一步调养。

11.4 结语

运用海绵城市“渗、蓄、滞、净、用、排”的理念对杨家湖水渠进行设计，通过设置前置塘，卵石笼侧向拦水和渗透、高渗透性的下层、盲沟、高低起伏的渠底，带格栅进出水口的管道连接等方式，地块雨水管道系统、金山大道管道系统和杨家湖主渠之间实现了水的有效联通、污染物的尽可能截留，并通过耐水耐旱植物的选取和种植，有机污染物在渠道内得到了较好地被吸收去除。既提升区域的排涝能力，又有效减少排入下游的杨家湖和赣江的初期雨水污染物量，更提升本区域的景观效果，从实际运行来看，基本实现浊水进，清水出，并提升区域的排涝能力。

第12章 海绵城市建设技术在南昌市九龙湖吉安街工程中的应用案例

本章以南昌市九龙湖新城市政基础设施四期工程——吉安街（九连山路至三百山路）设计为例，介绍海绵城市建设技术在南昌市九龙湖工程中的应用。

12.1 工程概况

吉安街（九连山路至三百山路）位于南昌市九龙湖新区萍乡大街以南，西起九连山路，东至三百山路，道路全长约450m，红线宽为36m，道路等级属城市次干路，是九龙湖新区路网系统的重要组成部分。道路管线综合断面图如图12-1。

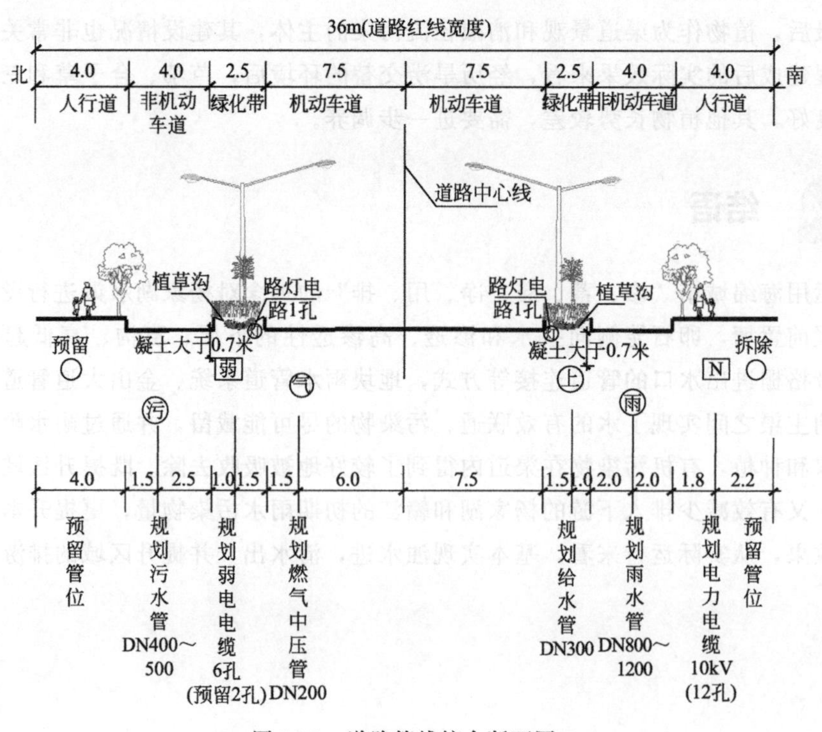

图12-1 道路管线综合断面图

工程地质情况介绍如下。

根据吉安街（九连山路至三百山路）地勘报告，勘探深度内揭露地层情况为：第四系人工填土（Q^{ml}）、第四系全更新统冲积层（$Q_4{}^{al}$）、第四系中更新统残破积层（$Q_2{}^{edl}$）、第三系新余群（Exn）。按其岩性及工程特性，自上而下依次划分为：素填土、粉质黏土、粗砂、砾砂、粉质黏土、粉砂质泥岩。

根据地勘报告，地表水主要分布于拟建道路沿线水沟，水量不大。场地地下水主要为：上层滞水、第四系松散岩类孔隙水及基岩裂隙水。

12.2 雨水管道设计标准

雨水计算公式：

$$Q=\Psi \cdot F \cdot q$$

暴雨强度公式：

$$q=\frac{1598(1+0.69\lg P)}{(t+1.4)^{0.64}}$$

式中　Q——雨水设计流量，L/s；

q——设计暴雨强度，L/(s·hm²)；

Ψ——径流系数；

F——汇水面积，hm²；

P——设计重现期；

t——降雨历时，min，其中，$t=t_1+t_2$，t_1 为地面集水时间，t_2 为管渠内雨水流行时间。

暴雨重现期 $P=3$ 年，经加权计算，本工程综合径流系数 Ψ 为 0.506，地面径流时间 $t_1=10$min。

12.3 工程设计

12.3.1 市政雨水管的设计

市政雨水管除排除道路雨水外，还需承接两侧用地的雨水，故市政雨水管道的设计是必要的。

雨水流向：雨水自西向东分段排入规划夹河。

雨水管横断面布置：根据管线综合规划，本工程吉安街雨水管布置在道路南侧非机动车道下，管中心距离道路中心线 12m。

根据汇水面积、暴雨强度公式等进行雨水管道水力计算，本工程雨水主管设计最大管径为 DN1000，最小管径 DN800。

12.3.2 海绵城市建设技术

依据《吉安街初期雨水规划》，吉安街严格实行雨、污分流，且对初期雨水进行处理后方能排放。因此，本工程除考虑采用人行道透水铺装、环保型雨水口、下凹式绿地等海绵设施外，还针对初期雨水处理，采用了初雨沉砂池及初雨末端处理设施（包括截流井、前置塘和净化塘）。

本工程市政道路雨水系统技术路线如图 12-2。

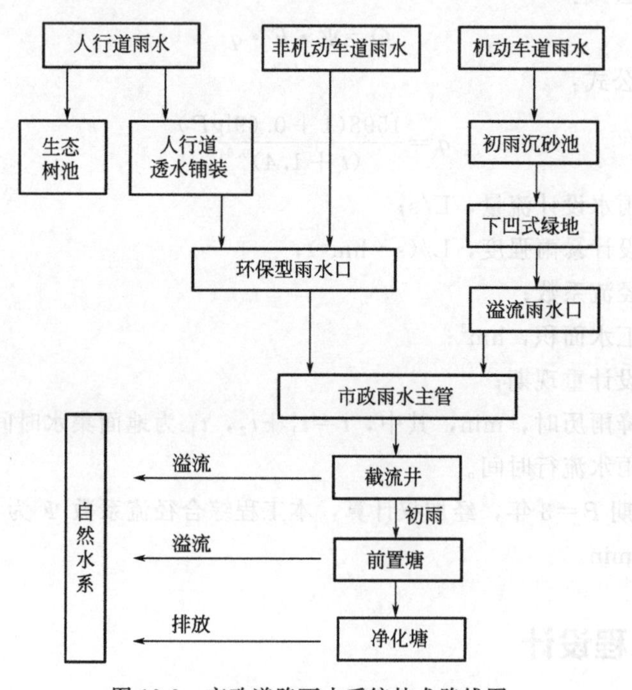

图 12-2　市政道路雨水系统技术路线图

12.3.2.1　下凹式绿地设计

开孔型路缘石及初雨沉砂池设在下凹式绿化分隔带靠近机动车道一侧，以利于机动车道雨水快速流入下凹式绿化分隔带。详见图 12-3 绿化带平面及断面图。

单侧绿化带长度 450m，宽度 2.5m，下凹式绿地蓄水层厚度 200mm。根据本书理论篇第 7 章提供的计算模型，植物横截表面积占蓄水层表面积的百分比取 20%，下凹式绿地总调蓄容积为 $450\times2.5\times(1-0.2)\times2\times0.2144=385.9\text{m}^3$。

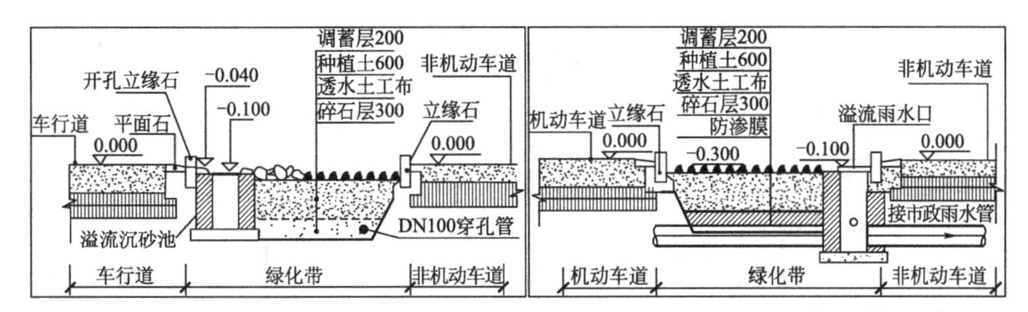

图 12-3 绿化带平面及断面图

计算结果详见本章附件。

12.3.2.2 初期雨水末端处理设施

本工程初期雨水末端处理设施包括截流井、前置塘和净化塘。

(1) 前置塘、净化塘调蓄容积估算公式 调蓄容积用《室外排水设计规范》(GB 50014—2006) (2016 版) 中分流制排水系统径流污染控制时，雨水调蓄池有效容积计算公式为：

$$V=10DF\Psi\beta$$

式中 V——调蓄池有效容积；

D——调蓄量 (mm)，按降雨量计，可取 4～8mm；

F——汇水面积，hm^2；

Ψ——径流系数；

β——安全系数，可取 1.1～1.5。

(2) 计算参数选择 设计调蓄降雨量 D 取 4mm；径流系数 Ψ 与路面雨水取值一致，为 0.506；安全系数 β 取 1.2。

前置塘和净化塘汇水面积 F 为 $8.2hm^2$。

算得所需调蓄容积 $V=199.2m^3$。

(3) 前置塘 前置塘 (图 12-4) 分为沉淀区和积泥区。沉淀区设计深度为 0.8m，积泥区设计深度为 0.5m。前置塘总调蓄容积为 $1.3\times8\times4=41.6m^3$。

(4) 净化塘 净化塘 (图 12-5) 由上而下分为四层：覆盖层、滤料层、过渡层和排水层，每层填料依次为 50mm 砾石 (粒径 8mm 和 16mm 的砾石用量之比为 4∶6)、600mm 无泥粗砂 (粒径 2mm 和 5mm 的无泥粗砂用量之比为 6∶4)、100mm 砾石 (粒径 4mm 和 8mm 的砾石用量之比为 6∶4) 和 350mm 砾石 (粒径 8mm 和 16mm 的砾石用量之比为 4∶6)。

净化塘设计水力负荷取 $1.0m^3/(m^2\cdot d)$，净化塘设计总尺寸 24.8m×16.8m。

净化塘设施计算可参照雨水花园，根据本书理论篇第 7 章“海绵城市建设技术计算模型研究”，净化塘计算参数取值见表 12-1。

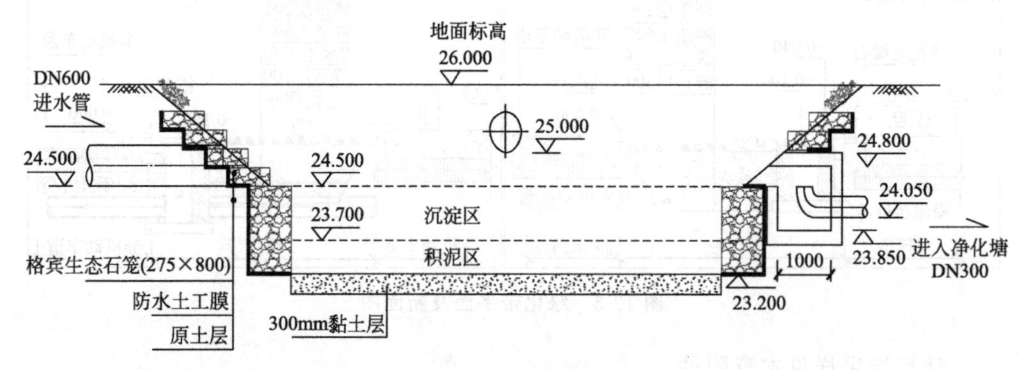

图 12-4　前置塘设计图

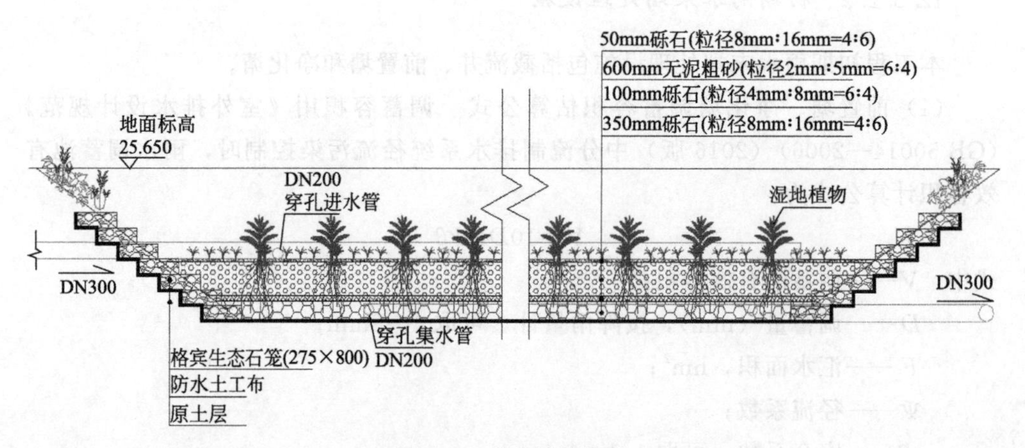

图 12-5　净化塘设计图

表 12-1　净化塘计算参数取值

参数	取值
平均孔隙率 n	0.3
填料区深度 d_f/m	1.1
最大蓄水深度 h_m/m	1
植物横截面比例 f_v	0.5
土壤渗透系数 $K/(10^{-6}\text{m/s})$	2
蓄水池水深 h/m	0.5
下渗时间/min	120
污染物去除率(SS计)	0.65
单位面积的调蓄容积/m^3	0.85

算得净化塘总调蓄面积为 $0.851\times19\times11=177.86\text{m}^3$。

12.3.2.3　透水铺装

本道路人行道采用透水铺装，透水铺装面积为 4×2×450=3600m^2。

根据本书理论篇第 7 章“海绵城市建设技术计算模型研究”可知，透水铺装污染物去除率（SS 计）约 85%。

12.3.2.4　雨水花园

本项目区域内共有绿地面积 3.73hm^2，本次在道路沿线两侧绿地内实施雨水花园，雨水花园面积为 3000 m^2。根据本书理论篇第 7 章“海绵城市建设技术计算模型研究”提供的计算模型，算得雨水花园总调蓄容积为 1247.52 m^3。

12.3.2.5　计算结果

本项目 LID 配置设施主要为雨水花园、下凹式绿地、透水铺装、前置塘及净化塘，根据本书理论篇第 7 章提供的计算模型，算得本项目区域 LID 总调蓄容积为 1852.89 m^3。具体计算结果如表 12-2 所示。

表 12-2　由模型得到的计算结果

实际控制降雨量/mm	44.69
实际年径流总量控制率/%	86.85
LID 设施 SS 平均去除率/%	64.23
年 SS 总量去除率/%	55.78

由模型计算结果可知，本项目区域年径流总量理论控制率可达到 86.85%，年 SS 总量理论去除率可达到 55.78%。

12.4　案例小结

本章以南昌市九龙湖新城市政基础设施四期工程——吉安街（九连山路至三百山路）设计为例，结合本书理论篇第 7 章“海绵城市建设技术计算模型研究”提供的计算模型，介绍了海绵城市建设技术在南昌市九龙湖工程中的应用，并通过计算得出，本项目区域服务面积内年径流总量理论控制率可达到 86.85%，年 SS 总量理论去除率可达到 55.78%。

本章应用了本书理论篇第 7 章“海绵城市建设技术计算模型研究”提供的计算模型，该模型涵盖了海绵城市中几种常用的单项设施，可较方便地进行案例计算及结果输出，具有一定的推广意义。

第13章 海绵城市建设技术在赣州市兴国县和睦公园中的应用案例

本章作为案例运用部分内容，旨在结合南昌市城市规划设计研究总院于2017年12月完成的《兴国县和睦公园景观工程设计》，对工程实际中海绵城市整体建设、LID单项措施设置等予以阐述；并对《南昌市海绵城市建设技术研究和应用》课题理论研究章节中的部分结论，加以普适性及准确性检验，以期达到作为类似项目设计建设的参考之用。

13.1 项目背景及概况

13.1.1 项目背景

兴国县位于江西省中南部，赣州市东北部。地处北纬26°03′～26°41′、东经115°01′～115°51′之间，东接宁都，东南界于都，南连赣县，西邻万安，西北毗邻泰和，北靠吉安、永丰。兴国县属亚热带季风气候。气候温和，雨量充沛，光照充足，四季分明，无霜期较长。县境地貌以低山、丘陵为主，局部有中山分布。龙口镇睦埠村为最低处，海拔127.9m，枫边乡大乌山为最高处，海拔1204.5m。一般海拔300～500m，地形特征是东北西三面由中山低山环绕，山峦重叠，地势由东北逐渐向中南降低，形成以县城周围为中心的不封闭的兴国盆地。

兴国县红色文化底蕴深厚，是全国著名的模范县、红军县、烈士县和誉满中华的将军县，红色旅游项目众多如潋江书院将军馆和革命历史馆作风园等。堪舆文化、兴国山歌、提线木偶等均是兴国历史文化特色艺术形式，被列入国家级或省市级非物质文化遗产名录。

和睦公园位于兴国县中心城区——和睦片区，四边由城市道路围合，北至平阳街，南至模范大道，西至和睦大道，东至维四路，项目东边配有公安局技术培训项目，公园占地面积约76225m^2。场地周边已有部分住宅正在建设，规划周边以行政办公用地、体育用地居多，设置有文艺中心、医院、档案馆等公共建筑，这里将会成为一个区级中心。公园东南角为公安局信息科技大楼预留用地。和睦公园的建设将以其文化及功能作为补充，更好地为周边居民服务，更好地传承发扬传统文化，更好地展示城市美好形象。

13.1.2　项目概况

13.1.2.1　基础条件

公园现状场地内部地形起伏高差较大，西部和北部地势较为平坦，东南部地形起伏高差大，场地内部有很多散落石块，有发挥地形优势，营造丰富的景观层次的条件。场地东部及北部散落着许多面积大小不一的水塘，多为软驳岸，周边大多为农业用地。东部面积最大，北部数量众多但面积较小且凌乱。大部分水体混浊不堪，又因场地没有水源补给，“死水”导致富营养化现象，藻类大量繁殖使水面呈绿色，水质污染严重；由于场地没有水源补给，所以场地水域的景观设计有着巨大的挑战。场地现状植物数量、种类相对丰富，但由于野草丛生，景观效果较差；场地内部原有的老旧建筑较为分散，部分建筑为以红砖堆砌而成的简易房，景观效果差，不宜作为场地的服务建筑，需根据功能重新设计建造。

可根据现状条件，依据使用功能将公园分为如下五块区域（图 13-1）：①区靠近附近居民区，用作老人与儿童休憩娱乐场所；②区临近两条次干道，较长展示空间作为文化展示区；③区有较丰富的水资源，用作中心调蓄景观湖区；④区植被丰富，密林作为天然屏障隔绝外界喧嚣；⑤区为城市展馆硬化建筑布置。

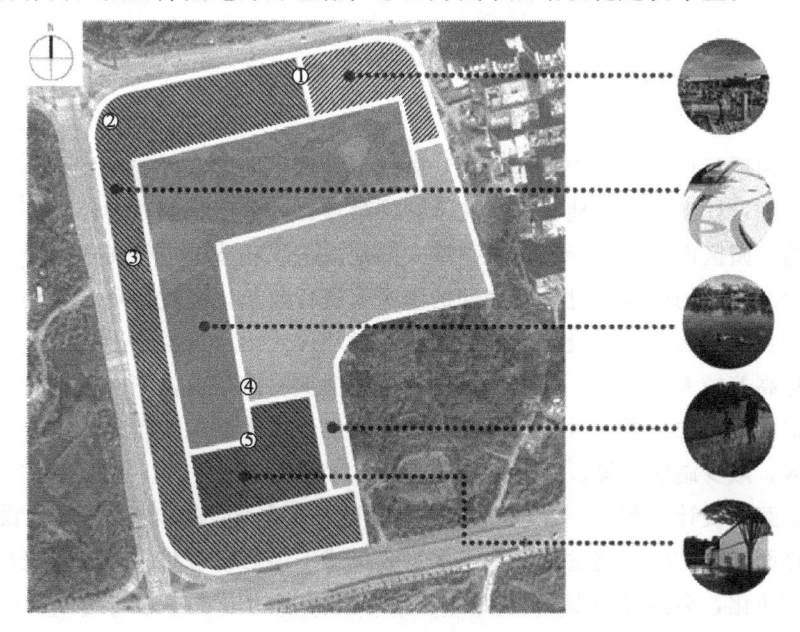

图 13-1　公园分区图

13.1.2.2 设计原则

除了遵循各现行法律法规及设计规范外，本项目秉承几项原则进行公园设计：生态性原则，充分尊重、合理利用场地的原有自然条件，尽量避免未来发展所可能导致的生态破坏，营造绿色生态的滨水空间；公共性原则，保证公园设计的公益性、参与性，使每个人拥有自由享受景观空间的权利，同时在设计中，保证使用者的舒适、方便和愉悦感受；人文性原则，充分展现场地文化底蕴，建立有场地特性、文化特质、时代特征及生活特色景观；关联性原则，保证规划区域内景观分区、活动单元有机布局，生态与人造、总体与分区、人与自然之间存在有机联系；操作性原则，应具有较强的可操作性，设计的理念与方向符合功能定位。

13.1.2.3 理念与目标

和睦公园的定位为：塑造集“文化展示、生活休闲、健康运动、生态科普”于一体的中心公园，并作为综合性城市公园服务整个县城。在建设过程中推广并应用低影响开发建设模式，加大径流雨水源头减排的刚性约束，优先利用自然排水系统，建设生态排水设施。充分发挥绿地、水系对雨水的吸纳、蓄渗和缓释作用，节约水资源，进一步改善城市生态环境。

13.2 海绵城市设计

13.2.1 技术路线

在公园项目设计过程中，随着景观微地形设计不同的低影响开发设施。在园区内绿地合理设计下沉式绿地、雨水花园、渗透塘、绿色屋顶等调蓄能力不同的 LID 单项措施。园区内产生的径流进入下沉式绿地或雨水花园等进行滞留、净化、渗透后，下渗净化后的雨水通过设施底部的渗透管进行收集，经过植草沟转输，进一步下渗、储蓄净化后，超过设计标准的径流通过环保式雨水口溢流进入中心湖区。在一些地势高差较大的区域，结合地形设计阶梯型生物滞留池，配以适宜乡土地被植物，丰富景观层次感的同时，保证了场地内雨水经过多层次的净化、渗透、汇流入中心湖区，减少湖区污染。

在道路的设计过程中，合理划分汇水分区，在公园内游步道合理铺设透水铺砖，将路面产生的径流通过环保型雨水口收集或下渗后渗管收集，进入植草沟内进行渗蓄和净化，会同绿地及其余 LID 设施专属而来的雨水一起，超标的径流通过环保型雨水口溢流进入中心湖区。

由此分层设置，紧密连接的各单项措施，完成整个公园内的海绵系统建设，有效践行“渗、滞、蓄、净、用、排”的海绵城市方针。

13.2.2　年径流总量控制率及设计降雨量

根据设计资料，工程所在区域赣州市兴国县暴雨强度公式为：

$$q=\frac{167A_1(1+C\lg P)}{(t+b)^{0.86}}(\mathrm{L/s\cdot hm^2})$$

对应暴雨强度公式中各参数取值分别是：$A_1=26.467$，$C=0.52$，$n=0.86$，$b=10$。根据《赣州市海绵城市专项规划（2017—2030 年）》条文，截至远期 2030 年，城市建成区 80%以上的面积达到 75%降雨就地消纳和利用的海绵城市要求，城市建成区 SS 削减率≥50%。再结合住建部发行的《指南》关于年径流总量控制率的规定，兴国所在区域属于年净流总量控制三区，年径流总量控制率在 75%～85%之间，因此和睦公园设计时，将径流总量控制率定为不低于专项规划规定的 80%，年径流污染物削减率（以 TSS 计）≥50%。根据理论篇 3.3 节的相关结论，可以通过拟合将《指南》中所列城市年径流总量控制率与设计降雨量形成关系式：

$$X=AZ^2+BZ$$

式中，X 为设计降雨量（mm），Z 为$-\ln(1-Y)$，Y 即为年径流总量控制率，A、B 均为特性参数。

根据现有资料拟合，赣州市设计降雨量可用如下公式计算：

$$X=2.996Z^2+13.63Z\ （相关系数\ R^2=0.999）$$

由此计算 80%径流总量控制率对应的设计降雨量应为 29.7mm。为了控制一定量雨水不外排，需采取相应的海绵措施，在本次和睦公园设计中，根据国内城市开发的实际情况，考虑雨水控制效果、可实施性及施工难易程度，主要采用了渗井（管）、透水铺装、下沉式绿地、绿色屋顶、渗透塘、雨水花园（主要以干、湿式植草沟形式）等。运用理论篇 3.3 节总结的计算规模通用算法，以径流总量控制率及污染物削减率为控制指标，实现单项设施及其组合系统的设施选型和规模优化。并以理论篇第 7 章中海绵计算模型，对实际设计的海绵措施组合进行效果评价。

13.2.3　低影响开发系统的径流系数

和睦公园景观设计工程中，工程设计范围面积共 7.62$\mathrm{hm^2}$。各类型用地面积见经济技术指标表（表 13-1）。

表 13-1 经济技术指标

序号	项目名称	面积/m^2	比例
1	设计红线面积	76225	100%
2	建筑面积	4216.6	5.53%
3	建筑占地	3279	4.30%
4	铺装/道路	20231	26.54%
5	水体	14860	19.49%
6	绿化种植	37855	49.66%

根据本书理论篇第 7 章提供的海绵城市计算表，可列出计算综合径流系数及所需调蓄容积各项参数：绿地面积 3.79hm^2，建筑面积 0.42hm^2（其中普通硬化面积 0.1hm^2，绿色屋顶 0.32hm^2），道路总面积 2.02hm^2（其中透水铺装的覆盖率约 30%，也即 0.61hm^2，普通道路广场 1.41hm^2），中央湖区面积 1.39hm^2（以常水位计）。中心景观湖可视作大型调蓄水池，具有调节整个园区水量平衡，维护水循环并提供自净的功能，并不计入 LID 设施径流系数及调蓄容积计算，仅在校核总量控制率后调蓄容积不足时考虑其调蓄作用。此外在绿地面积中包含各项 LID 措施，而计算时需将此类“蓄渗型”措施扣除，或将其并入普通道路广场计算径流系数。和睦公园设计中采用各 LID 单项设施统计如表 13-2。

表 13-2 和睦公园 LID 单项设施统计表

LID 措施	单位	数量
雨水花园	m^2	2338
下沉式绿地	m^2	1723
渗透塘	m^2	1104
环保型雨水口(单箅)	座	129
渗管	m	2282
渗井	座	34

修正后绿地面积为 3.27hm^2，普通道路广场面积为 1.93hm^3。将上述参数带入理论篇第 10 章的海绵计算表计算，可得和睦公园设计综合径流系数和调蓄容积分别为 0.419m^3、775.8m^3。

13.2.4 单项设施雨水控制能力

13.2.4.1 雨水花园

本书理论篇 3.3 节中提供了雨水花园控制的径流雨水总体积计算公式：

$$V=G+V_w+S=n\cdot A_f\cdot d_f+A_f\cdot h_m\cdot(1-f_v)+\frac{K\cdot(d_f+h)\cdot A_f\cdot T\times 60}{d_f}$$

而单位面积雨水花园控制雨水体积 V_1（m^3）为：

$$V_1=\frac{V}{A_f}=n\cdot d_f+h_m\cdot(1-f_v)+\frac{K\cdot(d_f+h)\cdot T\times 60}{d_f}$$

参数含义详见相关章节介绍。结合和睦公园场地设计条件、当地的气候、土壤、环境等特质因素，与园林景观专业设计协调，充分考虑乔木、灌木和地被各层次的各季节的植物景观效果及相互的协调与搭配，并选择本土特色植物种类，使得园区在春夏秋冬四季皆有景可观。和睦公园设计过程中绘制的雨水花园断面大样图（图 13-2）及参数取值表如图 13-2、表 13-3 所示。

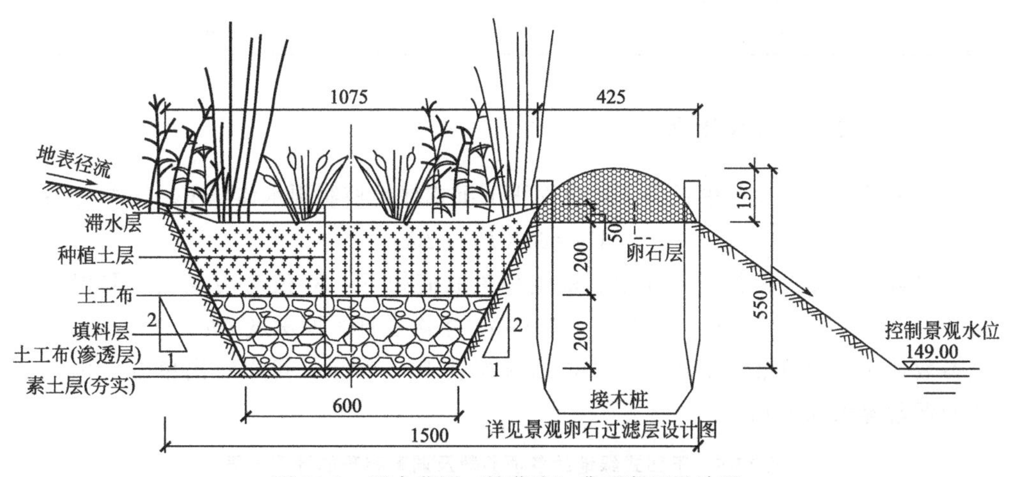

图 13-2　雨水花园（植草沟）典型断面设计图

表 13-3　雨水花园设计参数表

各层结构	设计参数	备注
卵石层	由卵石堆叠组成	卵石组成，粒径 25～35mm，不均匀系数 $K<1.5$
滞水层	—	厚度随植草沟宽度而定
种植土层	—	使用 50mm 树皮覆盖，厚度可视植物类别增加
土工布	长，宽度随植草沟	针刺无纺土工布，300g/m^2，搭接宽度≥200mm
填料层	碎石或砾石组成，粒径 40～50mm	不均匀系数 $K<2$
土工布	长、宽度随植草沟	针刺无纺土工布，300g/m^2，搭接宽度≥200mm
素土层	压实系数>0.9	—

可确定相关取值如下：$n=0.2$；雨水花园种植植物类型主要为草本、灌木以及乔木等，种植土层深度取 200mm，填料层深度取 200mm，因此 $d_f=400$mm；$h_m=400$mm；植物横截面积占蓄水层表面积的百分比 $f_v=0.5$；$K=5\times10^{-5}$；蓄水层平均水深 $h=100$mm；计算时间 $T=120$min。将各项参数带入理论篇第 7 章相

应公式，结果如表 13-4 所示，可以看出单位面积雨水花园调蓄容积 0.58m^3。

表 13-4　雨水花园的各参数取值及调蓄容积的计算结果

雨水花园	参数取值
平均孔隙率 n	0.2
填料区深度 d_f/m	0.4
最大蓄水深度 h_m/m	0.1
植物横截面比例 f_v	0.5
土壤渗透系数 K/(10^{-6}m/s)	50
蓄水层平均水深 h/m	0.1
下渗时间/min	120
污染物去除率(SS 计)	0.65
单位面积的调蓄容积/m^3	0.58

13.2.4.2　下凹式绿地

本书理论篇 3.3 节中提供了单位面积下沉式绿地控制雨水体积 V_2（m^3）为：

$$V_2=60KJT+\Delta h$$

参数含义详见相关章节介绍。确定相关取值如下：K 值与雨水花园取相同系数 5×10^{-5}；$J=0.2$；渗蓄用时 $T=60$min；本次设计下凹深度 Δh 取 0.1m。将各项参数带入理论篇第 7 章相应公式，结果如表 13-5 所示，可以看出单位面积雨水花园调蓄容积 0.136m^3。

表 13-5　下凹式绿地的各项参数及调蓄容积的计算结果

下凹式绿地	参数取值
土壤渗透系数 K/(10^{-6}m/s)	50
水力坡度 J	0.2
渗蓄时间/min	60
下凹深度 h/m	0.1
污染物去除率(SS 计)	0.55
单位面积的调蓄容积/m^3	0.136

13.2.4.3　透水铺砖

本书理论篇 3.3 节中提供了透水铺砖控制雨水体积 V_3（m^3）为：

$$V_3=W_p=h_m n_m+h_z n_z+h_d n_d$$

参数含义详见相关章节介绍。同时本书理论篇第 7 章中也提到，对于“过流型”的 LID 设施，各项 LID 设施分别有其对应的雨量径流系数，该类设施仅参与综合雨量径流系数的计算，其结构内的空隙容积一般不再计入总调蓄容积。故透水铺砖对于雨水调蓄容积的贡献为 0，结果如表 13-6 所示。

表 13-6　透水铺装的各项参数及调蓄容积的计算结果

透水铺装	参数取值
若不考虑透水铺装结构空隙	则厚度均为 0
面层厚度/m	0
面层孔隙率	0
找平层厚度/m	0
找平层孔隙率	0
垫层厚度/m	0
垫层孔隙率	0
污染物去除率(SS 计)	0.85
单位面积的调蓄容积/m^3	0

13.2.5　和睦公园 LID 设计组合的模型校核

根据本书理论篇第 7 章中提供的计算表，对和睦公园设计的单项措施组合进行校验，评价其控制目标完成率（表 13-7）。

表 13-7　和睦公园设计的单项措施校验

	项目	数量/结果	极限值	调蓄容积/m^3
LID 配置区	透水铺装面积/hm^2	0.61	2.54	0.00
	绿色屋顶面积/hm^2	0.32	0.42	—
	雨水花园面积/hm^2	0.2338	3.27	1356.04
	下凹式绿地面积/hm^2	0.1723	3.27	234.33
	蓄水池容积/m^3	0	—	0.00
	LID 总调蓄容积/m^3	1590.368	—	1590.37
配置检验区	道路广场检验	OK	—	—
	绿地面积检验	OK	—	—
	屋面面积检验	OK	—	—
	调蓄容积检验	满足要求	—	—
	容积差额	814.53	—	—

结合上述计算各单项调蓄能力，乘以实际配置面积得到单项措施调蓄容积及公园整体调蓄容积。由配置检验区输出可得到，各项面积设置均未违反“模型研究”

中设置的先决条件，在此基础上，调蓄容积足以满足目标控制率下，得出 775.8m³ 的调蓄容积要求，并有 814.53m³ 的调蓄容积富余。

因此可计算设计情况下，公园 LID 措施组合对净流总量控制率：根据上文公式，LID 调蓄总容积除以需调节面积再除以综合径流系数即为实际控制降雨量，计算得 49.79mm，而降雨量与净流总量控制率变形存在二项式关系 $X=2.996Z^2+13.63Z$，利用二项式求解公式可以反算：

$$Z=\frac{-13.63\pm\sqrt{13.63^2+4\times2.996X}}{2\times2.996}$$

舍去负数解，可以得到利用降雨量 X 反算 Z 公式，再利用控制率 $Y=1-e^{-Z}$ 可以实现通过实际储蓄降雨量反算径流总量控制率的目的。针对赣州地区公式求解结果为：

$$Z=1-e^{\frac{13.63-\sqrt{185.7769+11.984X}}{5.992}}$$

利用所得公式求解实际年径流总量控制率为 90.87%，远远超过目标要求。另各单项对年 SS 总量去除能力组合后，计算得到公园 SS 总量去除率，理论算法已在本研究其余章节阐明，不再赘述，结果表明 63.53% 的 SS 去除率也超过 50% 的目标削减率。由此可得出结论，通过构建低影响开发雨水系统，和睦公园可以实现综合控制目标中的总量控制及污染控制（表 13-8）。

表 13-8　和睦公园各设施的 SS 去除率

下凹式绿地率/%	5.27	实际控制降雨量/mm	49.79
透水铺装率/%	30.15	实际年径流总量控制率/%	90.87
绿色屋顶率/%	76.19	LID 设施 SS 平均去除率/%	66.17
LID 总占地面积(hm^2,不含蓄水池)	1.34	年 SS 总量去除率/%	60.13

13.2.6 径流峰值控制贡献

如本章 13.2.1 节所述，兴国县暴雨强度公式为：

$$q=\frac{4420(1+0.52\lg P)}{(t+10)^{0.86}}\ (\mathrm{L/s\cdot hm^2})$$

以单场 2h 短历时降雨作为边界条件，参照本书理论篇第 4 章的研究方法，利用短历时降雨芝加哥雨型，对场降雨的雨峰位置及总量进行估算，进一步得到低影响开发设施对公园内径流峰值控制的贡献。

输入降雨强度参数，定义降雨历时为前 2h，通过试算可以发现，重现期 P 为 30 年时的数据（表 13-9）以及芝加哥雨型分布图（图 13-3）。

表 13-9　重现期 P 为 30 年时的降雨强度参数

芝加哥雨型		降雨历时 t	120
		重现期 P	30
		a	46.7965
兴国县暴雨强度公式参数		b	10
A_1	4420	n	0.86
C	0.52	r	0.35
b	10	峰前历时 $t_1(t_b)$	42
n	0.86	峰后历时 $t_2(t_a)$	78
峰前	$A\times(1-n\times t_1/(t_1+r\times b))/(t_1/r+b)^n$	$i(t_b)$(mm/min)	0.1466944
峰后	$A\times(1-n\times t_2/(t_2+(1-r)\times b))/(t_2/(1-r)+b)^n$	$i(t_a)$(mm/min)	0.1466944

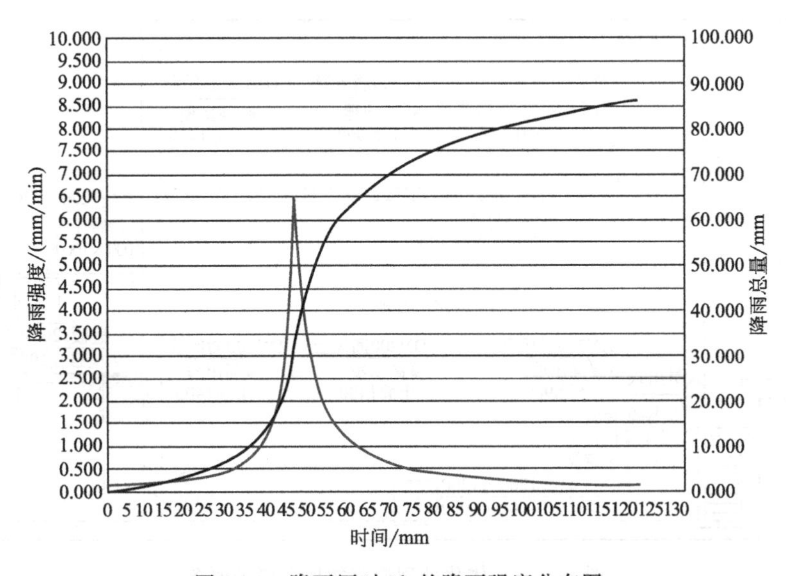

图 13-3　降雨历时 2h 的降雨强度分布图

前 120min 降雨总量为 85.938mm，前文中得出的和睦公园 LID 设施实际控制降雨量 49.79mm，由此可以看出，在无外部雨水汇入的情况下，公园内部海绵设施可以调蓄约 30 年重现期标准降雨的 47min 降雨量，之后开始产生区域内雨水溢流。

实际上在连续降雨的条件下，地表基本饱和，LID 单项设施很难发挥效果。此时公园主要依靠中心湖体调蓄，因此以上分析是基于场次降雨，LID 单项设施能有效作用的前提下做出的。

通过降雨曲线分析，峰值产生于 42min 左右，事实上当公园内 LID 设施开始溢流式，城市雨水系统中峰现时间已过去（详见理论篇第 4 章分析），因此可以得出结论，公园内低影响开发系统不仅能起到很好的削峰效果，同时错峰能力显著，很好地保障了城市雨水系统的安全顺畅运行，降低城市内涝风险，和睦公园海绵城市构建可以实现综合控制目标中的峰值控制目标。

13.3 水质净化及水循环系统设计

为了实现雨水资源化利用的控制目标，同时保障中央湖区水质，确保整个公园体系水循环及活化水源稳定可靠，本次设计了一座地埋式雨水及景观水净化处理构筑物，集沉淀、过滤、调蓄、加压于一体。一体化设施为全地下式，地面层仅留自控设施及人员出入口，地面层（图 13-4）和地下层（图 13-5）平面布置图如下所示。

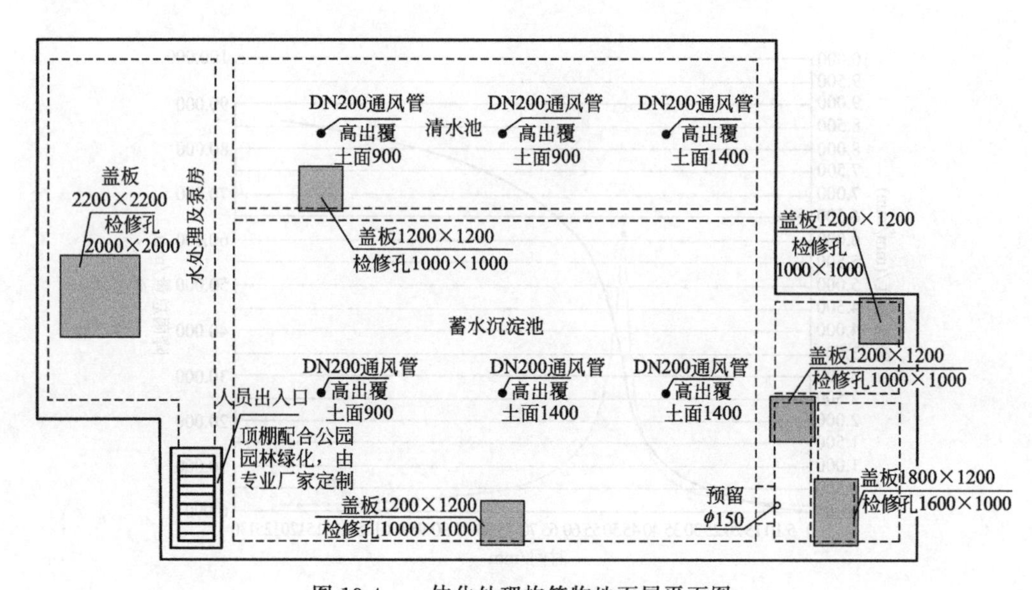

图 13-4　一体化处理构筑物地面层平面图

地埋式雨水及景观水净化处理构筑物主要结构和设备包括沉泥溢流井——雨水或景观湖循环水进入，进行大颗粒沉砂及细格栅截流，过量雨水通过溢流堰直接排入市政雨水管；蓄水沉淀池——处理水进行缓慢折板式流动，部分杂质自然沉淀，并在底部坡向作用进入排泥泵坑，沉淀容积为 596.85m^3；高速过滤器——采用一体化过滤罐，不断对雨水（景观湖水）分离过滤，不需人工操作，最大过滤能力为 100m^3/h；清水池——滤后水一部分直接循环至景观湖上游或输送至建筑景观水池，用作活化水补水源，剩余储存在清水池，清水池储水量大于公园内浇灌系统一天所需总水量，存储量约 276m^3；加压设施——构筑物内分设反冲洗水、气泵、原水增压泵、高地区浇洒循环水泵，分别满足反冲洗、原水过滤以及清水池吸滤后清

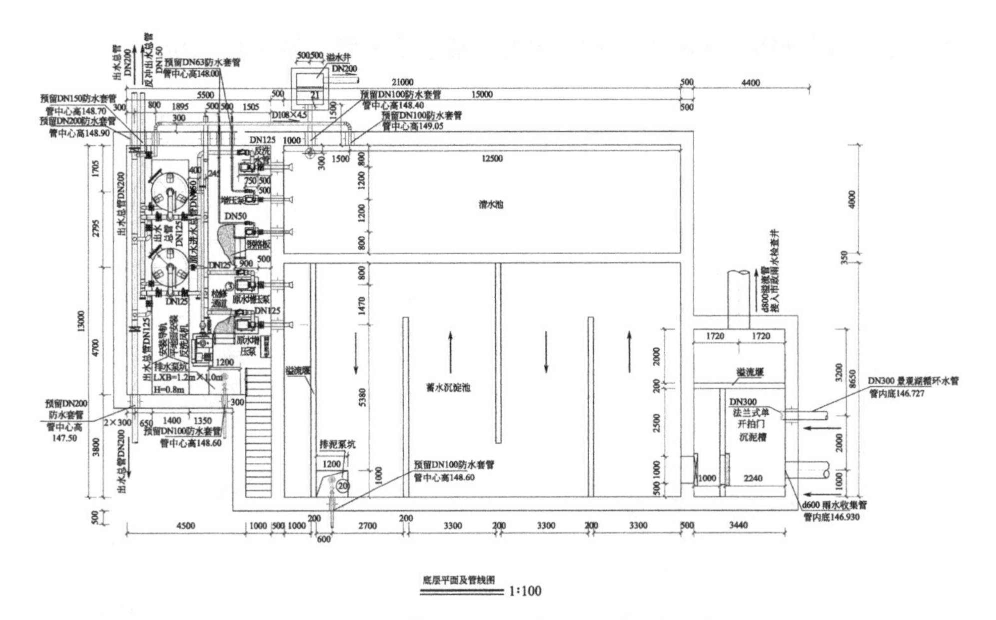

图 13-5　一体化处理构筑物地下层平面图

水灌溉的要求。水泵开启人工启停与自动运行相结合的方式。构筑物内过滤及加压系统为配套系统，配套设备包括电气与自控系统成套采购，并满足 PLC 自动运行及现场手动控制方式相结合的控制方式。处理构筑物运行流程示意图如图 13-6。

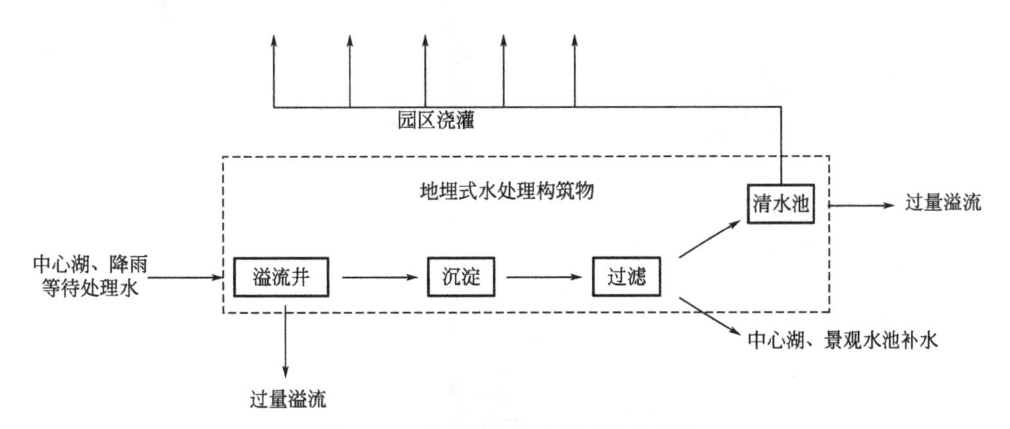

图 13-6　处理构筑物运行流程示意图

考虑湖面蒸发量，为满足中央湖区及循环水系统旱季景观补水需求，从给水管网上接出连通管，接入中央湖区东面进水入口，连通管管径为 DN160。连通管设倒流防止器、闸阀。闸阀常闭，当循环系统有补水需求时打开。要求市政自来水管道提供的水压应不小于 0.28MPa。

上述分析可以看出，一体化水处理构筑物有效地保障了园区内水量平衡、水质稳定、水生态和谐，配合其余海绵城市单项措施，和睦公园可以实现综合控制目标中的雨水资源化利用。和睦公园的排水及海绵系统平面图如图 13-7 所示。

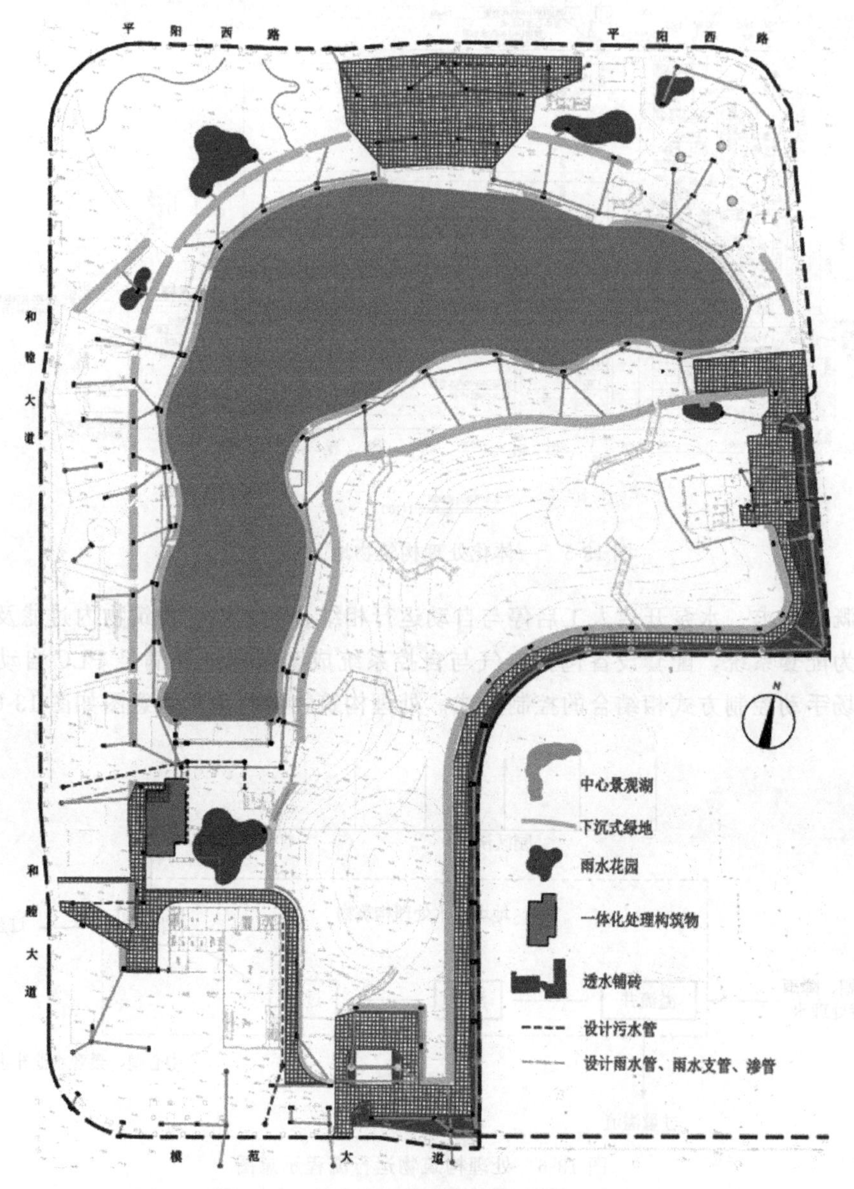

图 13-7 和睦公园排水及海绵系统平面图

13.4 结论与建议

《海绵城市建设技术指南——低影响开发雨水系统构建（试行）》中指出，构建低影响开发雨水系统的规划控制目标包括径流总量控制、径流峰值控制、径流污染控制、雨水资源化利用等。由上述论述不难看出，在和睦公园的低影响开发雨水系统设计中，通过单项 LID 的合理配置，运用各类技术组合，对上述各项目标均有较好控制效果。公园海绵城市建设，对缓解城市内涝、削减峰值流量、减少城市径流污染负荷、节约水资源、保护和改善城市生态环境均有积极作用。

本章中提出的各单项 LID 设施对年径流总量控制率影响、多项 LID 设施协同效果模型等结论和计算方法，具有较强的实践指导意义。对于海绵城市的设计，有很好的指向和评价作用，值得运用推广。

第14章

海绵城市建设（溢流污染控制）技术在南昌市西湖黑臭水体治理工程的应用案例

海绵城市的建设途径主要有以下几个方面。一是对城市原有生态系统的保护。最大限度地保护原有的河流、湖泊、湿地、坑塘、沟渠等水生态敏感区，留有足够涵养水源，应对较大强度降雨的林地、草地、湖泊、湿地，维持城市开发前的自然水文特征，这是海绵城市建设的基本要求。二是生态恢复和修复。对传统粗放式城市建设模式下，已经受到破坏的水体和其他自然环境，运用生态的手段进行恢复和修复，并维持一定比例的生态空间。三是低影响开发。按照对城市生态环境影响最低的开发建设理念，合理控制开发强度，在城市中保留足够的生态用地，控制城市不透水面积比例，最大限度地减少对城市原有水生态环境的破坏，同时，根据需求适当开挖河湖沟渠，增加水域面积，促进雨水的积存、渗透和净化。

2015年4月，国务院发布了《关于印发水污染防治计划的通知》，该通知以改善水环境质量为核心，要求大力推进生态文明建设。为了响应国务院的号召，江西省住建厅发表相关声明，要加强城市黑臭水体整治工作，要求2017年底前地级及以上城市建成区实现河面无大面积漂浮物、河岸无垃圾、无违法排污口，2020年前完成黑臭水体控制在10%以内。2017年底，南昌市基本消除黑臭水体。

14.1 黑臭水体形成原因

黑臭水体主要是流动性差甚至封闭的水体、断头浜，就是所谓的死水，也有的是季节性河流。黑臭水体的成因复杂，影响因素众多，主要是外源有机物造成水体缺氧，同时也与水体富营养化和底泥沉积有关，城市水体黑臭主要由以下原因造成。

14.1.1 外源有机物消耗水中氧气

大量生活污水及工业废水的无序排放，导致水体耗氧物质的超量存在，将水体中的溶解氧消耗殆尽，而且消耗的速度大于水面对水体中溶解氧的补充，好氧细菌无法生存，大量的厌氧细菌滋生。这一系列外源性有机物在厌氧菌的作用下进一步分解，产生大量的沼气、氨气、硫化氢及其他一系列恶臭气体，导致水体发臭。同时，水体中的 Fe、Mn 元素在缺氧的条件下被还原，并与水中的硫生成 FeS、MnS 等金属硫化物的悬浮颗粒，从而引起水体发黑。

14.1.2　内源底泥中释放污染

底泥不是黑臭水体形成的决定因素，但底泥对黑臭水体的形成起到了催化作用。一方面，被污染的水体，污染物日积月累，通过沉降作用或随颗粒物吸附作用进入到水体底泥中，在酸性、还原条件下，污染物和氨氮从底泥中释放，厌氧发酵产生的甲烷及氮气导致底泥上浮出现黑臭。另一方面，底泥会加快水体内藻类的消亡，形成厌氧的环境，使得底泥中硫酸盐还原细菌数量增加，促使底泥中硫与铁的还原，加剧了水体的黑臭。

14.1.3　水体自净能力消失

城市人口增加和工业发展使得排入城市水体的污染物超过水体环境承受能力和自净能力，使水体污染，溶解氧下降，水体发生厌氧现象，从而发生黑臭。水体污染影响水体生态，影响水中生物生存，使水生植被退化甚至灭绝，浮游植物、浮游动物、底栖动物大量消失，只有少量耐污种类存在。水体中食物链断裂，生态系统结构严重失衡，水体自净功能严重退化甚至丧失，从而导致水体黑臭速度加快。水体发生黑臭后，水体自净功能基本丧失，在污染物不停排入的情况下，水体愈发的显现黑臭，进入恶性循环阶段。

14.1.4　不流动水体和水温升高的影响

我国大部分黑臭水体都为滞留型水体，其水动力不足，导致水体复氧速率衰退，最终造成水体严重缺氧，成为适宜藻类生长繁殖的水动力条件，增加水华的暴发风险，引起水体水质恶化。此外，温度的升高加快水体中微生物的分解和溶解氧的消耗，使水体黑臭加剧。

14.2　工程方案研究

14.2.1　研究规范依据

（1）《室外排水设计规范》（GB 50014—2006）（2016 年版）

(2)《给水排水工程管道结构设计规范》(GB 50332—2002)

(3)《给水排水工程构筑物结构设计规范》(GB 50069—2002)

(4)《室外给水设计规范》(GB 50013—2006)

(5)《给水排水管道工程施工及验收规范》(GB 50268—2008)

(6)《给水排水工程构筑物施工及验收规范》(GB 50141—2008)

14.2.2 主要研究资料

(1) 南昌市西湖区孺子亭公园(西湖)水质治理工程

——南昌市西湖区城建局 2016.11

(2) 南昌市西湖区孺子亭公园(西湖)水质治理工程地质勘察报告

——江西省地质勘察设计研究院

(3) 南昌市西湖区孺子亭公园(西湖)水质治理工程地形图测量资料

——南昌市测绘勘察院

(4) 南昌市孺子路排水改造工程施工图设计图纸

——南昌市城市规划设计研究总院

14.2.3 工程排水现状及存在的问题

14.2.3.1 区域排水现状描述

区域内现状排水体制为雨、污合流制,区域内主排水干管位于孺子路下,西起陈家桥,东至八一大道,1954 年建成,管道最大断面(电信大楼处)为二孔 1800m×1000m 浆砌片石拱涵。2003 年以前,该区域内涝非常严重。

为解决内涝问题,2003 年,由南昌市城市规划设计研究总院承担了孺子路排水改造工程设计。孺子路排水改造工程设计总体思路:维持原有排水系统标高不变,新增雨水收集管道。此外,新增的雨水收集管道与原有排水系统连接处增设了溢流井(共四座),排入西湖的溢流井堰顶标高为 19.074m(比区域内道路最低点 19.33m 低 0.126m),且排入西湖出水口设置电动调节闸,进一步防止晴天污水进入西湖。同时要求每次下暴雨、电排西湖水之后要利用现有活水系统对西湖水进行活化,使水质符合要求。改造图如图 14-1 所示。

改造图主要内容包括:①沿嫁妆街、西湖路和渊明南路分别重新建设了排水主干管一根,其中嫁妆街管径为 800mm,西湖路管径为 600~800mm,渊明南路断面尺寸为 $B\times H=2000\text{mm}\times 800\text{mm}$。并在嫁妆街、象山南路、西湖路和渊明南路设置四座溢流井,四座溢流井堰顶标高分别为 19.434m、19.200m、19.450m、

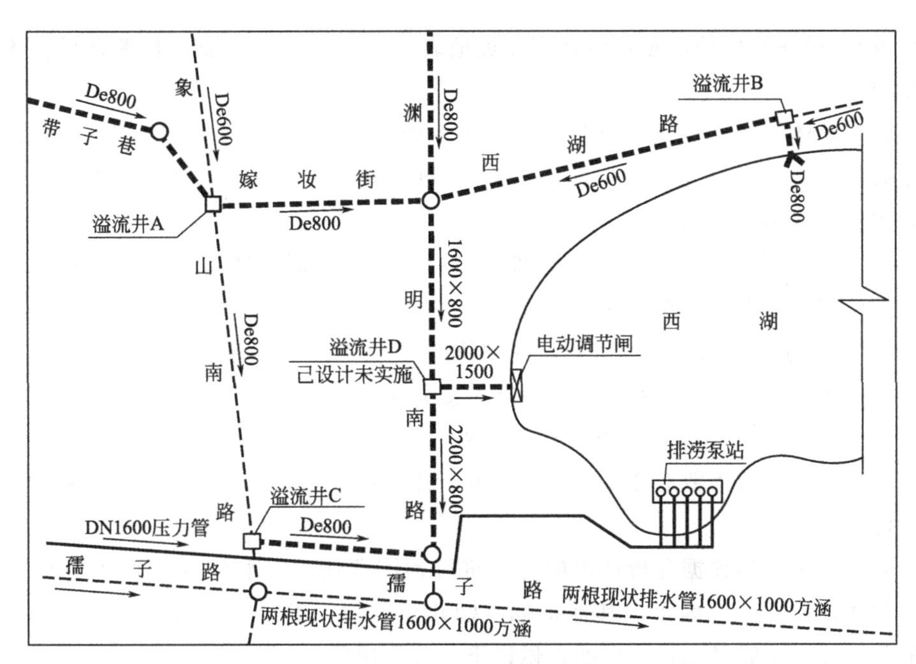

图 14-1 现状区域排水改造图

19.074m。此外，在渊明南路加设了排水主箱涵一根，断面尺寸 $B\times H=$ 2000mm×1500mm，排入西湖出口处设置电动调节闸，电动调节闸顶标高 19.000m。②在西湖西南角设计了排涝泵站一座（按百年一遇洪水设计），利用西湖作为调蓄池，共设 5 台泵，单泵流量 2426.4m^3/h，扬程 8m，总功率 550kW，最低运行水位 17.500m，最高水位 19.000m。该泵站出水管采用 DN1600 压力管道，沿孺子路敷设至船山路后改为重力流排入抚河。

该工程实施后，区域内涝基本得到了解决。

14.2.3.2 存在的问题

由于各种原因，原设计的溢流井未按设计标高实施或部分溢流井未实施，电动调节闸管理不到位，导致区域内晴天也有污水通过 $B\times H=$2000mm×1500mm 的排水箱涵直接排入了西湖，造成西湖水质恶化。另外，西湖底泥多年未清淤，导致水体发臭。同时，暴雨、电排西湖水之后未对西湖水进行活化，导致西湖水质恶化。以上等多重原因使西湖水生态系统遭到严重破坏，丧失水体自净能力。

14.2.4 方案设计

本次西湖治理方案包括四个方面的内容：①污染源控制（外源阻断）；②湖底清淤（内源控制）；③完善西湖活水系统（水动力改善）；④加设生态修复系统（生

态修复)。最终目标使西湖水体达到Ⅳ类地表水标准。下文主要对控源截污技术做详细介绍。

(1) 总体方案　经现场踏勘，溢流井 B 处的 DN800 排污口已被封堵，西湖沿线仅有溢流井 D 处的 $B \times H = 2000\text{mm} \times 1500\text{mm}$ 排污口一座，故对该处排污口截流，便能实现污染源的控制，方案如下。

① 完善原设计溢流井并重建溢流井 D 及总排水箱涵，恢复原设计溢流井 $n=1$ 倍的截流能力，形成西湖第一道防线。

② 为了进一步保护下游水体，控制超出 $n=1$ 倍截流倍数的溢流污染，新建溢流污染控制池一座，将该系统的截流能力提升至 $n=16$ 倍（该部分污水待晴天时全部排入污水处理厂)，形成西湖第二道防线。

以下探讨截流倍数对截污效果的影响，并确定选多大的截流倍数可以减小对抚河的污染。

采用污染指标数据分析计算的方法进行预测评估，汇水范围以生活污水为主，采用 BOD_5 作为评价因子，其他指标（COD、氨氮、TP、TN 等）评价类同。为了简化计算，同时又能说明问题，做以下一些合理假设。

a. 老城区排水管网比较密，可以假设污水与雨水进入管道后完全混合，截污管道内污染物同一时刻浓度一致。

b. 由于截污管沿线溢流井较多，河道较短，假设溢流合流污水与河道存水完全混合，河道内污染物浓度同一时刻均匀一致。

c. 降雨期间内，雨水假设是平均的强度降落至地面，污水假设以平均流量均匀流入排水管。污水流量采用平均时流量，BOD_5 浓度假定为 100mg/L。地面径流雨水及河道内的初始 BOD_5 浓度均假定为 4mg/L。

d. 管道（河道）底泥由于雨季水流速增大受水流冲刷均匀的释放污染物至管道（河道）流水内。

有以上假定为基础，可以列出下列两个物料平衡方程式：

$$(V_1C_1 \cdot \alpha + V_2C_2) = (V_1 + V_2)C_3 \tag{14-1}$$

$$V_1C_1 \cdot \alpha + V_2C_2 + V_3C_4 \cdot \beta - (n_0+1)V_1C_3 = (V_2 + V_3 - n_0V_1)C_5 \tag{14-2}$$

式中　V_1——污水量，$V_1 = Q \cdot h$（Q 为污水平均流量，h 为降雨时间）；

V_2——降雨径流水量，$V_2 = \Lambda \cdot H \cdot \Psi$（$\Lambda$ 为汇水面积，H 为降雨量，Ψ 为径流系数）；

V_3——河道中常水位时的存水量；

C_1——纯污水中 BOD_5 初始浓度，取 100mg/L；

C_2——径流雨水中 BOD_5 初始浓度，取 4mg/L；

C_3——截污管道中的混合污水的 BOD_5 浓度；

C_4——雨前河道中的初始 BOD_5 浓度，取 4mg/L；

C_5——雨后河道中的 BOD_5 浓度；

α——管道中污泥中 BOD_5 浓度的释放系数，与降雨时间有关，一般取 1.2～4.0，短历时降雨取大值，长历时降雨取小值；

β——河道中污泥中 BOD_5 浓度的释放系数，取 1.0～1.2；

n_0——截流倍数。

根据式（14-1）和式（14-2）两个方程，求解目标值 C_5。

在截流倍数 $n_0=2$、$n_0=5$、$n_0=10$、$n_0=15$ 的情况下，分析短历时（2h）和长历时（12h）两种降雨历时各种不同降雨量时 C_5 的变化情况，采用计算机演算，可以绘制成图 14-2～图 14-9 的曲线图。

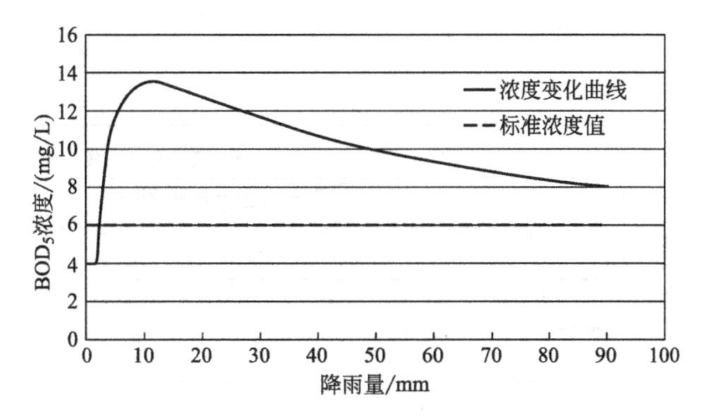

图 14-2　$n_0=2$ 时，2h 降雨历时雨量——BOD_5 浓度曲线

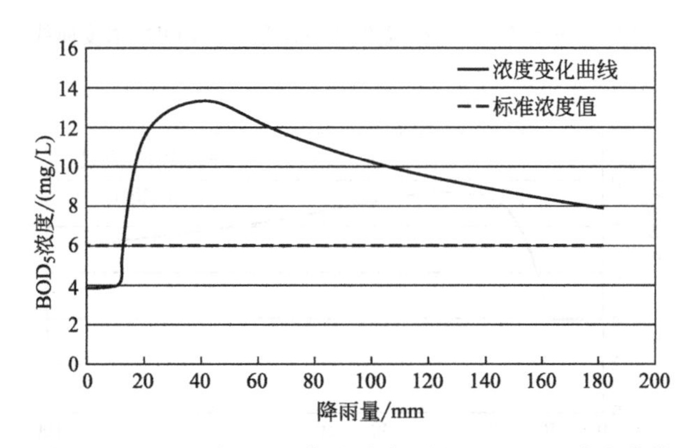

图 14-3　$n_0=2$ 时，12h 降雨历时雨量——BOD_5 浓度曲线

根据演算结果可以看出，当总截流倍数 $n_0\geqslant15$ 时才能较好地满足要求，由此确定溢流污染控制池总截流倍数取 $n_0=15$。

③ 因西湖水质要求较高，活水量及自净能力有限，新建暴雨调蓄池一座，用于确保 $P=1$ 年一遇暴雨不会溢流至西湖（该部分合流水部分被调蓄待晴天后排入

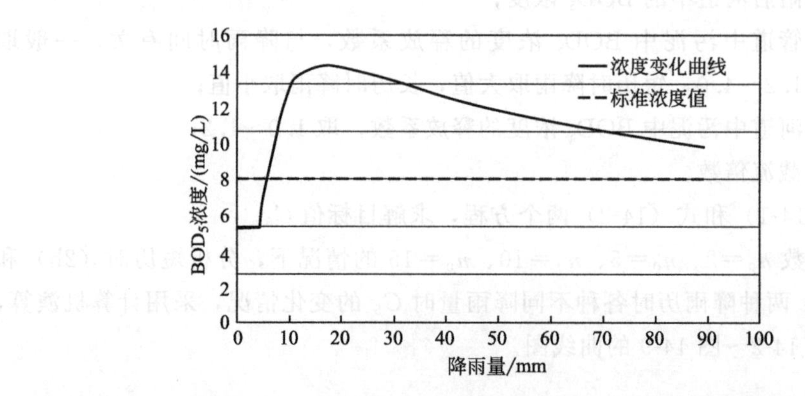

图 14-4　$n_0=5$ 时，2h 降雨历时雨量——BOD_5 浓度曲线

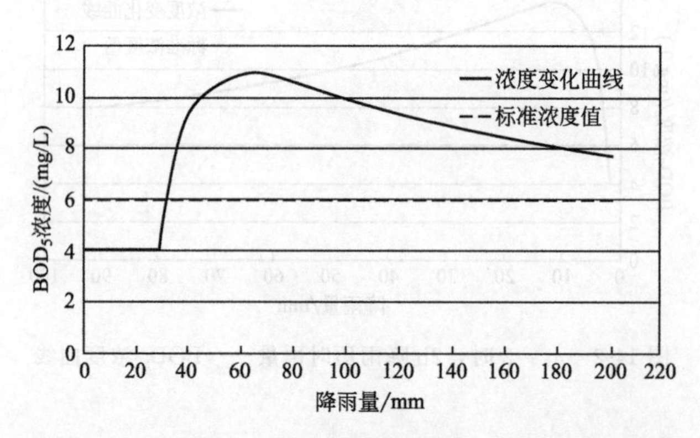

图 14-5　$n_0=5$ 时，12h 降雨历时雨量——BOD_5 浓度曲线

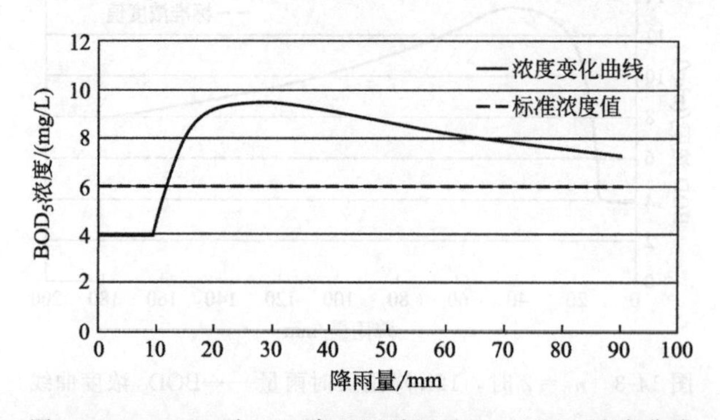

图 14-6　$n_0=10$ 时，2h 降雨历时雨量——BOD_5 浓度曲线

污水处理厂，部分由排涝泵站抽排至抚河雨水箱涵），形成西湖第三道防线。由上述分析可知。当 $n_0>15$ 时，合流水会进入暴雨调蓄池，此时污染物浓度已小于抚河污染物浓度，不会对抚河水质造成较大影响。

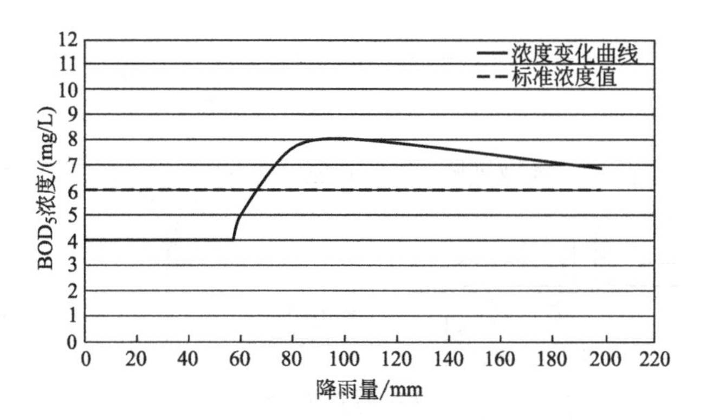

图 14-7　$n_0=10$ 时，12h 降雨历时雨量——BOD_5 浓度曲线

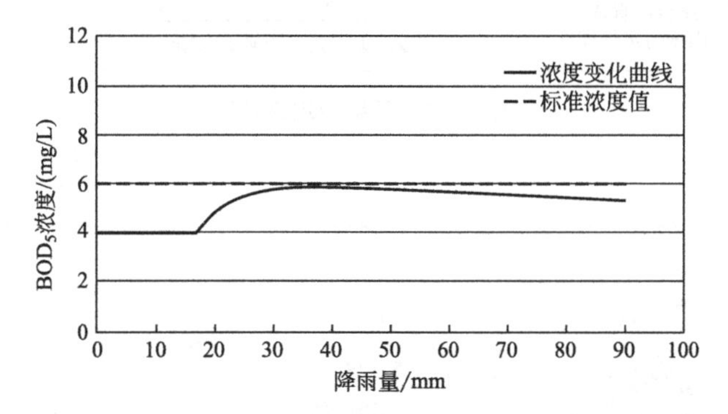

图 14-8　$n_0=15$ 时，2h 降雨历时雨量——BOD_5 浓度曲线

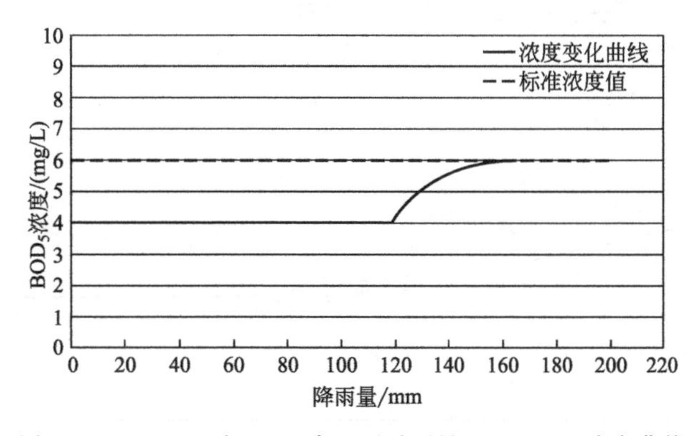

图 14-9　$n_0=15$ 时，12h 降雨历时雨量——BOD_5 浓度曲线

方案原理如图 14-10。

(2) 污染源控制具体设计方案　如图 14-11，重新实施溢流井 D 并将原 $B\times H=2000\text{mm}\times1500\text{mm}$ 箱涵废除，同时重建 $B\times H=3000\text{mm}\times1500\text{mm}$ 箱涵一根。在该箱涵末端设置调蓄池一座，调蓄池分为两部分，分别为溢流污染控制池及

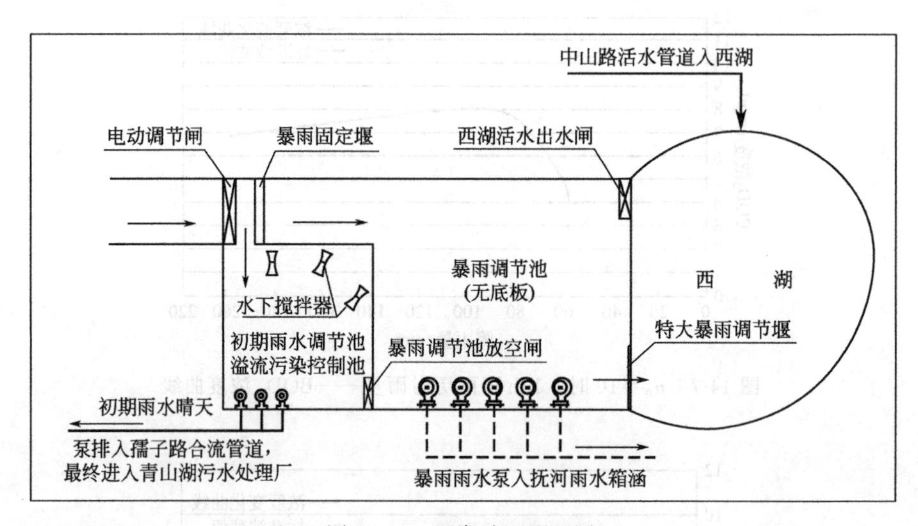

图 14-10　西湖治理原理图

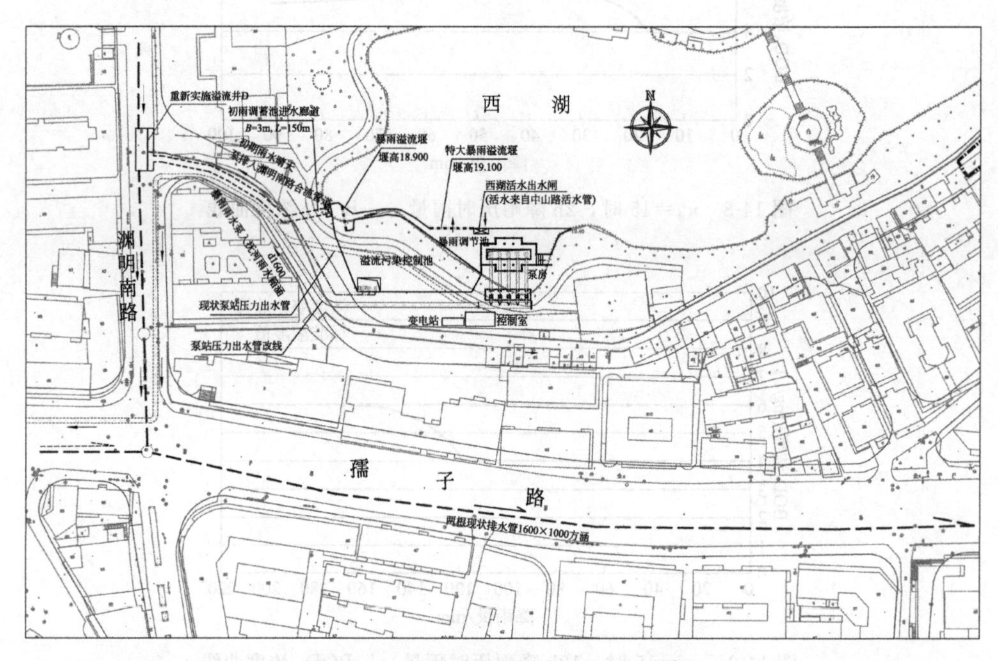

图 14-11　污染源控制方案平面示意图

暴雨调蓄池。小雨天时，小于 $n=1$ 倍的合流水首先被溢流井 D 截流至下游合流管，雨量增大时，合流水溢流进入溢流污染控制池，溢流污染控制池用于控制渊明南路排水管溢流污染；暴雨时，当溢流污染控制池蓄满后，雨水再溢流至暴雨调蓄池，保证设计重现期内的暴雨不会进入西湖；当发生超过设计重现期的暴雨时，前期雨水进溢流污染控制池，后期雨水进暴雨调蓄池，排涝泵站排不完的雨水，再进西湖调节。为尽量减少对西湖水面的占用，将溢流污染控制池建在排涝泵站西侧绿地内（调蓄池建成后再恢复绿化设施），暴雨调节池为不影响现状排涝泵站仍建在西湖内。

具体内容如下。

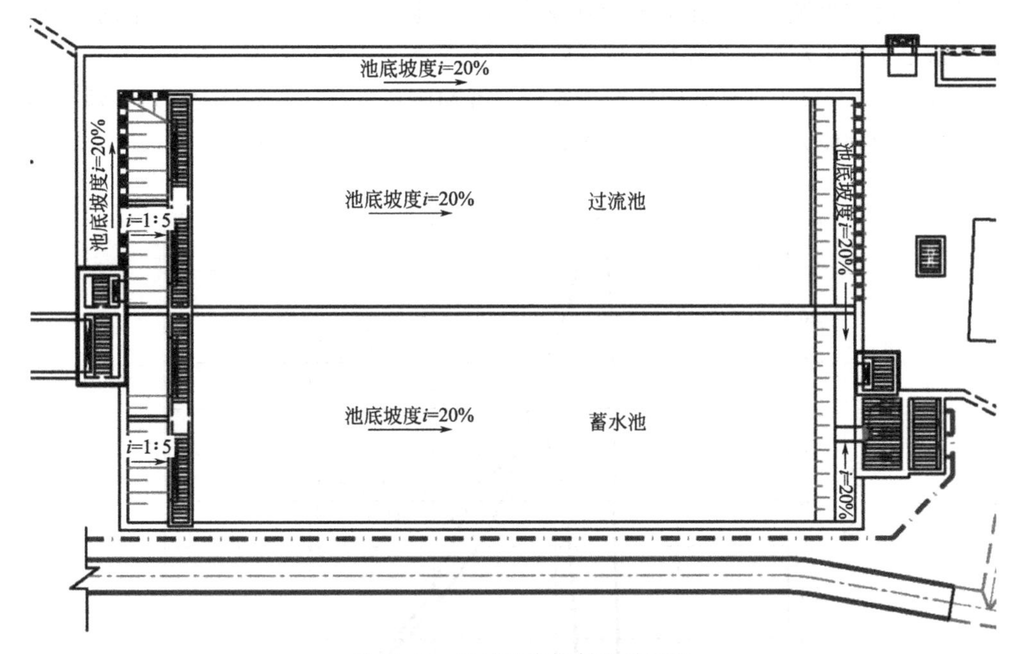

图 14-12　溢流污染控制池平面图

① 溢流污染控制池（图 14-12）：根据《室外排水设计规范》，溢流污染控制池计算公式：$V=3600t\ (n-1)\ Q_{dr}\beta$，调蓄池进水时间 t 取 0.6h，截污倍数 n 取 15，安全系数 β 取 1.2，Q_{dr} 为旱流污水量，污水排放系数取 0.90。溢流污染控制池面积约 720m^2，设计池底标高 14.700m，设计顶板标高 19.100m，有效调蓄容积 2808m^3。该区域汇水面积为 70hm^2，溢流污染控制池能够截留初期 4mm 的雨水。雨天时，合流水经液压闸、电动闸、溢流污染控制池进水廊道进入溢流污染控制池。溢流污染控制池分为蓄水池和过流池两部分，合流水先进入蓄水池，蓄水池满后再进入过流池，过流池能同时进出水，能对合流水起到沉淀作用，初步净化水质。溢流污染控制池内设置拍门式冲洗门用于调蓄池冲洗。池内设潜污泵 3 台，2 台使用、1 台备用，单泵流量 100m^3/h，扬程 $H=8$m，考虑调蓄池污水一天内抽排干净，潜污泵出水接入改造闸门井上游的排水箱涵内。潜污泵前设粉碎型格栅，过流能力 200m^3/h。池底设搅拌机 4 台，叶轮直径 710mm，转速 300r/min。池底采用素混凝土找坡，坡度 20‰。溢流污染控制池至暴雨调蓄池溢流堰长约 10.5m，

堰顶标高 18.600m。

② 暴雨调蓄池：暴雨调蓄池面积约 680m^2（含进水廊道面积），设计池底标高 15.100m，设计顶板标高 19.100m，有效调蓄容积 2652m^3。暴雨调蓄池设计重现期取 $P=2$ 年，当发生 $P\leqslant1$ 年的暴雨时，首先发挥其调蓄能力，然后有效利用现状排涝泵站及时将雨水泵入抚河雨水箱涵内，如此，雨水就不会进入西湖。为防止水泵抽水时产生涡流，暴雨调蓄池池壁距离排涝泵站进水格栅需保持一定的距离，并考虑尽量减小水面占用面积。

以 $P=1$ 年降雨曲线作为边界条件，采用 MIKE URBAN 水力软件对该池池容及排涝泵抽排能力进行水力模拟校核，结果见图 14-13、图 14-14。

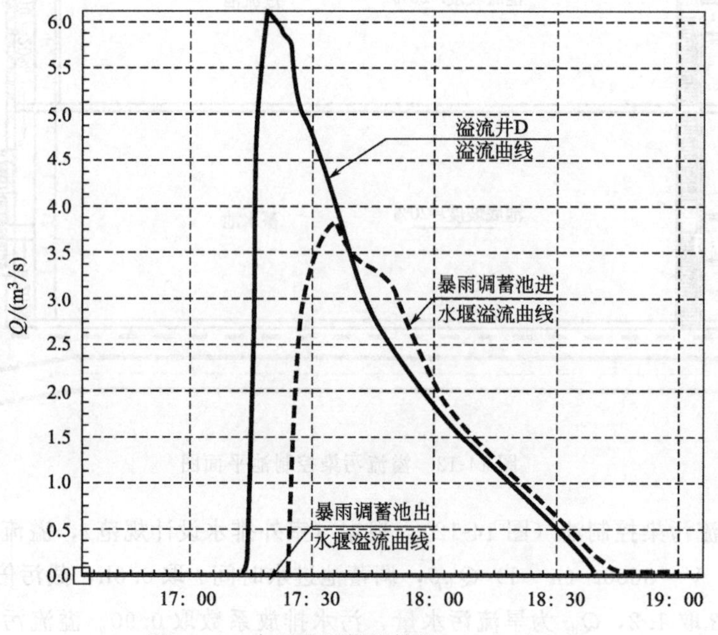

图 14-13　各溢流堰模拟结果（$P=1$ 年）

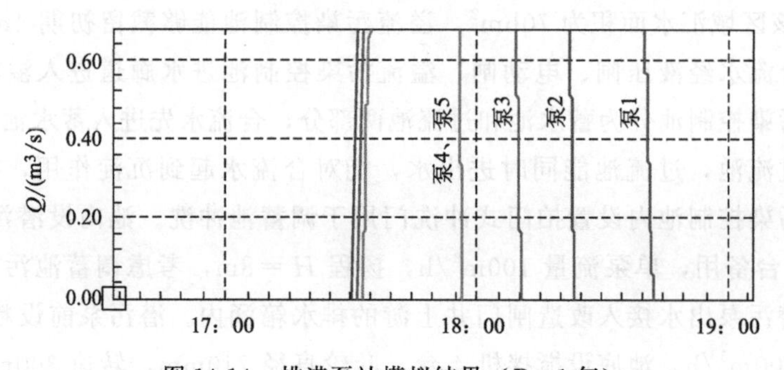

图 14-14　排涝泵站模拟结果（$P=1$ 年）

由图 14-13 可知，当发生 $P=1$ 年一遇暴雨时，仍可保证雨水不会进入西湖，进一步确保了西湖水体水质不会受到污染。

③ 闸门：由于现状雨水排涝泵站最低运行水位为 17.50m，而现状湖底标高为 15.70m，当降雨结束后，为将暴雨调蓄池放空，需在溢流污染控制池及暴雨调蓄池之间设置放空闸一座。此外，在暴雨调蓄池与西湖之间设置活水出水闸一座，用于保证西湖活化水顺利排出。

14.3 方案效果分析

14.3.1 黑臭水体技术指标

城市黑臭水体分级的评价指标包括透明度、溶解氧（DO）、氧化还原电位（ORP）和氨氮（NH_3-N），分级标准见表 14-1，相关指标测定方法见表 14-2，地表水环境质量标准（GB 3838—2002）见表 14-3。

表 14-1　城市黑臭水体污染程度分级标准

特征指标	轻度黑臭	重度黑臭
透明度/cm	25～10 *	<10 *
溶解氧/(mg/L)	0.2～2.0	<0.2
氧化还原电位/mV	−200～50	<−200
氨氮/(mg/L)	8.0～15	>15

注：* 水深不足 25cm 时该指标按水深的 40%取值。

表 14-2　水质相关指标测定方法

序号	项目	测定方法	备注
1	透明度	黑白盘法或铅字法	现场原位测定
2	溶解氧	电化学法	现场原位测定
3	氧化还原电位	电极法	现场原位测定
4	氨氮	纳氏试剂法或水杨酸-次氯酸盐光度法	水样应经过 0.45μm 滤膜过滤

表 14-3　地表水环境质量标准

序号	指标	Ⅰ类	Ⅱ类	Ⅲ类	Ⅳ类	Ⅴ类
1	水温/℃	人为造成的环境水温变化应限制在： 周平均最大温升≤1 周平均最大温降≤2				
2	pH	6～9				

续表

序号	指标	Ⅰ类	Ⅱ类	Ⅲ类	Ⅳ类	Ⅴ类
3	溶解氧≥	饱和率90% [或7.5mg/L]	6mg/L	5mg/L	3mg/L	2mg/L
4	高锰酸盐指数≤	2	4	6	10	15
5	COD/(mg/L)≤	15	15	30	30	40
6	氨氮/(mg/L)≤	0.15	0.5	1.0	1.5	2.0

某检测点4项理化指标中，1项指标60%以上数据或不少于2项指标30%以上数据达到“重度黑臭”级别的，该检测点应认定为“重度黑臭”，否则可认定为“轻度黑臭”。

连续3个以上检测点认定为“重度黑臭”的，检测点之间的区域应认定为“重度黑臭”；水体60%以上的检测点被认定为“重度黑臭”的，整个水体应认定为“重度黑臭”。

14.3.2 运行效果

该方案实施前后西湖水质情况见表14-4（表中数据为多个测样点数据的平均值）。

表14-4 项目实施前后西湖水质情况

指标	项目实施前		项目实施后		
	2016.03	2016.11	2018.01	2018.02	2018.05
pH	7.8	7.6	—	8	—
氨氮/(mg/L)	4.5	4.1	1.11	0.83	0.28
高锰酸盐/(mg/L)	8.1	7.1	—	3.27	—
COD/(mg/L)	69	43	—	6.5	—
悬浮物/(mg/L)	85	65	—	26	—
溶解氧/(mg/L)	—	—	5.9	—	—
透明度/cm	—	—	45	—	30

由表14-3与表14-4可知，项目实施后，氨氮、高锰酸盐、悬浮物、COD等指标都有不同程度的改善。项目实施前，水质指标为劣Ⅴ类，项目实施后，水质指标可达到Ⅳ类地表水标准。

西湖治理前后照片见图14-15。

(a) 方案实施前

(b) 方案实施后

图 14-15　项目实施前后西湖照片

从图 14-15 可以明显看出西湖已由原来的臭气熏天变为一个景色宜人的景观公园。湖中水质清澈，鱼儿畅游，西湖重现“徐亭烟柳”美景。该公园能为附近市民提供一个良好的休闲娱乐场所，是城市文化建设必不可少的一部分。

14.4 案例小结

本章以南昌市西湖黑臭水体治理工程为例，结合本书理论篇第 8 章截流倍数研究模型，确定了溢流污染控制技术所采用的截流倍数，从而确定了溢流污染控制设施的规模，且溢流污染控制设施达到了很好的效果。对海绵城市的建设具有一定的借鉴意义。

第15章 海绵城市（溢流污染控制）技术在南昌市象湖、抚河截污工程中的应用案例

15.1 项目背景

象湖、抚河位于南昌市市中心，昌南老城区。象湖南接昌南大道南侧护城河，东侧为施尧路，西侧为象湖西提、北侧通过将军渡闸与抚河相连。其水域面积为 $2.14km^2$。抚河南接象湖，往北至滕王阁西侧的新洲闸，河道全长约 4.9km，平均宽度为 50m。象湖、抚河是南昌市区内重要的景观水体，是市民休闲、娱乐的重要场所，同时也已经成为了南昌市对外的一张重要的名片。

由于南昌市的高速发展，城市建设不断扩展，象湖、抚河遭受的污染逐年加重，尤其是城区的雨、污合流水排入象湖、抚河，使得水体水质不断下降，水体发臭、鱼苗死亡甚至暴发蓝藻，已不能达到景观要求，既影响周边居民的生活环境，又影响南昌市的城市形象。虽然经过之前截污治理，水体受污染的情况有所控制，水质有所改善，但仍无法满足娱乐景观水体要求。既影响周边居民的生活环境，又影响城市形象。目前，抚河两岸的人行步道断断续续，没有连接性，且浆砌片石与加筋挡土墙多处存在病害；象湖东岸景观及人行步道多处出现塌陷，影响到游人的安全，同时也降低了景区的观赏效果。

15.2 现状问题分析

15.2.1 象湖、抚河现状

15.2.1.1 抚河现状

抚河位于昌南城，东靠抚河路，西面朝阳洲、北至滕王阁西侧的新洲闸，南与象湖通过将军闸连通。

抚河全长约 4.9km，河道平均宽度为 50m。抚河实测景观水位为 18.23m，调蓄水位 18.7～19.2m，河道河床底标高在 14.00～13.30m 之间。当赣江水位较低，

能够自排时，抚河内超出部分水由新洲闸外排赣江，当赣江水位较高，超出部分水无法自排赣江时，由新洲电排站电排入赣江。

现状抚河两岸已采取了浆砌片石护岸，由于建设时间长，河道两岸局部已出现了岸墙垮塌、塌陷。

由于抚河两岸的生活污水长期不断排入，加之河道内水流缓慢，长期没有引入清洁水源，使得排入抚河内的污染大量沉积，水质急剧下降，气温升高时，河底的腐殖质外冒，散发恶臭。同时在抚河两岸休闲娱乐的市民随手将垃圾抛入抚河，造成抚河河面局部垃圾成片。总体来说，目前抚河水质已达不到景观水体的水质要求。

15.2.1.2 象湖现状

象湖通过将军渡闸与抚河连通，南接昌南大道南侧护城河，东侧为施尧路，西临象湖西堤。整个象湖风景区面积约5.3km^2，其中象湖湖面面积约为2.14km^2。

现状象湖实测景观水位为18.70m，调蓄水位18.70～19.70m，湖底标高在14.00～14.50m之间。雨季时，排入湖内的雨、污合流水由将军渡闸经抚河，外排赣江。

早前，南昌市对象湖东岸沿线进行了整治，配套了相应的景观、绿化工程。但由于种种原因，除了部分河段及主要景点保护较好外，其他大部分驳岸已出现松散、破败景象。

由于象湖一直是作为昌南的主要调蓄水体之一，象湖两岸的雨水及部分生活污水均排入其中，随着象湖周边城市化的不断加深，城市污水总量和污染物总量的增加，排入象湖的污染物也逐年增多。随着时间的推移，湖内污染物不断聚集，使湖内水质逐年下降，当遇到气温升高时，湖底的腐殖质外冒，散发异味，湖内局部区域已出现蓝藻。同时来象湖休闲娱乐的市民携带的垃圾时有抛入湖内，尤其在象湖的各大景观处，垃圾遍地，随着风吹雨冲都进入到湖内。总体来说，目前象湖水质已达不到娱乐景观要求的Ⅳ地表水水质。

15.2.2 象湖、抚河水质现状

根据南昌市水资源质量公报显示，象湖、抚河水质情况详见表15-1、表15-2。

表15-1 象湖水质情况

序号	检测时间	水质类别	主要超标项目	备注
1	2009.03	劣Ⅳ类	氨氮、生化需氧量、总磷	
2	2009.06	Ⅳ类	总磷	
3	2009.07	Ⅲ类		

续表

序号	检测时间	水质类别	主要超标项目	备注
4	2009.08	Ⅳ类	氨氮、生化需氧量	
5	2009.12	劣Ⅴ类	氨氮、总磷、生化需氧量	
6	2010.03	劣Ⅴ类	氨氮、生化需氧量、总氮、总磷	
7	2010.06	劣Ⅴ类	生化需氧量、总氮、总磷	
8	2010.07	Ⅴ类	生化需氧量、总氮、总磷	
9	2010.08	Ⅴ类	生化需氧量、总磷	
10	2010.12	劣Ⅴ类	总氮、总磷	
11	2011.03	劣Ⅴ类	氨氮、总氮、总磷	
12	2011.07	劣Ⅴ类	氨氮、总氮、总磷	
13	2011.08	Ⅴ类	总氮、总磷	
14	2011.11	Ⅴ类	总氮、总磷	
15	2012.01	Ⅴ类	总氮、总磷	
16	2012.02	劣Ⅴ类	氨氮、生化需氧量、总氮、总磷	
17	2012.03	劣Ⅴ类	氨氮、生化需氧量、总氮、总磷	
18	2012.04	劣Ⅴ类	氨氮、生化需氧量、总氮、总磷	
19	2012.05	劣Ⅴ类	氨氮、总氮、总磷	
20	2012.06	劣Ⅴ类	溶解氧、总氮、总磷	
21	2012.07	Ⅴ类	溶解氧、生化需氧量、总氮、总磷	

表15-2 抚河水质情况

序号	检测时间	水质类别	主要超标项目	备注
1	2009.03	劣Ⅴ类	氨氮、生化需氧量、总磷	
2	2009.06	Ⅴ类	溶解氧、氨氮、生化需氧量、总磷	
3	2009.07	劣Ⅴ类	氨氮、高锰酸盐指数、总磷、生化需氧量	
4	2009.08	劣Ⅴ类	溶解氧、氨氮、生化需氧量、总磷	
5	2009.12	劣Ⅴ类	氨氮、总磷、生化需氧量	
6	2010.03	劣Ⅴ类	氨氮、生化需氧量、总氮、总磷	
7	2010.06	劣Ⅴ类	氨氮、高锰酸盐指数、生化需氧量、总氮、总磷	
8	2010.07	劣Ⅴ类	氨氮、总氮、总磷	
9	2010.08	劣Ⅴ类	溶解氧、总氮、总磷	
10	2010.12	劣Ⅴ类	氨氮、总氮、总磷	
11	2011.03	劣Ⅴ类	氨氮、生化需氧量、总氮、总磷	
12	2011.07	劣Ⅴ类	氨氮、溶解氧、总氮、总磷	

续表

序号	检测时间	水质类别	主要超标项目	备注
13	2011.08	劣Ⅴ类	氨氮、溶解氧、总氮、总磷	
14	2011.11	劣Ⅴ类	氨氮、总氮、总磷	
15	2012.01	劣Ⅴ类	生化需氧量、氨氮、溶解氧、总氮、总磷	
16	2012.02	劣Ⅴ类	氨氮、生化需氧量、总氮、总磷	
17	2012.03	劣Ⅴ类	氨氮、溶解氧、总氮、总磷	
18	2012.04			因水位低，未取样
19	2012.05	劣Ⅴ类	氨氮、溶解氧、总氮、总磷	
20	2012.06	劣Ⅴ类	氨氮、总氮、总磷	
21	2012.07	劣Ⅴ类	氨氮、生化需氧量、总氮、总磷	

从以上公报检测数据看出，象湖、抚河水体水质呈逐年下降态势；超标的污染项目也逐年增加；同一时间周期内，雨季水质情况较旱季水质好，雨季水质超标污染物项目少于旱季超标污染物项目。目前，现状象湖、抚河水质处于Ⅴ类或劣Ⅴ类，已不能达到地表水环境质量标准（GB 3838—2002）Ⅳ类水体水质要求。从水资源公报监测的象湖、抚河水质数据可以初步推断，在象湖东岸城市化快速推进期间，污水排入象湖、抚河的污染物总量、污染物项目也随之增长，排入水体的污染物沉积和长期积累，使得水体的水质下降。

15.2.3 象湖、抚河现状排污口

象湖、抚河现有的排污口较多。经此次抚河、象湖沿线两岸现状排污口的初步调查结果，主要存在着三大排污现象：①雨水排出口内排出污水（包括电排站的出水口）；②现状截污管的溢流口排出的合流水；③现状排水管道或设施损坏，溢流出的污水。从排污口的污水出水情况可分为：①晴天水时有污水排出；②晴天时无污水排出，大雨时有污水排出；③晴天、雨天均有污水排出三类。

根据象湖、抚河排污情况的调查结果，抚河两岸的排污口沿河岸分布，西岸排污口数量较东岸多；象湖排污口沿象湖四周分布，排污口主要分布于象湖东岸和西岸的朝阳 2 号电排站以北的区域。

抚河东岸除独一处和千禧城对岸的污水是由排污管排入抚河外，其他部分的污水是沿河岸挡墙溢入抚河。抚河西岸的污水主要由沿岸的排水管（箱涵）排出，西岸排污口中除位于海关桥南侧的朝阳洲污水厂的尾水排放管外，其余均为沿岸小区的排水管。多数排水管（箱涵）上装有阀门（闸门），根据沿岸小区内的排水需要来控制阀门（闸门）的开启，排污行为较为隐蔽。

象湖东岸排污口主要沿象湖公园的亲水岸线布置，位于水榭花都楼盘对面，长堤南侧，一处排污口伸入象湖湖中，其排出的污水水量最大。象湖西岸的排污口主要分布在朝阳2号电排站以北，至灌婴路之间，排污口为路面雨水的排出口和青云水厂生产废水的排放口。

15.2.4 象湖、抚河现状问题分析总结

尽管，近年来象湖、抚河受污染的问题日益受到市民和相关部门的重视，在象湖、抚河东岸和抚河西岸建设了截污管道和相应的排水设施，以减轻对象湖、抚河的污染。但在排水工程建设、排水系统运行、管理等方面还存在下面的问题。

① 区域排水体制合流制、分流制并行，真正实现分流制的区域很少。排水管道多接入象湖、抚河。

② 水系间相互影响，使得象湖、抚河水体难以自净。

③ 沿线的污水管网不完善，管道局部不连通，污水不能全部接入泵站或污水厂。

④ 管道未能及时养护、清掏及抚河沿岸挡墙塌陷，致使局部管道出现管道破损、拉脱、错位，管道漏水、淤塞等情况。

⑤ 截污管道建设不全面，部分排污口未接入；尚有部分污水溢流入抚河。

⑥ 截污管道建设标准偏低，大量超出截流倍数的合流水与雨水管道收集的初期雨水直排水体，对水质造成影响。

15.3 截污工程建设必要性分析

为克服合流制溢流污染及分流制系统缺陷，截流式分流制应运而生：初期雨水通过截流管与污水一并送至污水厂处理后排放，而降雨中期雨水则直接排入水体。这种体制较好保护水体不受污染，同时减小了截流管断面尺寸，亦减少污水处理厂和泵站的运行管理费用。但关于初期雨水的界定也存在争议，收集量直接影响排水系统投资、管理及污染控制效果。

15.3.1 截污治污是河、湖治理的有效工程措施，是象湖、抚河治理及提升水体水质的需要

象湖、抚河东岸截污管道建设不完整，抚河西岸尚未建设截污管道。对于自净能力差、换水周期长、污染程度重的象湖、抚河来说，尽可能地减少排入水体污染负荷是当务之急。根据国内外河、湖治理的成功经验，截污并对污水进行处理是削

减污染负荷最有效的措施。目前，象湖、抚河两岸污水截流率不高，大量没有经过处理的污水流入水体，造成水体污染，同时污水处理厂处理能力得不到有效地发挥，大量污染物通过进入象湖、抚河，污染负荷得不到有效削减。对象湖、抚河来说，当务之急是加强污水收集和处理，大量削减由城市生活污水产生的入湖（河）污染负荷。本工程实施后可完善象湖、抚河两岸的污水管网收集系统，减少排入象湖、抚河的污水总量和污染物总量的同时，也提高了污水的收集率。收集到的污水经污水处理厂处理后达标排放，有效地降低了对水环境的污染程度。

15.3.2 要满足象湖、抚河景观娱乐要求，必须先行实施截污工程

象湖、抚河的水环境标准直接影响着象湖、抚河能否建设成为高级景区的目标。目前，由于沿岸区域内的污水排入，象湖、抚河自身的环境容量有限，象湖、抚河的水环境已被破坏的十分严重，其最为直接的表现为水质下降，水体发黑、发臭。根据水资源公报的数据，近年来，象湖、抚河水质呈逐年下降且呈加速下降的趋势，超标的污染项目逐年增多。最近的数据表明，象湖、抚河的水质均为劣Ⅴ类，远远不能满足景观娱乐要求的Ⅳ类地表水水质要求。要扭转当前象湖、抚河受污染严峻的局面，必须先行截断排入象湖、抚河的污染源，再进行象湖、抚河的生态修复，整体提高象湖、抚河的水环境，从而达到高标准建设象湖、抚河景区的目的，为此，必须先行实施象湖、抚河截污工程。

15.3.3 总体目标

通过对象湖、抚河的一系列的措施，包括清淤、截污、治污，引水、换水，生态恢复等工程措施和对市民的宣传教育、排水设施的管理等方面的管理措施，象湖、抚河恢复了原有的生态环境，其水体水质达到《地表水环境质量标准》（GB 3838—2002）中Ⅳ类地表水水质标准，以满足象湖、抚河景观娱乐要求。

15.4 截污工程建设目标及范围

15.4.1 截污工程建设目标

本工程内容只涉及象湖、抚河治理中截污工程部分，故截污工程建设目标围绕象湖、抚河治理总体目标展开，并结合象湖、抚河污染的现状和工程建设的具体情况确定。根据截污工程与象湖、抚河治理的关系，确定截污工程实施的总目标为最

大限度地截流现状排污口，削减流入象湖、抚河的污染负荷，改善现状水体受污染情况，截污工程具体目标如下。

① 完善象湖、抚河两岸截污系统，截流现状排污口，提高污水收集率，尽可能减少排入象湖、抚河污水量；

② 晴天时收集到的污水送入污水处理厂处理，雨天时，减少排入或不排入象湖、抚河的初期雨水，以减少排入水体的污染物总量；

③ 结合象湖、抚河景观提升改造，降低对现状水体及两岸景观的影响，提升景观效果、美化市容。

15.4.2　工程范围

对象湖、抚河沿岸现场踏勘，发现其排污口主要分布在象湖、抚河东岸及象湖西岸（朝阳 2 号电排站尾水排出口以北）。为此，截污工程实施的范围分为象湖东岸、象湖西岸（朝阳 2 号电排站尾水排出口以北）、抚河东岸、抚河西岸四部分。

15.5　截污工程方案设计

15.5.1　设计原则

① 箱涵断面形式采用截污合流箱涵断面。

② 本次设计主要考虑象湖、抚河沿岸的截污合流箱涵及接入箱涵部分的污水管改造，不考虑污水支管。

③ 箱涵断面按雨水设计流量加污水设计流量确定。

④ 箱涵布置方向按雨天时超出部分合流水外排赣江确定，设计流量按各排水分区的汇水面积计算，以此确定箱涵断面。

⑤ 箱涵布置位置主要布置在象湖、抚河沿岸的景观人行带内，结合岸线整治不占或尽量少占水体水面。箱涵布置尽量简洁顺直，尽可能使箱涵较短、减少箱涵埋深，降低工程造价。

⑥ 箱涵按满流设计，最小设计流速不小于 0.75m/s。

⑦ 仔细研究敷设坡度与地面高程之间的关系。所确定的坡度，既能满足最小设计流速的要求，又不使箱涵的埋深过大。

⑧ 合理确定的箱涵埋深。使沿线排污口能顺利接入，尽可能少设或不设污水中途提升泵站。

⑨ 尽量利用已有排水设施和污水厂处理能力，充分发挥现有设施的能力。

⑩ 合理确定使用年限，本工程设计使用年限为50年。

15.5.2 方案设计

15.5.2.1 设计流量

截污合流箱涵的设计流量按雨水水量加污水水量计，即箱涵设计流量包括雨水设计流量和污水设计流量两部分。

15.5.2.2 设计参数

主要设计参数执行《室外排水设计规范》。污水量计算时，结合象湖、抚河周边区域内居民日常生活用水习惯，综合选取污水设计参数；雨水量计算时应考虑工程所在的位置的重要性，服务范围内城市发展的趋势，发生内涝时可能造成的政治、经济、社会影响等因素，确定雨水设计应采用的设计参数。

15.5.2.3 污水计算

(1) 污水量设计参数　根据对朝阳洲地区用水量的统计，朝阳洲地区人均日综合用水量在425L左右，根据《室外给水设计规范》(GB 50013—2006) 中对平均日综合生活用水定额的调查分析，本工程的日人均综合生活用水标准取为340L/(人·天)。本次截污工程涉及的区域，城市排水管网建设较为完整，建筑内部排水设施相对较差，故本工程考虑的污水排放系数为0.90。

(2) 污水水质　象湖、抚河周边区域为老城区，区域内用地性质主要以居住、物流、商业、文化、旅游、休闲为主，区域内所排放的城市污水以生活污水为主，生活污水中的污染物主要以BOD_5、COD_{Cr}、SS、含氮化合物、含磷化合物为主，污染物项目已基本反映在象湖、抚河水资源公报中。按《室外排水设计规范》，生活污水BOD_5为25～50g/(人·天)，SS为40～65g/(人·天)，SS最大值取45g/(人·天)，BOD_5最大值取30g/(人·天)，COD_{Cr}最大值取87g/(人·天)。预测本区域生活污水水质如下SS=175mg/L，BOD_5=117mg/L，COD_{Cr}=340mg/L。

根据《污水排入城镇下水道水质标准》，进入有城镇污水处理厂的污水，其主要污染物最高允许浓度$BOD_5 \leqslant 300$mg/L，SS$\leqslant$400mg/L。

根据水质预测，象湖、抚河周边区域内的污水可以直接排入城市排水管网，后进入污水处理厂处理。

(3) 污水量计算

$$Q=K_z \cdot \sum(F_i \varphi_i N_i)/86.4(\mathrm{L/s})$$

式中　Q——污水设计流量，L/s；

N_i——平均日用水量指标，$m^3/(hm^2 \cdot d)$；

F_i——各类性质地块服务面积，hm^2；

φ_i——污水排放系数；

K_z——污水总变化系数。

① 用水量指标（n）和污水排放系数（φ）的选择。根据上述设计参数的选择，本次工程设计中平均日综合用水（n）取 340L/人・天，污水排放系数（φ）取 0.9。

② 总变化系数（K_z）的确定。污水管道的设计流量是根据最高日最高时污水流量确定，因此需要求出总变化系数（表 15-3）。综合生活污水量总变化系数宜结合当地实际综合生活污水量变化资料采用，当缺乏测定资料时，也可根据表 15-3 取值。

表 15-3　污水量总变化系数

污水平均日流量/(L/s)	5	15	40	70	100	200	500	≥1000
总变化系数	2.3	2.0	1.8	1.7	1.6	1.5	1.4	1.3

注：当污水平均日流量为中间数值时，总变化系数可用内插法求得。

15.5.2.4　雨水量计算

本工程中雨水水量计算按下列公式计：

$$Q=\varphi \cdot F \cdot q$$

式中　Q——雨水设计流量，L/s；

φ——径流系数；

F——汇水面积，hm^2；

q——设计暴雨强度，$L/(s \cdot hm^2)$。

其暴雨强度公式：

$$q=\frac{1598\ (1+0.69\lg P)}{(t+1.4)^{0.64}}$$

其中，$t=t_1+t_2$。

(1) 雨水径流系数计算　目前在雨水管渠设计中，径流系数通常采用按地面覆盖种类确定的经验数值。整个汇水面积的径流系数φ_{av}值是按各类地面面积加权平均法计算得到的，即

$$\varphi_{av}=\frac{\sum F_i \cdot \varphi_i}{F}$$

式中　F_i——汇水面积上各类地面的面积，hm^2；

φ_i——相应的各类面积的径流系数；

F——总汇水面积，hm^2。

本次设计根据各不同地面种类，确定其综合径流系数 0.55。

（2）暴雨重现期 P　某特定值暴雨强度的重现期是指等于或大于该值的暴雨强度可能出现一次的平均间隔时间，单位用年表示。

象湖、抚河周边地区是南昌市的中心城区，地理位置十分重要，如果城区内发生内涝积水将引起严重的后果，造成巨大的经济损失。尽管目前昌南城区域内的排水系统建设标准不高，但随着城市的排水系统逐步改造，排水管网建设标准将逐步提高。而且本次实施的截污工程建设的目标是保证两岸的污水不再排入象湖、抚河。据此本次设计的暴雨重现期 P 取 3 年，即 $P=3$ 年以内的雨水由箱涵收集后外排赣江，不进入象湖、抚河内。

（3）地面集水时间 t_1　地面集水时间是指雨水从汇水面积上最远点流到设计的第一个雨水口的时间。

根据《室外排水设计规范》规定：地面集水时间视距离长短和地形坡度及地面覆盖情况而定，一般 t_1 取 5～15min。根据本工程特点，仅收集路面雨水和绿化带的雨水干管，其地面集水时间 t_1 取 5min；兼收集地块雨水的雨水干管其地面集水时间 t_1 取 10min。

15.5.2.5　截流倍数

截流倍数选取受多方面因素影响：合流水量，包括污水总变化系数及当地水文气象条件的不同形成暴雨强度的区别；合流水质，包括污水水量和雨水水量的比值、合流水的各项污染物指标；受纳水体卫生排放要求及受纳水体的自净能力等。合理选择适合各排水系统的截流倍数是溢流污染控制研究的重点方向。由于本工程周边地区主要为生活区，实际工程中可按下式确定。

合流管渠设计流量：

$$Q=Q_s+Q_y$$

式中　Q_s——设计生活污水流量（按最平均日生活污水量计算）；

Q_y——设计雨水流量。

截流井以后管渠的设计流量：

$$Q'=(n_0+1)Q_r+Q'_s+Q'_y$$

式中　Q'——截流井以后管渠的设计流量，L/s；

Q_r——截流井以前的平均日污水流量，L/s；

Q'_s——截流井以后的平均日污水流量，L/s；

Q'_y——截流井以后汇水面积的雨水设计流量，L/s。

由于本次设计的截污合流箱涵既要截流晴天时的城市污水，又要截流雨天时的初期雨水，以保证污水能得到有效地处理，同时还要考虑现有污水厂和提升泵站的处理能力，污水截流量（即截流倍数）应综合考虑上述情况后确定。

据此，经计算，$n_0=2$。结合目前现状的抚河路截污管、抚河西岸截污以及施尧路截污管的截流倍数均为$n_0=2$，通过调查，晴天和雨天时沿线各泵站和污水厂运行情况稳定。故本次设计中截流倍数取为2，即$n_0=2$。

15.5.2.6 箱涵断面设计

(1) 流量公式

$$Q=A \cdot V$$

式中 Q——管段流量，m^3/s；

A——水流有效断面积，m^2；

V——水流断面的平均流速，m/s。

(2) 流速公式

$$V=(1/n)R^{2/3}I^{1/2}$$

式中 I——水力坡降，重力流管渠按管渠底坡降计算；

R——水力半径，m，$R=A/P$；

P——湿周，m；

n——粗糙系数。

(3) 管道设计最大充满度　合流制管（渠）设计最大充满度为100%。

(4) 设计流速　该值与管道材料有关，通常，金属管道的最大设计流速为10m/s，非金属管道的最大设计流速为5m/s。合流管道在满流时，最小设计流速为0.75m/s，旱季流量时，管内流速不宜低于0.2～0.5m/s。

15.5.2.7 水力计算分析

本次截污工程东岸截污合流箱涵最大设计流量为21797.35L/s，最小设计流量为7353.12L/s，最大设计流速为1.555m/s，最小设计流速为1.031m/s。

本次截污工程西岸截污合流箱涵最大设计流量为21767.62L/s，最小设计流量7500L/s，最大设计流速为1.283m/s，最小设计流速为0.803m/s。

本次截污工程连接西桃花河北延箱涵设计流量为43189.88L/s，设计流速为1.596m/s。

5.5.2.8 箱涵布置原则

① 箱涵布置应与区域规划、景区建设规划相一致，遵从排水规划、水源保护规划的指导，并与其他市政工程如地下工程、防洪工程、景观园林工程密切配合，相互协调。

② 结合象湖、抚河两岸的现状地形情况和景观园林设计中的河岸岸线布置情况，充分考虑地形的变化，顺地形坡降布设箱涵，使截污合流箱涵的走向尽可能地顺直。

③ 根据现状排污口的汇水范围，分区域、分段确定截污合流箱涵的排水服务范围，以保证箱涵能顺利排除服务范围内的合流水。

④ 尽可能地截流箱涵布设沿线的排污口，使排污口排出的污水均能被截污合流箱涵收集。

⑤ 合理分流收集到的污水，并将其送入相应的污水处理厂，使污水能得到有效地处理，最大限度地保护好象湖、抚河。

⑥ 尽可能地利用现有排水设施，充分利用现有泵站的能力，少建或尽量不新建污水中途提升泵站。

⑦ 根据工程周边的现有建设情况，避开障碍物，尽可能减少拆迁量，保障工程顺利地开工建设与按时完工，降低管道运行养护的困难程度，同时降低工程建设的总投资。

15.5.2.9 截污箱涵标准断面

根据象湖、抚河沿线排污（水）口分布，本次设计截污箱涵标准断面共分两类：①含污水截污槽标准断面，用于沿线有排污口段；②不含污水截污槽标准断面，用于沿线没有排污口或接纳雨水管段。形式如图 15-1 所示。

15.5.2.10 箱涵总体走向

西岸截污合流箱涵走向：箱涵起点接朝阳 2 号电排站，箱涵沿象湖、抚河西岸由南向北，最终接入新洲电排站前池。箱涵中途下穿将军渡闸、建设桥、司马庙立交桥、海关桥、抚河桥、孺子桥、中山桥、民德桥和滕王阁桥。

为满足调蓄、排涝，象湖、抚河水位调节及放空等要求，新洲电排站前需设置调节池，调节池与抚河通过闸门连通，以便于水位调节和河道放空。

东岸截污合流箱涵走向：象湖、抚河东岸设置合流箱涵，箱涵起点接位于昌南大道的 3000×2000 箱涵，箱涵沿象湖东岸、抚河东岸由南向北，最终至新洲闸前。箱涵中途上跨拟建的象湖隧道，下穿玉带河西支出口，将军渡闸、建设桥、司马庙立交桥、海关桥、抚河桥、孺子桥、中山桥、民德桥和滕王阁桥。

为保证东岸截污箱涵内合流水在赣江高水位时能由新洲电排站电排入赣江，同时能与西岸截污箱涵连通，新洲闸前需新建调蓄池，来满足自排和电排的不同要求。

15.5.2.11 箱涵排水流向

(1) 象湖、抚河东岸截污箱涵排水流向

① 污水排水方向：晴天时，由箱涵收集到的污水分段汇入孺子路、海关桥、将军渡闸和施尧路污水泵站。其中滕王阁桥至孺子桥之间的污水由北向南排入孺子

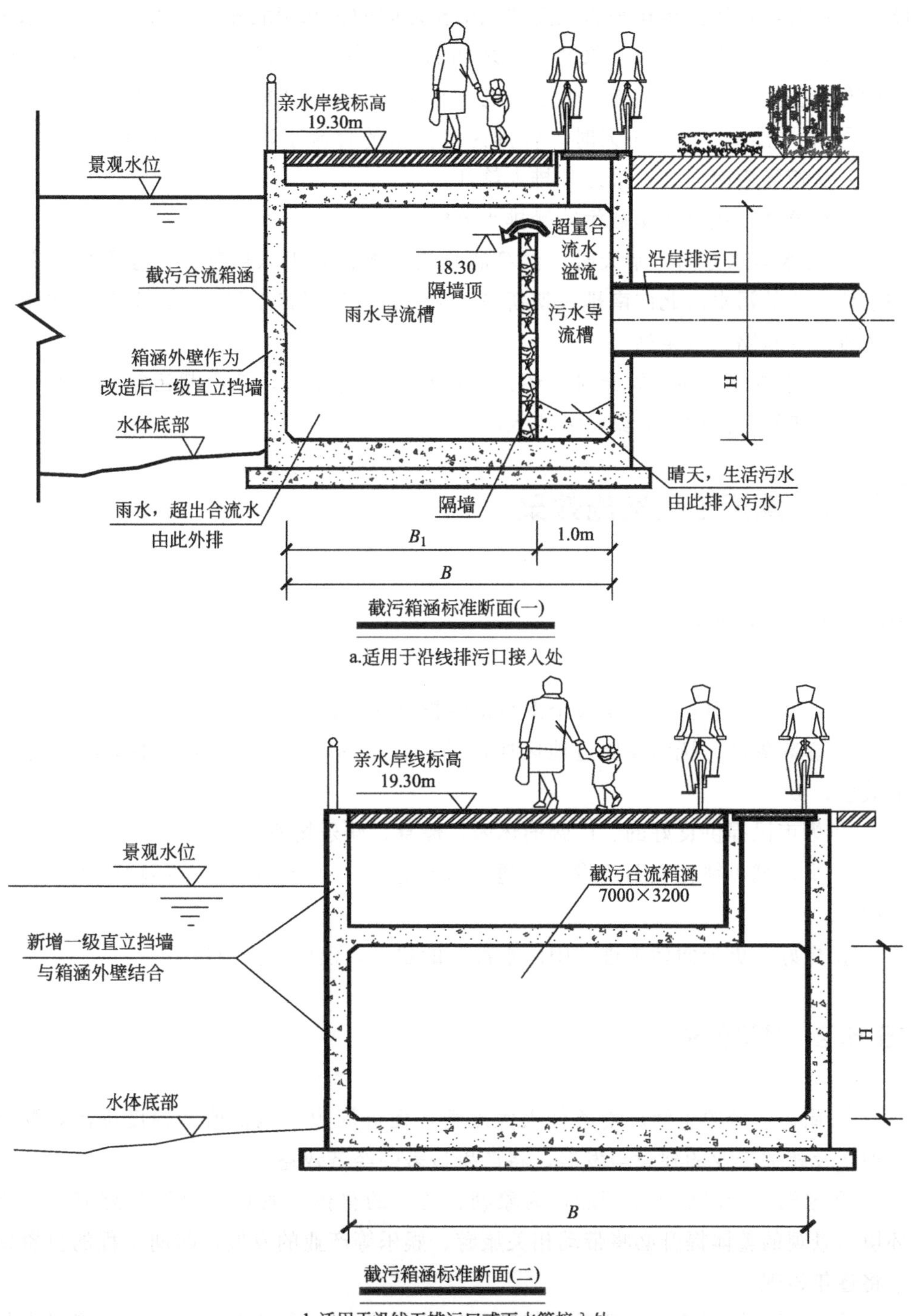

图 15-1　截污箱涵标准断面

路污水泵站，抚河桥至司马庙立交北侧引桥之间的污水南北相向汇入海关桥污水泵站，司马庙立交南侧引桥至象湖长堤之间的污水南北相向汇入将军渡闸污水泵站，水榭花都公交站对岸至昌南大道之间的污水由北向南排入施尧路污水泵站。

② 雨水排水方向：雨天时，各排污口排出的合流水，超出截污箱涵的截流倍数后，从箱涵由南向北，最终外排入赣江。

(2) 象湖、抚河西岸截污箱涵排水流向

① 污水排水方向：晴天时，由箱涵收集到的污水汇入朝新路污水泵站。其中孺子桥以北的污水由北向南排入朝新路污水泵站，灌婴路至孺子桥之间的污水由南向北排入朝新路污水泵站。

② 雨水排水方向：雨天时，各排污口排出的合流水，超出截污箱涵的截流倍数后，由箱涵由南向北，最终外排入赣江。

15.6 截污工程实施效果

15.6.1 社会效益

① 改善、提升昌南乃至整个南昌市的投资环境；

② 提高象湖、抚河及周边地区居民的居住生活环境，带动周边区域的土地升值效应；

③ 为市民提供良好的、广阔的休闲、健身、娱乐场所；

④ 推动城市精神文明建设，促进了社会进步，逐步形成人与环境的和谐共处局面；

⑤ 更好、更全面地推进“中国水都”的建设，建设秀美南昌。

15.6.2 经济效益

① 周边区域的生活环境条件大大改善，促进周边土地价值大幅度提高，配合房地产及相关产业的建设与发展，将产生显著的经济效益。

② 象湖、抚河截污治理后，为象湖、抚河的整体景观提升打下良好基础，水环境与景观的整体提升必将带动相关旅游、娱乐等产业的发展，前期工程的投资回报将逐年显现。

③ 象湖、抚河截污治理后，每年因水体污染、水质变差而造成的经济损失将大大减少，其直接和间接经济效益不容忽视。

上述经济效益，由于土地增值、旅游产业发展、污染损失等无相关资料而不能量化分析。

15.6.3　环境效益

象湖、抚河截污工程实施后，象湖、抚河受污染的情况将得到较大改善，水体污染将减少并得到有效控制，水体的水环境及周边区域的生态环境将得到较大提高，结合景观工程的实施可形成南昌市一个新的风景区，成为南昌市的一个新的风景亮点，塑造南昌市的一个新的对外名片。

综上所述，象湖、抚河截污工程整体上来讲具有较好的社会效益、经济效益及环境效益。

15.7　本章小结

本章以南昌市象湖、抚河截污工程治理工程为例，结合本书理论篇第 8 章中对截流倍数的研究模型，综合考虑确定了溢流污染控制技术所采用的截流倍数，从而确定了溢流污染控制设施的规模。

经过项目的实施运行，象湖、抚河受污染的情况将得到较大改善，水体污染减少并得到有效控制，周边区域的生活环境条件大大改善，促进周边土地价值大幅度提高。对于其他截污工程具有一定的借鉴意义。

第16章

海绵城市溢流污染控制技术在南昌市玉带河截污提升工程中的应用案例

16.1 引言

玉带河位于南昌市旧城区南部，功能是排除旧城区 34.13km^2 的雨污水，是南昌市旧城区的主要行洪排涝通道。同时玉带河是青山湖上游，青山湖是南昌市著名的风景游览区。

玉带河由西支、南支、东支、总渠、北支及南支引水渠组成。上游南支引水渠、西支、南支、东支等均在洛阳路的上坊路口汇合为总渠起点，总渠终点为十一孔闸，与青山湖水体相连；北支起自永外正街老城北下水道出口，终于洪都北大道青山湖西渠。玉带河河道全长约 15.7km，其中东支长 1.93km，南支长 2.76km，南支引水渠长 1.9km，西支长 4.77km，总渠长 2.74km，北支长 1.6km。

玉带河现状存在着以下一些主要的问题。污染物排放过量，严重超出玉带河生态自净功能的承载力；湖中底泥污染物含量过高，内源污染严重；水动力不足，形成局部水质恶化和污染淤积；河体富营养化突出，蓝藻经常暴发；河道两侧多为硬质堤岸，水陆生态系统不连续，存在城市面源污染进入河道影响水质的风险，缺失河岸边削减面源污染、水土流失的植被系统和草坡和草沟等设计。

2013 年对南昌市城区“九湖二河”进行监测，象湖、抚河故道因截污工程施工未参与取样。评价结果（表 16-1）表明：南昌市参与评价的 9 个水质监测站点，东湖、瑶湖为Ⅴ类水，受到重度污染，主要超标项目为总氮、总磷；西湖、南湖、北湖、青山湖、艾溪湖、梅湖、玉带河为劣Ⅴ类水，受到重度污染，主要超标项目为氨氮、溶解氧、生化需氧量、化学需氧量、总氮、总磷。

表 16-1 南昌市 2013 年城市湖泊总体水质状况

序号	湖泊	水质类别	主要超标项目
1	东湖	Ⅴ类	总磷
2	西湖	劣Ⅴ类	氨氮、溶解氧、总氮、总磷
3	南湖	劣Ⅴ类	总磷

续表

序号	湖泊	水质类别	主要超标项目
4	北湖	劣Ⅴ类	总氮、总磷
5	青山湖	劣Ⅴ类	总氮、总磷
6	象湖		因施工、未取样
7	艾溪湖	劣Ⅴ类	总磷
8	梅湖	劣Ⅴ类	氨氮、溶解氧、总氮、总磷
9	抚河故道		因施工、未取样
10	玉带河	劣Ⅴ类	氨氮、溶解氧、生化需氧量、化学需氧量、总氮、总磷

从公报看出，现状玉带河污染最严重，水质不能满足地表水环境质量标准（GB 3838—2002）Ⅳ类水体，进而影响了青山湖水体水质。

经过对现有玉带河沿线进行调查，我们对造成这些问题的原因进行了深入分析，究其原因总结了以下几点。

① 由于河道承担防洪排涝功能，河道两岸虽已建设了截污管道，但截流倍数低，截流倍数仅为 2 倍，雨季时污染物通过溢流井溢流进入河道，带来大量污染物，致使污染物的入侵造成水源污染严重；

② 玉带河各渠道两岸截污系统中溢流井处一般设有调节堰（闸）门，由于锈蚀等各种原因，部分闸门漏水严重。旱季污水直接通过漏水堰（闸）门处排入玉带河，从而污染水体；

③ 河道两岸存在大量排污口，大量污染物直排至河道，污染水体严重；

④ 截污管道养护不足，管道淤泥淤积严重，部分管道由于下游淤塞，导致旱季污水直接从溢流井溢流入渠道，污染水体。同时雨季时溢流的初期管道合流水自溢流口将管道中含高浓度污染物的淤泥带入河道，使得玉带河水质下降，河底沉积大量淤泥；

⑤ 目前补水的五干渠不能保证补给水的水质和水量，玉带河内水体交换和水动力严重不足，水体循环缓慢；

⑥ 内部水体循环不足，流动性差使污染物集中暴发；

⑦ 河道生态系统单一，缺乏自然水体具有的复合生态系统净化能力，水体净化的缺失使水质日趋恶劣。

因此，为了削减排入玉带河的污染负荷，利用溢流污染控制技术、管道清淤、引水活化、河道岸线整治、生态修复、设施改造和控制技术提升等工程措施，进一步改善和保护玉带河水体，满足生活水平不断提高的市民对水环境质量更高的要求，提升南昌市城市的形象。

16.2 治理目标及思路

16.2.1 治理目标

玉带河截污提升工程，在河道活水水源及水量得到基本保障的前提下，使玉带河的水体水质主要污染指标达到《地表水环境质量标准》（GB 3838—2002）中Ⅳ类地表水水质标准。

16.2.2 治理思路

治理工作以“污染控制，生态恢复，资源调配，监督管理”为指导，以“截污、治污，清淤，引水、换水，生态恢复”为思路。一般河道治理措施总体分为工程措施与管理措施两大部分，工程措施包括河道溢流污染控制、河道清淤、引水活化、河岸治理与景观提升等部分；管理措施包括加强对市民和周边居民的宣传教育、提高市民的环保意识、加强排水设施的管理、增加管理清淤次数及后期养护费用等。根据玉带河水质的总体目标，结合玉带河现有的设施情况，提出本工程以下整治思路（图 16-1）。

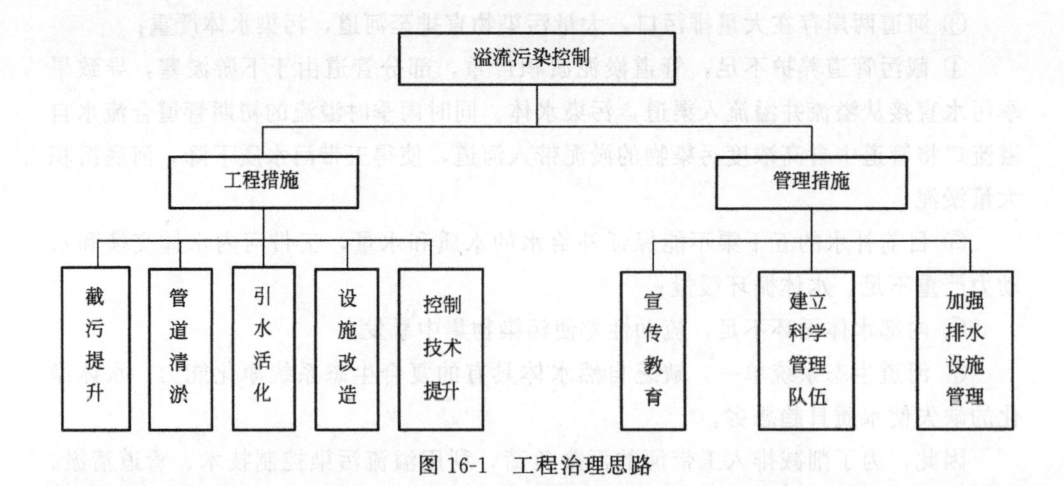

图 16-1 工程治理思路

16.3 方案设计

本工程主要措施包括溢流污染控制、河道清淤、引水活化、河岸治理与景观提升等部分。本部分主要介绍玉带河截污提升部分工程内容。河道清淤、引水活化、河岸治理与景观提升部分另行立项实施。

16.3.1　溢流污染控制技术目标

针对玉带河现状排水存在的问题，玉带河截污升级方案应达到以下具体目标。

第一，尽量利用现有截污系统，节省造价。

第二，旱季污水全部送往污水处理厂集中处理。

第三，将现有旱季排污口的污水完全截除。

第四，提高截污标准，减少雨季溢流。假设活水水质为Ⅲ类标准（符合活水源五干渠水质情况），工程实施后，雨季溢流的合流污水排入玉带河水体，使玉带河的水体水质主要污染指标达到《地表水环境质量标准》（GB 3838—2002）中Ⅳ类地表水水质标准。

第五，工程实施后，应有利于雨季排涝，使实施范围内的排涝系统能满足规划的排涝标准要求。

根据以上目标，本次方案全部利用现有截污系统，由于原截污系统设计截流倍数为 2.0，且污水排往青山湖污水处理厂，在截除现有旱季排污口污水后，同时也保证了旱季污水能全部流入原截污系统，并送往青山湖污水处理厂集中处理。所以第一、二、三目标都较容易实现，如果第四目标能够达到的话，即玉带河水质能达到景观水质要求，连接玉带河总渠与青山湖的十一孔闸就可以常开，不仅有利于改善青山湖水体的水质，雨季的时候也可以充分发挥青山湖调蓄功能，化解了水质与内涝问题管理的矛盾。这样关键的问题就是第四个目标如何实现，既要达到目标，又要尽量节省造价。

16.3.2　溢流污染控制效果评估

溢流污染控制主要依靠水系截污，玉带河原截污系统设计截流倍数为 2.0，是否需要提高截污标准，首先要评估现有截流倍数是否能达到以上第四点的目标。假定条件同本书应用篇第 14 章 14.2.4.1 相关内容。

根据相应假定条件，可以列出下列两个物料平衡方程式：

$$V_1C_1\alpha+V_2C_2=(V_1+V_2)C_3 \tag{16-1}$$

$$V_1C_1\alpha+V_2C_2+V_3C_4\beta-(n_0+1)V_1C_3=(V_2+V_3-n_0V_1)C_5 \tag{16-2}$$

式中　V_1——污水量，$V_1=Q\cdot h$（Q 为污水平均流量，h 为降雨时间）；

V_2——降雨径流水量，$V_2=A\cdot H\cdot \Psi$（A 为汇水面积，H 为降雨量，Ψ 为径流系数）；

V_3——河道中常水位时的存水量；

C_1——纯污水中 BOD_5 初始浓度，取 100mg/L；

C_2——径流雨水中 BOD_5 初始浓度，取 4mg/L；

C_3——截污管道中的混合污水的 BOD_5 浓度；

C_4——雨前河道中的初始 BOD_5 浓度，取 4mg/L；

C_5——雨后河道中的 BOD_5 浓度；

A——管道中污泥中 BOD_5 浓度的释放系数，与降雨时间有关，一般取 1.2～4.0，短历时降雨取大值，长历时降雨取小值；

B——河道中污泥中 BOD_5 浓度的释放系数，取 1.0～1.2；

n_0——截流倍数。

根据式（16-1）和式（16-2）两个方程，求解目标值 C_5。

在现有截流倍数 $n_0=2$ 的情况下，分析短历时（2h）和长历时（12h）两种降雨历时各种不同降雨量时 C_5 的变化情况，采用计算机演算，可以绘制成以下两个结果曲线图（图 16-2、图 16-3）。

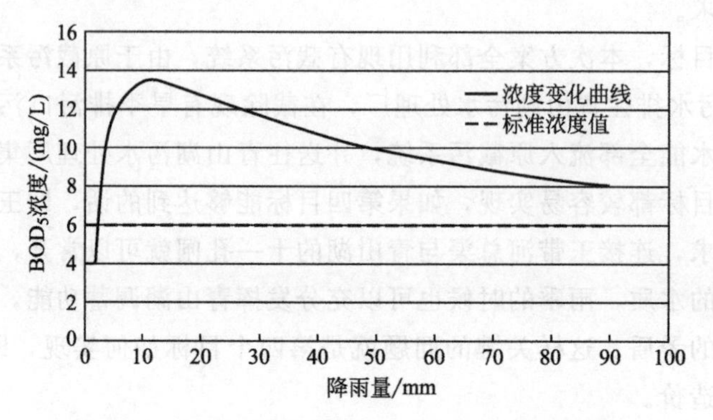

图 16-2　2h 降雨历时雨量——BOD_5 浓度曲线图

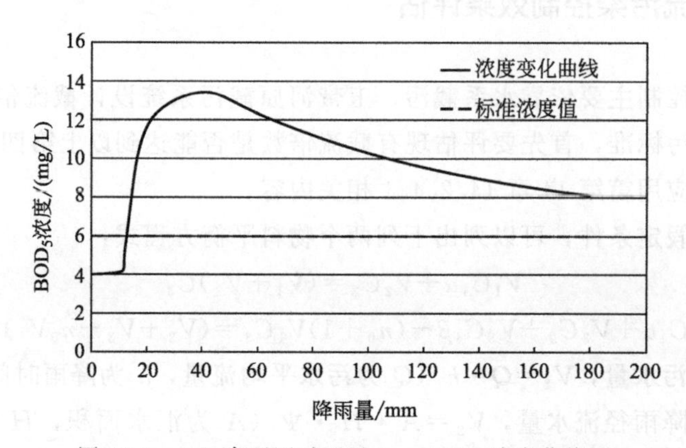

图 16-3　12h 降雨历时雨量——BOD_5 浓度曲线图

根据演算可以看出，现有截污标准出现降雨就很容易导致玉带河污染物超标，所以还是要提高截污标准。

为保证雨后玉带河Ⅳ类水体要求，还是采用上面的分析方法。通过计算不同截流倍数情况下的河道污染物浓度变化情况，可以看出当总截流倍数 $n_0 \geqslant 20$ 时才能较好地满足要求。以下为截流倍数 n_0 分别等于 5、10、15、20 时的结果曲线图见图 16-4～图 16-11。

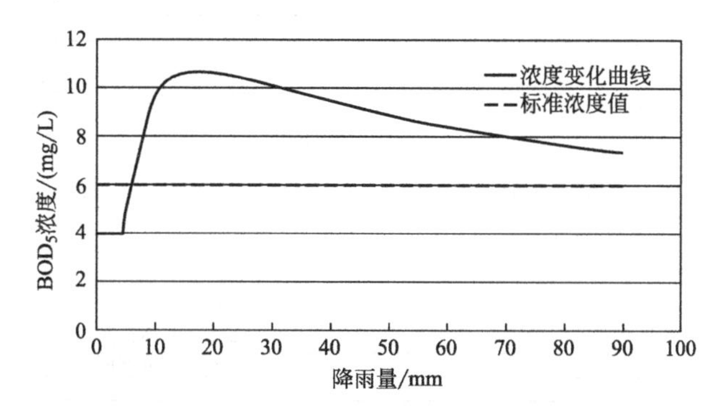

图 16-4　$n_0=5$ 时，2h 降雨历时雨量——BOD_5 浓度曲线图

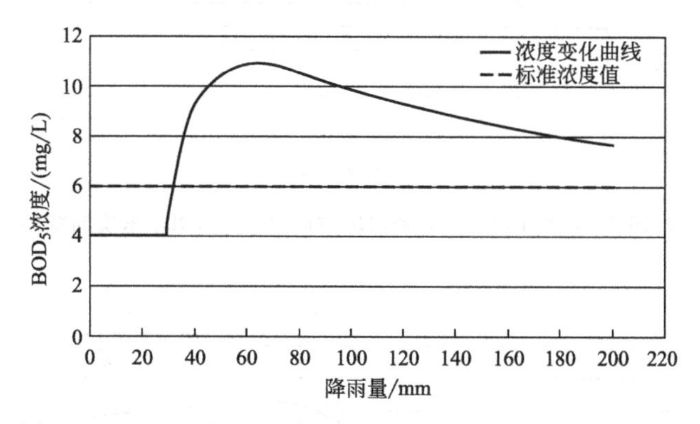

图 16-5　$n_0=5$ 时，12h 降雨历时雨量——BOD_5 浓度曲线图

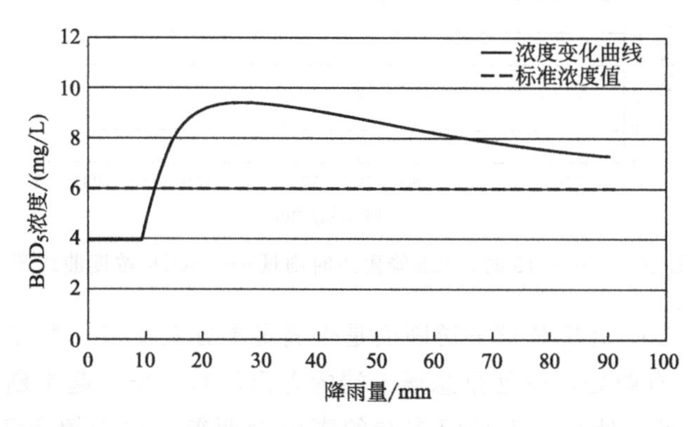

图 16-6　$n_0=10$ 时，2h 降雨历时雨量——BOD_5 浓度曲线图

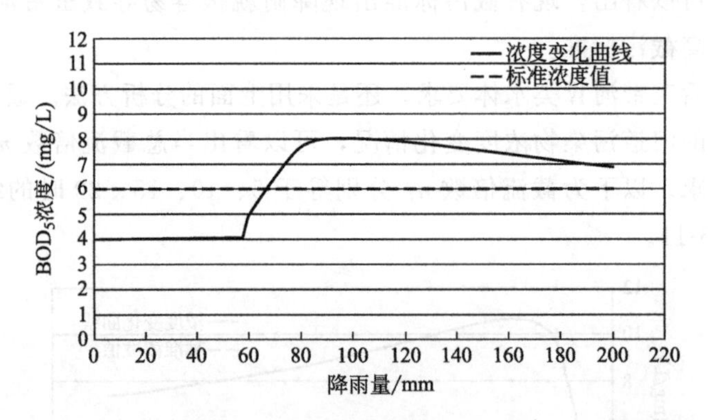

图 16-7 $n_0=10$ 时，12h 降雨历时雨量——BOD_5 浓度曲线图

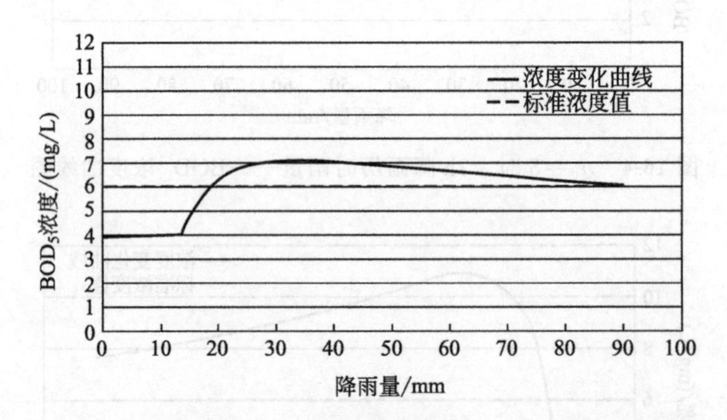

图 16-8 $n_0=15$ 时，2h 降雨历时雨量——BOD_5 浓度曲线图

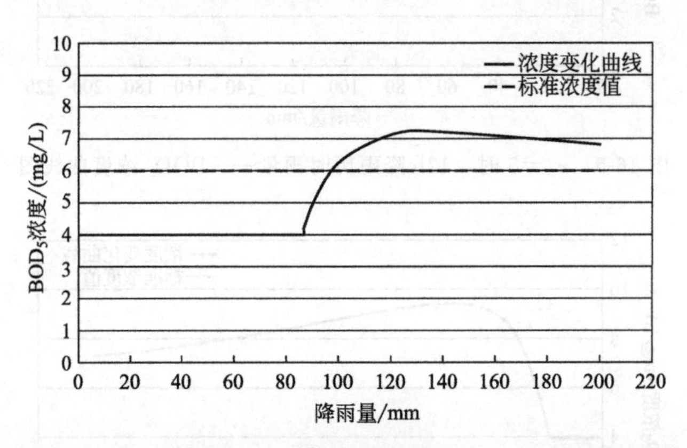

图 16-9 $n_0=15$ 时，12h 降雨历时雨量——BOD_5 浓度曲线图

当采用 $n_0=20$，还需校核下游断面是否满足本方案要求。本方案玉带河新增截污管终点出路有两处，一处是总渠末端的青山湖东暗渠（起端断面为 $B\times H=10m\times3.5m$），另一处是北玉带河末端的青山湖西渠（西渠覆盖工程已经立项，

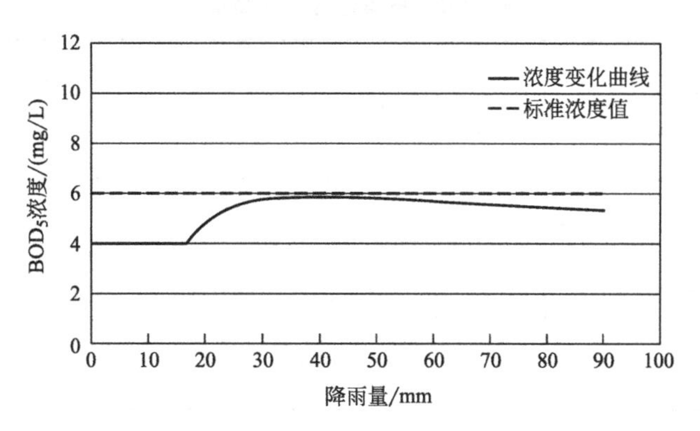

图 16-10 $n_0=20$ 时，2h 降雨历时雨量——BOD_5 浓度曲线图

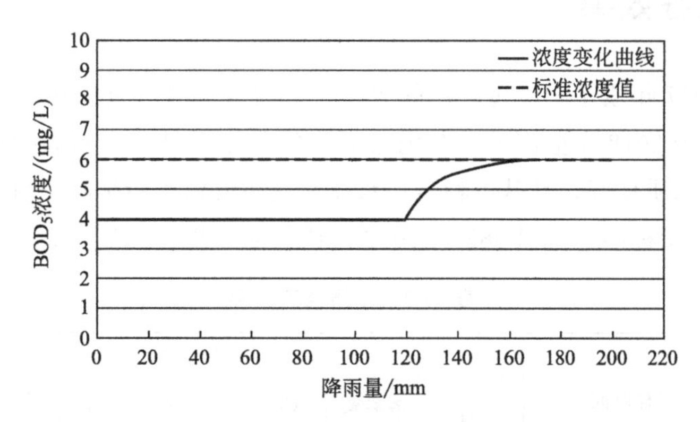

图 16-11 $n_0=20$ 时，12h 降雨历时雨量——BOD_5 浓度曲线图

其中现状截污管断面为 $B \times H=3.2m \times 2.2m$，西渠覆盖后断面为 2 孔 $B \times H=8.0m \times 3.3m$）。本方案设计总渠末端汇入青山湖东暗渠起点的仅有 $n_0=20$ 时合流污水（玉带河河道的水不流入青山湖东渠，直接进入青山湖），青山湖东暗渠起端断面设计排水能力为 $50.61m^3/s$，大于本方案截流倍数 n_0 为 20 时的总流量 $45.44m^3/s$；本方案设计北玉带河末端汇入青山湖西渠起点的有污水和雨水，汇水范围内合流设计流量为 $42.61m^3/s$，小于青山湖西渠起端断面设计排水能力为 $44.81m^3/s$。

根据以上分析，确定玉带河总截流倍数取 $n_0=20$。

16.4 工程设计

根据上节所述计算方法，采用总截流倍数 $n_0=20$，并充分利用现有截污管的排水能力，计算截污管管道断面，各渠道管道断面具体如表 16-2 所示。

表 16-2 各渠道管道断面情况

河道名称	管道断面范围/m	
	西侧(北侧)	东侧(南侧)
总渠	3.5×2.5～4.0×2.5	6.5×2.5～9.0×2.5
西支	d1500～2.3×2.0	d1500～2.5×2.0
南支	1×1.2～1.8×1.5	2.5×2.0～6.5×2.5
引水渠	d1000～d1200	d1000～1.5×1.5
东支	d1200～1.6×1.2	d1200～1.8×1.2
北玉带河	2.0×1.5～3.2×1.5	4×1.5～5.0×2.5

16.5 工程效果

项目于2017年竣工，经过一年的运行，目前玉带河水质良好。表16-3为南昌市环境监测站于2018年监测的玉带河总渠末端的水质结果，从表中可以看出，玉带河总渠末端水质良好，且基本稳定，水体水质主要污染指标除总氮指标外均达到《地表水环境质量标准》(GB 3838—2002) 中Ⅳ类地表水水质标准。

表 16-3 水质监测结果

采样位置	采样时间	监测项目						
		pH	溶解氧/(mg/L)	COD/(mg/L)	BOD_5/(mg/L)	氨氮/(mg/L)	总氮/(mg/L)	总磷/(mg/L)
玉带河总渠末端	2018.4.18-10:00	6.76	6.08	19	4.6	0.29	2.63	0.22
	2018.4.19-10:00	7.02	5.50	24	4.4	0.70	2.54	0.18
	2018.4.20-10:30	7.50	6.12	18	4.2	0.59	2.45	0.16
《地表水环境质量标准》(GB 3838—2002)Ⅳ类		6～9	≥3	≤30	≤6	≤1.5	≤1.5	≤0.3

16.6 结论

① 本工程的实施，可有效削减排入玉带河的污染负荷，对改善和保护玉带河水体的水质起到十分重要的作用，既改善了市民的生活环境，又提高了城市的形象。

② 工程建设目标：玉带河的水体水质主要污染指标达到《地表水环境质量标准》(GB 3838—2002) 中Ⅳ类地表水水质标准。

③ 本章以南昌市玉带河截污提升程为例，结合本书理论篇第 8 章，确定了溢流污染控制技术所采用的截流倍数，从而确定了溢流污染控制设施的规模。经过提升溢流污染控制设施达到了很好的效果，从南昌市环境监测站于 2018 年监测的玉带河总渠末端的水质结果，玉带河总渠末端水质良好，且基本稳定，水体水质主要污染指标除总氮指标外均达到《地表水环境质量标准》（GB 3838—2002）中Ⅳ类地表水水质标准，具有一定的借鉴意义。

④ 经过实测，玉带河通过截污升级，并结合下游管道清淤、引水活化、设施改造、控制技术提升和科学管理等工程措施达到了水质目标。

第17章 截流式分流制和污染控制技术在南昌市幸福水系综合治理工程中的应用案例

17.1 引言

幸福水系与艾溪湖相连，是南昌市城东景观水体艾溪湖的上游水系，幸福水系在广阳桥与艾溪湖相连。幸福水系兼顾排涝、景观功能，属于海绵城市建设的城市雨水管渠系统。设计过程中考虑超标雨水径流系统的构建，主要思路是结合各级规划和《指南》等规划和规范标准的要求，并依据南昌市的降雨特点、幸福水系及其服务范围的现状情况，将“渗、蓄、滞、净、用、排”的思想落实到具体设计中，工程内容主要包括渠道断面整治、清淤、水系两侧截流管、设置溢流井、初期雨水调蓄池、水渠植物选用、景观（湿地）公园及附属设施。

17.2 概述

17.2.1 项目背景

南昌市湖泊众多，水系发达，在昌南城区有东南西北四湖、象湖、抚河、梅湖、青山湖、艾溪湖、南塘湖、瑶湖等。水系有玉带河水系（东支、西支、南支、北支）、总干、五干、六干渠、幸福水系。

幸福水系由幸福中渠、幸福东渠、幸福支渠、连通渠、五干一支、五干二支、罗家渠等多条水渠组成，承担城东区域约 $30km^2$ 范围的排涝任务，总长约 22.5km。排水经幸福中渠流入艾溪湖，平时经鱼尾闸直接排入赣江，汛期经鱼尾电排站排入赣江。

幸福水系隶属青山湖区、高新区、青云谱区多个行政管辖。水系周边地区由城东新区、昌东工业园、南昌钢铁厂、江西氨厂、湖坊镇、罗家镇等几部分组成，该地区由于处于城乡结合部，还有相当一部分区域未实现城市化，农村市政设施相对落后，生活污水和村办企业生产废水随意排放，通过各种水沟排入幸福水系，造成幸福水系和艾溪湖污染严重、水渠淤积，艾溪湖起端气味尤其难闻。严重影响周边居民生活环境和南昌市的城市形象。

为了解决幸福水系和艾溪湖的污染问题，改善幸福水系及周边用地的生态环境，2012 年南昌市城市规划设计研究总院承担了《南昌市幸福水系综合整治工程》设计任务，2019 年完工。

17.2.2　工程范围及内容

幸福水系各渠道分别为幸福中渠、东渠、连通渠、五干一支渠、五干二支渠、昌东大道排水渠、幸福一支渠、幸福二支渠、罗家一渠、罗家二渠。整治渠道总长约 22.5km。沿渠截流管道总长约 34km。

具体整治内容如下。

① 渠道扩宽断面、裁弯取直、生态边坡：总长约 18km（除去现状已满足规划断面的渠道 4.5km）。

② 渠道清淤：总长约 13.8km。

③ 水系两侧截流管：圆管断面为 De500～De2500，长约 34km。

④ 设置溢流井、初期雨水调蓄池。

⑤ 截流管提升泵房。

⑥ 景观（湿地）公园及附属设施、配套工程。

17.2.3　城市概况

南昌市地处大城市群的中心地带，自然资源丰富、文化底蕴深厚，是一座充满潜力的城市。南昌市主城区总体规划布局分为昌南、昌北两城，由八大片区组成。各片区由江湖、水面、山区、绿带、铁路和城市道路分割。双城功能既相对独立和完善，又各有偏重，相互联系，相辅相成。

幸福渠周边地区（汇水区域）位于南昌市的城东片区和城南片区，行政隶属青山湖区、高新区，由昌东工业园、湖坊镇、罗家镇和南昌钢铁厂、江西氨厂等几部分组成，该地区由于处于城乡结合部，还有相当一部分区域未实现城市化，市政设施相对落后。

本工程所在区域涉及的水系有赣江和艾溪湖。

（1）赣江　江西省内第一大河流，自南向北贯穿全省，干流全长 439km。赣江最大日均流量为 20900m^3/s（1962 年 6 月 20 日），最小日均流量 172m^3/s（1963 年 11 月 30 日），平均流量为 2100m^3/s，其中枯水期赣江西河平均流量为 202m^3/s，历史最高洪水位 23.22m，百年一遇，最高洪水位 24.21m，常水位 16.50m，历史最低枯水位 12.28m。最高水温 35℃，最低水温 0.2℃，平均水温 19.0℃。

(2) 艾溪湖　艾溪湖是南昌市的外四湖之一，湖面宽广宁静，南北长约 5km，东西长 0.6～1.4km，湖面面积约 4.5km^2。艾溪湖是鄱阳湖至天香园的候鸟走廊，是重要的生态湿地，是白鹭夏天的栖息地。

17.2.4 排水、排涝现状

17.2.4.1 排水现状

南昌市昌南城旧城区排水体制为截流式合流制，其余区域为雨污分流制。幸福水系周边地区还有相当一部分区域未实现城市化，农村市政设施相对落后，生活污水和村办企业生产废水随意排放，通过各种水沟排入幸福水系。幸福水系周边地块主要属于青山湖污水处理厂服务范围。仅南钢铁路支线以南、五干渠以西局部区域属象湖污水处理厂服务范围。

青山湖污水处理厂现在处理规模为 $50\times10^4m^3/d$（规划为 $66\times10^4m^3/d$），其服务范围主要为旧城中心区、城东片区、城南片区。

象湖污水处理厂处理规模为 $20\times10^4m^3/d$，其服务范围主要为朝阳洲赣抚路以南区域、南昌县象湖新城、旧城区江铃片区、钢铁路支线以南、五干渠以西局部区域。

水系周边地区排水设施现状情况介绍如下。

① 解放路以北，已建成的雨、污水主干管为京东大道雨、污水管，高新大道雨、污水管，艾溪湖截污管（京东大道东侧、幸福中渠西侧），以及沿昌东大道、洛阳路的南钢区域生活污水截污管道。低排沟西侧建有艾溪湖截污管，收集城东新区并转输昌东工业园等的污水后，由南向北排入高新开发区截污管，最终排入青山湖污水处理厂。

艾溪湖以南，昌东大道以西、洛阳路以北片区的艾溪湖南支路（月坊湖路、广阳路、规划路等）已建成雨、污水管。

洛阳东路与幸福水系交汇处建有洛阳东路污水泵站，污水泵站服务范围包括昌东工业园、南钢生活区、洛阳路以南的城东新区，面积约 28.5km^2。泵站现状实际规模 $27.13\times10^4m^3/d$（平均流量）。

城东新区未开发区域仍有村庄、小企业污水未进入污水管。区域内幸福各渠为自然形成渠道。

② 解放路以南，南钢铁路以北，昌东大道以西，五干渠以东区域内的幸福水系属昌东工业园，昌东工业园建成区目前基本上按规划排水系统实施雨污分流，污水主管基本到位。局部地段需改造完善污水支管。

其余段幸福水系上游流域（湖坊镇、罗家镇等）处城乡结合部，大部分区域未开发，其污染源主要来自上游区域水系。该区域情况复杂，缺乏基本的市政设施。

区域内存在小造纸厂、小漂染厂。众多村庄内有养猪场，奶牛场，养鸡、鸭、鸽场，粪便污染严重。废品垃圾回收站较多，随意抛弃。罗家二渠，在义坊桥段 3～4 年内淤积深度近 3m，其余地方也有淤积严重。幸福水系渠道现状情况如下表 17-1。

表 17-1　幸福水系渠道现状情况

序号	名称	起终点	长度/km	现状概述
1	幸福中渠	解放路～广阳桥	3.3	自然形成渠道，断面 $B=20\sim40$m，洛阳路以北水域面积逐步扩大。与规划线位基本符合
		幸福二支渠～解放路	2.0	渠道宽 $B=35\sim40$m，边坡铺砌，与规划断面一致
2	幸福东渠	南钢(西渠桥)～幸福中渠	—	自然形成渠道、湖塘，洛阳路以北水域面积逐步扩大，斜穿规划用地，与规划线位较大差异
3	连通渠	青山湖大道～幸福中渠	1.8	自然形成渠道、湖塘，与规划线位有较大差异。其中高新大道西侧段渠道内为天香园
4	五干一支渠	昌南大道～胡家东路	1.7	渠道断面宽 $B=15$m，边坡大部分未铺砌，与规划断面一致
		胡家东路～罗家一渠	0.6	自然形成渠道，斜穿规划用地，与规划线位有较大差异
5	五干二支渠	五干渠～幸福二支渠	1.2	渠道宽 $B=12$m，边坡铺砌，与规划断面一致
6	幸福一支渠	昌东大道～幸福中渠	1.3	渠道宽 $B=15$m，比规划断面 $B=8$m 大。边坡未铺砌
7	幸福二支渠	昌东大道～幸福中渠	1.3	渠道宽 $B=20\sim33$m，边坡铺砌，与规划断面一致
8	昌东大道排水渠	工业二路～老余村	0.45	现状仅有一小段渠道，宽 $B=15$m，与规划断面一致，其余无渠道
9	罗家一渠	五干一支渠～昌东大道	1.5	渠道宽 $B=15$m，边坡铺砌，与规划线位基本符合
10	罗家二渠	五干一支渠～昌东大道	1.0	渠道宽 $B=22$m，边坡铺砌，比规划断面 $B=15$m 大

总之，幸福水系汇水范围内污水除解放路、京东大道、洛阳路、昌东工业园等服务范围的污水基本收集送至青山湖污水处理厂处理外，其余区域均未设置污水管

道，小作坊工业废水、生活污水、粪便、灰渣、垃圾、废品均就近排入水塘、水渠，造成幸福水系污染物淤积，臭气熏天。严重影响周边居民生活环境。

17.2.4.2 水质现状

根据南昌市水资源质量公报显示，2011年11月对南昌市城区“八湖二河”进行监测。评价结果表明：南昌市参与评价的10个水质监测站点，梅湖为Ⅳ类水，受到轻度污染，主要超标项目为溶解氧、总氮、总磷；东湖、象湖、青山湖为Ⅴ类水，受到重度污染，主要超标项目为高锰酸盐指数、总氮、总磷；南湖、北湖、西湖、抚河故道、玉带河、艾溪湖为劣Ⅴ类水，受到重度污染，主要超标项目为氨氮、氟化物、高锰酸盐指数、溶解氧、生化需氧量、总氮、总磷。详见表17-2。

表17-2 南昌市2011年11月城市湖泊水质状况

序号	湖泊	水质类别	主要超标项目
1	东湖	Ⅴ类	总磷
2	西湖	劣Ⅴ类	氨氮、高锰酸盐指数、总氮、总磷
3	南湖	劣Ⅴ类	生化需氧量、总氮、总磷
4	北湖	劣Ⅴ类	总磷
5	青山湖	Ⅴ类	高锰酸盐指数、总氮、总磷
6	象湖	Ⅴ类	总氮、总磷
7	艾溪湖	劣Ⅴ类	氟化物、高锰酸盐指数、总氮、总磷
8	梅湖	Ⅳ类	溶解氧、总氮、总磷
9	抚河故道	劣Ⅴ类	氨氮、溶解氧、总氮、总磷
10	玉带河	劣Ⅴ类	氨氮、总氮、总磷

幸福水渠水在广阳桥流入艾溪湖，是艾溪湖上游水系，艾溪湖水质与幸福水渠水质息息相关，从以上公报数据看出，现状艾溪湖水质不能满足地表水环境质量标准（GB 3838—2002）Ⅳ类水体水质要求。

17.2.5 存在主要问题

目前设计区域内尚未全面开发，除昌东工业园、南钢外，大部分区域处于自发无序的建设状态，其存在的主要问题如下。

① 渠道、沟渠多年没有整治清淤，淤积严重，多处水流停滞，水质条件恶劣，每逢汛期，涝水排泄不畅。

② 受乱挖、乱填、乱弃等影响，河岸垃圾堆积严重。部分水系两岸污水直接排放入水体，导致水质恶劣，臭气熏天，严重破坏了环境卫生，影响了周围居民的

正常生活。

③ 管理体制不健全，管理缺位严重，管理机构不完善，管理设施简陋。

17.3 设计方案

17.3.1 总体设计

幸福水系规划目标：整合幸福水系的生态环境，结合市政交通建设及景观建设，对渠道进行清淤疏浚、扩宽断面，以提高渠道过水能力。对两侧进行截流，设置溢流井、初期雨水调蓄池、水渠植物选用、景观（湿地）公园及附属设施。

17.3.2 渠道整治工程

17.3.2.1 渠道设计目标

① 依据相关水系规划，满足排涝功能要求，从而提升水利保障经济社会发展和服务人民群众生产生活的综合能力。

② 服从水系景观规划，实现水系景观规划目标。

③ 采取改善水质的措施，改善生态环境，促进人与自然环境的和谐发展。

17.3.2.2 渠道总体布置

幸福水系总体布置原则：在满足调蓄、排水功能下，重点突出生态自然，附加现代景观元素，渗透南昌文化底蕴和山水灵气，为公众提供具有观赏性的滨水区域。

为了达到规划要求，本次渠道布置：现有水系予以保留，并进行全面整治，使幸福水系现状淤塞、凌乱河流、水塘形成四通八达景观渠。尽量保留现有渠道水域面积作为调蓄区，满足设计景观水位为 17.00m。调蓄水位为 17.0～17.8m。

17.3.2.3 清淤

根据幸福水系的线位，对现有的水渠、水塘底部的淤泥进行清淘。因长期受到周边小作坊工业废水和当地居民生活污水的污染，其底部已积蓄大量污染物，这些污染物质通过内源释放，会在相当长时期内影响水系水质。因此，结合水系改造，清除部分污染较重的底泥，对于缓解水系内源污染，加速水体修复与恢复，将起到巨大作用。

17.3.2.4 植被缓冲净化

根据该工程的现有情况和特色，本项目采用植被缓冲带（图 17-1）、生态堤岸净化单元的整体思路：通过坡度较缓的植被区，经植被拦截及土壤下渗作用减缓地表径流流速，并去除径流中的部分污染物。恢复或构建物种多样性丰富、群落稳定的河流及堤岸生态系统，恢复并强化水体自净功能，发挥河流水质条件的维持作用。

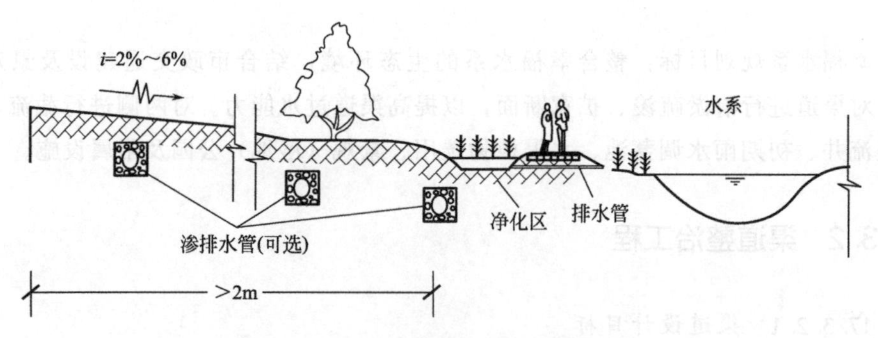

图 17-1 植被缓冲带示意图

生态堤岸净化单元的设计遵循自然状态下植物的生态位及植物的净化特性，通过植物选择及植物配置，营造出由浮叶植物-沉水植物-挺水植物-湿生植物（中生植物）-陆生植物过渡的多层次多质感复式群植配置的植物功能带，通过植物的优化配置充分发挥其净化功能。生态堤岸净化单元的整体原则根据各层次植物带的具体特点选择适宜的乡土植物物种，优选去污能力突出的物种，并综合考虑生态堤岸净化单元的景观效果，从而更加凸显江南特色的河流水体景观。

生态堤岸净化单元对于维持河流水体水质条件还具有突出的作用，其主要体现在缓冲过滤和水质净化等环保功能方面。

① 生态堤岸净化单元通过水岸植被缓冲带植被过滤、渗透、吸收、滞留、沉积等作用使陆地生态系统流向湖泊的污染物毒性减弱及污染程度降低。研究表明，水岸植被缓冲带（图 17-2）植被可有效减少非点源污染物。美国农业部林业局（USDA）制定的植被缓冲区净化水质的效应标准为移除 50%以上的氮和农药、60%的磷以及 75%的泥沙。水岸植物缓冲带通过拦截陆地生态系统的垃圾和泥沙，过滤吸收非点源污染物，调节由陆地生态系统流向河流的有机物和无机物，进而影响河水中泥沙、化学物质、营养元素等的含量及时空分布，有利于保护水域生态环境质量。

② 生态堤岸净化单元中的水生植物，如鸢尾、风车草等去污能力突出的植物，既能从水中吸收有机污染物和 N、P 等营养物，吸附和富集重金属和一些有毒有害物质，同时其还能对水质净化起到间接作用。水生植物群落的存在，为微生物提供

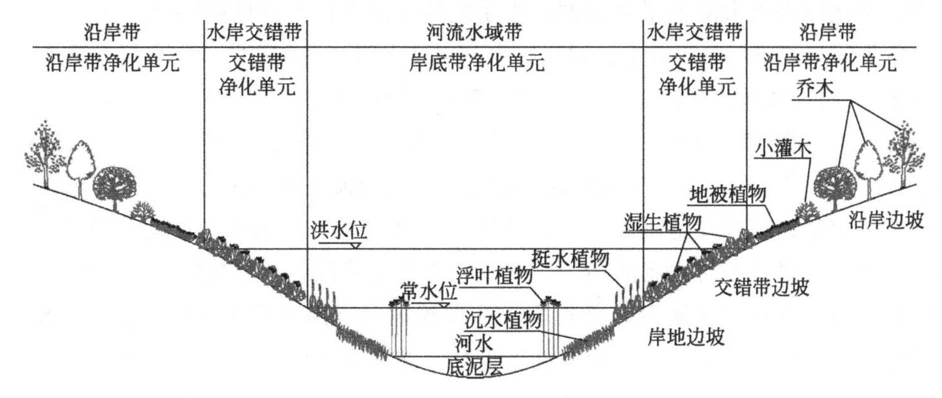

图 17-2　水岸带植物系统图

了附着基质和栖息场所，扩散的高效微生物为适应生存逐步在植物发达的根系定居繁殖，使微生物与水生高等植物形成良好的互利共生关系。

由此，优选去污能力突出的植物物种对于水岸带植物系统的环保功能的体现具有重要的作用。

本工程渠道边坡选取生态挡墙、生态护坡。

17.3.2.5　引水活化

幸福水系作为该区域约 30km² 汇水面积的受纳水体，发挥着汛期调蓄、排涝的作用，待该片区开发建设后，其水系平时将作为景观水体使用。

作为景观水体，若其流动性差，补水量不足，水体自净能力严重衰减，无法降解水中污染物，水质会日益恶化。

水系补水活化是改善水质的重要举措之一，由于幸福水系无内部水源，要保证其定期的补水，只有通过从其外部引水来实现。本次设计从五干渠水源取水。考虑到本工程水面较大，所需水量较多，结合南昌市的气候因素，在气温较高的夏秋季节，每月对水系进行一次换水；在气温较低的冬春季节，每 2 个月进行一次换水。

17.3.3　截污工程

17.3.3.1　截污系统由来

幸福水系区域排水规划为雨污分流制。现状除部分（1/4）区域实施了雨污分流，其余均未建成市政排水系统。该区域正处于逐步开发阶段。

完全分流制是应用较为广泛的排水体制。然而在实际运行过程中仍存在诸多问题：初期雨水径流在城市建设进程中逐渐成为水体污染的重要因素之一；管道混接造成分流管渠无法发挥应有效用；此外，雨污水收集不到位，直接导致管渠闲置与浪费。上述原因大大降低了分流制排水系统在规划设计上的优越性。

若采用规划雨污分流方案：雨、污水分别进入雨、污水系统，则只需对排入水系的雨水进行初期雨水截流，就完成了控源截污。但由于该区域现状难以立刻实现全部雨、污分流，而且晴天时，分流不到位的混合水及未能分流的合流水、农田灌溉水、牲畜粪便等污染水也将流至幸福水系，按规划雨污分流方案治理效果预计不理想。

鉴于短期内市政设施难以覆盖，该区域的环境只有随着城市化进程逐步改善。因此，为了尽量减少对水系的污染，减少工程重复建设，节约投资，该区域污染治理应在区域工程规划前提下，分阶段、分步骤地远近期相结合进行综合污染治理。为了达到幸福水系水质要求，根据理论篇第 8 章“排水体制、溢流污染控制研究”，为克服合流制溢流污染及分流制系统缺陷，截流式分流制应运而生：雨、污分流系统＋截流系统。本工程对幸福水系汇水范围内的未完全达到雨污分流的污水及初期雨水进行截流。

17.3.3.2 截流式分流制

该项工程系统庞大，影响广泛，为使该项工程顺利实施，效果显著，截流工程为重中之重。

对于规划为雨污分流制而实际未能达到分流的区域，采用传统的雨污分流制，不做截流系统，则未分流的雨污水进入水体，水质将恶化。污水管网接入截流系统，则远期分流到位会造成截流系统浪费且初雨未能截流。短时间难以实现水系综合治理目标。故根据水系情况采用截流式分流制及污染控制技术，实现对点源、面源污染协调控制，分阶段、分步骤地近远期相结合进行水系综合污染治理。

截流式分流制为雨污分流系统＋截流系统，即建设 2 套排水系统，有着不同的污染控制功能。雨污分流系统中，雨水排入水系；污水排入污水主管进入污水处理厂。截流系统中，截流污水排入污水主管进入污水处理厂，截流水或初雨经调蓄池暂存，晴天排入污水厂或排往下游初雨湿地处理后外排。

设计之初，业内人士对这种截流式分流制不太认同，认为既然雨污分流了，为什么还要截流合流水。或者认为既然雨污分流不到位，直接把污水管网接入截流系统，把截流系统当做大的污水截污管即可。其实不然，污染控制的可靠性就是要充分考虑各种因素。雨污分流由于种种原因往往难以到位，前者不考虑雨污分流不到位这个因素是污染控制失败的原因之一。后者把初见规模的雨污分流系统又混为截流式合流制了，并且传统水专业只有雨水、污水规划。该排水体制的截流系统设计没有规划依据支撑。

截流式分流制既有截污又有截初雨功能，能结合雨污分流不到位的实际情况做到较好的污染控制。近、远期有着不同的污染控制功能。近期：不完善雨、污分流系统＋截流污水系统，有效截流合流水及初雨。远期：雨、污分流系统＋截流初雨系统，该截流管道主要为截流初期雨水面源污染。近期截污水时，截流系统为“截流”去污水处理厂；远期截初雨时，截流系统为“截流”在调蓄池，晴天时再陆续去往终端的人工湿地处理排放。

17.3.3.3　截流方案

在方案选取上既要考虑水系治理效果又要考虑工程投资，本工程采用上述新型排水体制：雨、污分流系统＋截流系统。并对初期雨水进行收集调蓄。将来该区域开发形成完全的雨污分流后，仍保留本截流式系统，截流管作初期雨水截流使用。这种工程方案选取主要考虑重点保护幸福水系及艾溪湖水质。

原有规划雨污分流系统保留，并采用截流式排水体制，在幸福水系和规划水渠两侧截流。本工程截流管管径按远期规划污水量的截流倍数计算。多余雨污水经溢流井就近溢流到水渠中。截流水一部分进入下游污水管，送至青山湖污水处理厂处理，雨季多余部分雨污水排入本设计艾溪湖东岸截流管排至鱼尾电排站前池（明山闸后），经人工湿地处理后自排或电排至赣江。

考虑初期雨水污染是城市水系面源的主要组成部分，特别是近期雨污水管道沉积污染物较多，为此在截流管溢流井处同时建造初期雨水调蓄池，以削减初期雨水对赣江水系的污染。待晴天时，雨水调蓄池的水陆续流入截流管，进入污水处理厂或排往下游初雨湿地处理后外排。

17.3.3.4　截污管总体走向

截流管布置在渠道单侧或两侧，污水流入渠道沿线截流管。

旱季时，洛阳路以南的截流管污水由南向北经洛阳路污水管进入已有的洛阳东路泵站，再提升向北排入青山湖污水处理厂。洛阳路以北及东渠的截流管污水由南向北排入中渠末端新建广阳桥截流泵站，经提升进入广阳路污水管，由北向南排入洛阳路污水管，经洛阳东路泵站再提升向北排入青山湖污水处理厂。

雨季时，截流的合流水由南向北经已有的洛阳东路泵站及新建广阳桥截流泵站提升向北排往青山湖污水处理厂和鱼尾电排站前池。

17.4　溢流污染控制

17.4.1　截流倍数

（1）截流倍数的选择　城市污水及初期雨水的截流倍数是污水治理规划、设计和工程实施的重要参数，合流制排水系统截流倍数不仅决定了污染物收集、处理的程度，影响污水治理的环境效益，也很大程度上决定了污水治理工程的建设规模和投资，影响污水治理工程的经济效益。若截流倍数 n_0 偏小，在地表径流高峰期混合污水将直接排入水体造成污染；若 n_0 过大，则截流干管和污水厂的规模就要加大，基建投资和运行费用也将相应增加。然而在一般城市合流制排水系统中，截流倍数大多仍采用经验和计算相结合的方法。譬如把某一频率洪水标准作为截流规模的洪水计算法；用污水截流倍数对应的合流流量确定截流规模的市政排水计算法；水质模型计算法等。缺少针对各城市排水状况，实用性强的截流倍数确定方法。

截流倍数选取受多方面因素影响：合流水量，包括污水总变化系数及当地水文气象条件的不同形成暴雨强度的区别；合流水质，包括污水水量和雨水水量的比值、合流水的各项污染物指标；受纳水体卫生排放要求及受纳水体的自净能力等。合理选择适合各排水系统的截流倍数是溢流污染控制研究的重点方向。

(2) 截流倍数分析方法　确定截流倍数需先计算雨洪流量及雨洪污染物浓度、旱流流量及旱流污染物浓度，在此基础上，假定不同截流倍数进行调节计算（图 17-3）。

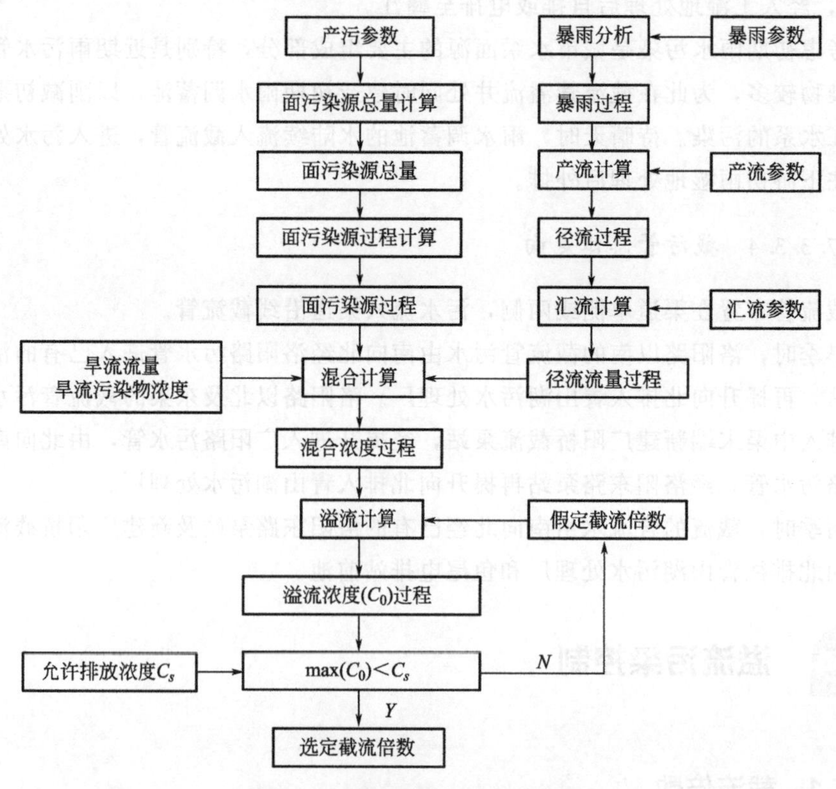

图 17-3　截流倍数分析计算流程

根据理论篇第 8 章“排水体制、溢流污染控制研究”，采用污染指标数据分析计算的方法进行预测评估，因老城区以生活污水为主，采用 BOD_5 作为评价因子，其他指标（COD、氨氮、总磷、总氮等）评价类同。为了简化计算，做以下合理假设。

① 可以假设研究区域部分污水与雨水进入管道后完全混合，截流管道内污染物同一时刻浓度一致。

② 由于截流管沿线溢流井较多，河道较短，假设溢流合流污水与河道存水完全混合，河道内污染物浓度同一时刻均匀一致。

③ 降雨期间，假设雨水以平均的强度降落至地面，污水以平均流量均匀流入排水管。污水流量采用平均时流量，BOD_5 浓度假定为 80mg/L。地面径流雨水及河道内的初始 BOD_5 浓度均假定为 4mg/L。

④ 管道（河道）底泥由于雨季水流速增大受水流冲刷均匀的释放污染物至管道（河道）流水内。

以假定为基础，可列出物料平衡方程式，详见 16.3.2 小节内容。

根据方程，可求解目标值 C_5。在截流倍数 $n_0=0$、$n_0=2$、$n_0=5$、$n_0=10$ 的情况下，分析短历时（2h）各种不同降雨量时 C_5 的变化情况，采用计算机演算，可以绘制成图 17-4～图 17-7。

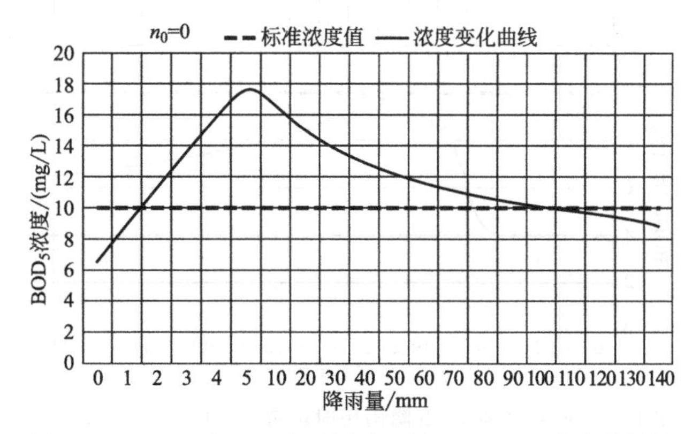

图 17-4　$n_0=0$ 时，2h 降雨历时雨量——BOD_5 浓度曲线图

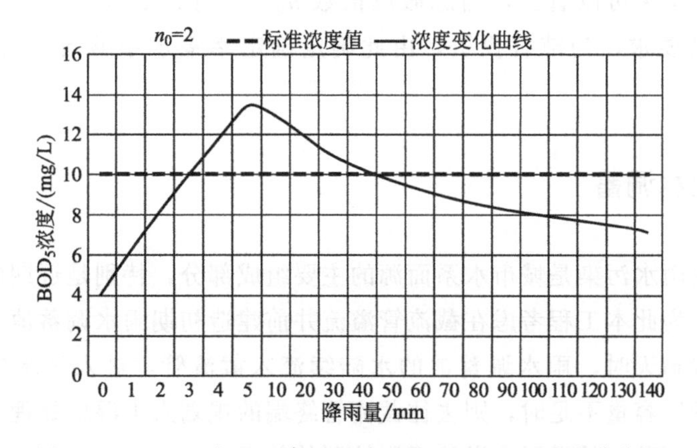

图 17-5　$n_0=2$ 时，2h 降雨历时雨量——BOD_5 浓度曲线图

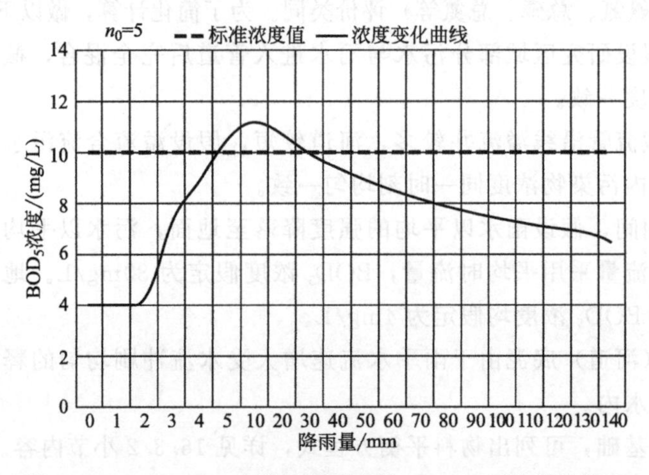

图 17-6 $n_0=5$ 时，2h 降雨历时雨量——BOD_5 浓度曲线图

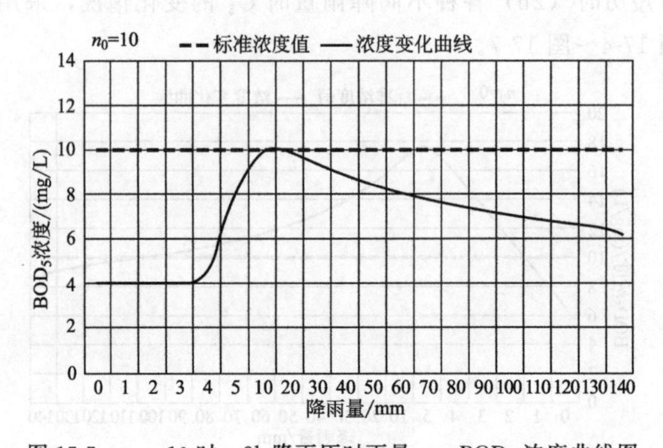

图 17-7 $n_0=10$ 时，2h 降雨历时雨量——BOD_5 浓度曲线图

根据演算结果可以看出，当总截流倍数 $n_0=5$ 时大部分能满足要求，$n_0=10$ 时全部能满足要求，为节省投资，由此确定确定幸福水系截流工程截流倍数 n_0 取 5。

17.4.2 雨水调蓄

考虑初期雨水污染是城市水系面源的主要组成部分，特别是近期雨水管道沉积污染物较多，为此本工程考虑在截流管溢流井前建造初期雨水调蓄池，以削减初期雨水污染，待晴天时，雨水调蓄池的水陆续流入截流管，进入污水处理厂进行处理；污水处理厂容量不足时，则去往截流管终端的规划人工湿地处理后外排受纳水体赣江。雨水调蓄池的设置是溢流污染控制的关键。

截流式分流制既有截污又有截初雨的复合型功能，实际上是雨水调蓄池设施的建设提高了截污系统截流倍数，是对截流倍数的增强。

（1）调蓄池的分布　初雨调蓄池的布设根据初雨的特性是越分散越好，但由于水系治理工程范围局限于河道两侧绿线边界内，本工程只能根据现状及规划路网、规划排水管网等情况确定截流管溢流口位置及其服务范围，从而确定调蓄池位置及其服务面积。上游雨水管道的初雨截流问题由后期海绵城市建设时考虑。

（2）调蓄池的方式　考虑本工程的实际特点，本工程的溢流井与调蓄池需达到以下功能。晴天时污水不经过调蓄池直接经溢流井排至截流管；雨天时管道的进水量增加，合流水（1倍污水量）经溢流井排至截流管，多余合流水进入调蓄池，当调蓄池达到设计水位时，合流水（5倍污水量）经溢流井进截流管排入艾溪湖电排站前池；当截流管满流时，多余的合流水经溢流井溢流至幸福水系。在溢流井及调蓄池的各管道上装有闸门控制水量。

由于本次设计截流系统，是根据受纳水体水质要求不同，有两种受纳水体，即幸福水系和下游赣江，为此设计截流井与调蓄池的形式如图17-8。

（3）初期雨水截流规模　现在对初雨截流系统规模的计算是系统工程。这跟截流倍数的选取一样，是在工程规模和环境效果之间寻找平衡点。现在大多计算方法只适合应用于集雨面积较小的工程设计（如建筑小区），而对于集雨面积较大的水系排水口截流初雨的规模计算尚无统一的标准的计算方法可以参考。

目前规范中初雨截流规模为4～8mm，考虑到南昌的地理位置及本工程初雨主要为地块水的实际情况，本设计拟定初雨收集规模采用地面径流截流厚度5mm进行计算。

（4）调蓄池

① 有效调蓄容积：对于调蓄池的容积，《室外排水设计规范》中分合流制、分流制两种计算公式。由于本工程远期考虑是分流制截初雨，采用分流制径流污染控制调蓄池容积计算公式：

$$V=10DF\Psi\beta \tag{17-1}$$

式中　V——调蓄池容积，m；

D——需调蓄雨水量，mm，取5mm；

F——汇水面积（hm^2）；汇水面积考虑上游雨水管500m范围为宜，取2000hm^2；

Ψ——径流系数；

β——安全系数，取1.3。

则水系沿岸调蓄池的总有效调蓄容积$=10\times5\times2000\times0.55\times1.3$，即总调蓄容积约为71500$m^3$。水系沿线排水出口处设置了大小不等，约80座调蓄池。

② 超高：雨水调节储存池一般应考虑超高，封闭式不小于0.3m，开敞式不小

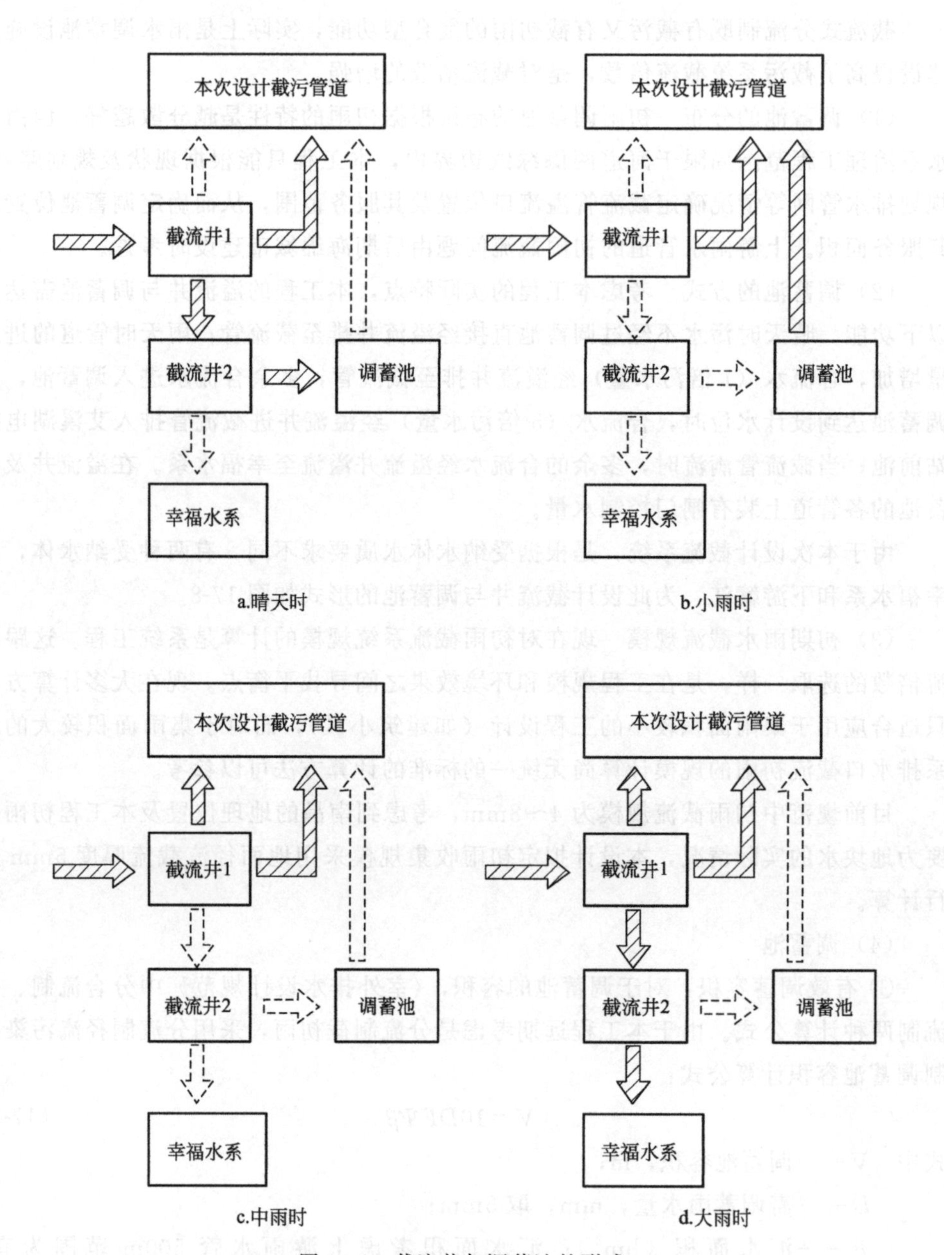

图 17-8　截流井与调蓄池的形式

于 0.5m。本工程雨水调节储为封闭式，超高取 0.5m。

③ 调蓄池运行方式：调蓄池运行方式分为晴天模式、进水模式、满池模式、放空模式和冲洗模式。调蓄池通过启闭闸门和水泵来变换其运行方式。

a. 晴天模式：不使用调蓄池，关闭进、出水闸。

b. 进水模式：关闭出水闸，开启进水闸。

c. 满池模式：当达到设计最高液位时，通过液位控制系统自动关闭进、出水闸。

d. 放空模式：分为放空闸放空（关闭进水闸，开启出水闸）和水泵放空（关闭出水闸，开启放空泵，将水提升至出水井）两种情形。

e. 清理模式：调蓄池放空后，关闭进、出水闸，采用人工清除淤泥和各类浮渣、沉积物等，必要时，应下池用水冲洗。

④ 调蓄池配套设施：为减少浮渣及沉泥进入调蓄池，在调蓄池进出水的一角设置进水花墙、搅拌器等，以使整个调蓄池的清洗范围缩小到该角落。调蓄池其余池容底设坡度坡向该角，便于人工清洗时污泥的排出。

放空系统由出水闸和排污泵组成。

17.5 结论及存在问题

17.5.1 结论

① 幸福渠综合改造工程的实施，可改善幸福水系、艾溪湖水质，为市民的生产、生活创造洁净的水环境，绿化城市形象，提高城市品位。

② 黑臭水体治理是应结合海绵城市建设系统综合治理工程，应根据流域的具体情况制定相应的治理方案，近远期结合、因地制宜。

③ 规划为雨污分流制而实际未能达到分流的区域，采用截流式分流制对点源、面源污染协调控制，分阶段、分步骤地近远期相结合进行综合污染治理，能够达到较好的水系治理效果。

17.5.2 存在问题和建议

① 本项目建成后，重在各项海绵设施、水体水质的维护管理，应加强管道和渠道清淤、有效控制溢流口的溢流量，即时监测水体环境，并及时补水活化。

② 建议加紧幸福水系周边区域的市政设施、海绵设施建设，完善雨污水分流系统，减少面源污染，尽快发挥水系整治工程功能。

第18章

水力模型在南昌市青山湖排水区排涝（水安全）规划中的应用案例

本章对南昌市青山湖排水区的现状排水系统采用MIKE系列水力模型模拟分析，找出了存在的问题和原因，通过采用控制雨水径流、改造现有排水系统、新增管网等手段，反复模拟，寻求最优规划方案，达到排涝规划目标。根据南昌市的实际情况，在降雨雨型、规划标准、规划目标等方面，提出了具体的规划数据指标，并阐述了主要规划方案，同时在水力模型软件应用方面也做了主要技术介绍，为类似项目提供一些借鉴。

根据国务院办公厅2013年3月25日发布的《关于做好城市排水防涝设施建设工作的通知》（国办发〔2013〕23号）以及住房城乡建设部2013年6月18日印发的《城市排水（雨水）防涝综合规划编制大纲》（以下简称《大纲》）要求，南昌市于2013年10月至2014年5月完成了《南昌市城市雨水防涝综合规划》（以下简称《规划》），《规划》于2014年6月通过了专家评审。笔者以南昌市青山湖排水区为例，阐述了《规划》的主要技术特点以及水力模型在《规划》编制中相关技术方法的应用。

18.1 区域现状

18.1.1 区域介绍

南昌市地处江西省中部偏北，赣江、抚河下游，鄱阳湖西南岸，全市以平原为主，东南平坦，西北丘陵起伏，中心城区分昌南城和昌北城，总规划面积330km²，其中昌南城规划面积210km²，昌南城区地形平坦，地势低洼，西南高，高程为24.00～28.00m，东北偏低，为20.00m左右。青山湖排水区即位于昌南城区中北部，面积52km²，属南昌市老城区，也是全市内涝灾害较为频发的区域。

18.1.2 排水管网

青山湖排水区现状排水体制为截流式合流制，区域内现有排水管 237km，中途提升泵站 4 座，立交雨水泵站 4 座。

18.1.3 水系及排涝泵站

青山湖排水区现有水系主要为玉带河水系和青山湖，河道总长 18.63km，青山湖在水系末端，河湖总面积 3.56km^2。

雨季涝水通过城市排水管网汇入玉带河和青山湖，经青山湖调蓄后，由青山闸自排或青山湖排涝站提排入赣江。青山湖电排站总装机容量 8000kW，总设计排涝流量 77.6m^3/s。

18.1.4 降雨条件

南昌雨量充沛，多年平均降雨量 1645mm，年最大降雨量 2356mm（1954 年），年最小降雨量 1046.2mm（1963 年），最大日暴雨量 289mm（1973 年），最大时降雨量 58.7mm。

根据南昌市气象站提供降雨统计资料，20 年一遇最大一日降雨量为 186mm。50 年一遇最大一日降雨量为 248.6mm。

18.2 规划思路

对青山湖排水区现状排水系统进行充分调查，建立区域地形和排水系统数据库，并构建排水系统数学模型，通过模型模拟，评估现状排水设施能力，评估内涝风险程度，划分积涝区域。然后，根据南昌市降雨、土壤、水资源、土地利用等因素，综合考虑“蓄、滞、渗、净、用、排”等多种措施组合，再经水力模型模拟，确定青山湖排水区防涝系统最优方案。

18.3 水力模型应用

利用模型辅助排水防涝规划，是行业技术发展的趋势之一。结合南昌实际，利用模型进行仿真模拟，对理清排水系统的问题有很大的帮助。

《规划》利用的是丹麦 DHI 公司开发的 MIKE URBAN、MIKE 11 和 MIKE 21

水力模型软件，分别建立城市管网模型、河道模型以及二维地表漫流模型，并利用MIKE FLOOD软件平台将三者进行耦合模拟。

18.3.1 城市排水管网模型

MIKE URBAN CS包括降雨径流模块（rainfall-runoff）和水动力学模块（hydrodynamics）。

18.3.1.1 管网系统数字化模型的建立

将现有排水系统CAD资料进行概化整理后，转化成管网GIS拓扑数据文件，导入URBAN水动力模块中，建立MOUSE管网模型，并对其核查、整理。同时将模型中泵站、闸、堰等构筑物的属性参数根据实际情况进行补充完善。

18.3.1.2 降雨径流模型的搭建

径流模型主要用于地表径流的计算，包括降雨条件的处理、集水区的划分和参数的设置等。

（1）降雨条件处理　降雨条件的处理关键是选择合理的降雨雨型，《大纲》中要求采用短历时降雨和长历时降雨两种雨型。南昌市降雨统计资料显示，在短历时强降雨中，单锋雨型占多数，雨锋一般在前部和中部，在后部的较少，且雨锋位置大多在0.3～0.4之间，基本符合芝加哥雨型的特点，选用芝加哥雨型较为合适。《规划》中南昌市短历时降雨雨型时间序列数据是利用芝加哥降雨过程线将现有的暴雨强度公式转换成单峰降雨曲线得到的，雨峰系数取0.35，降雨历时采用2h。例如，南昌市3年一遇2h暴雨雨型见图18-1所示。

该雨型最大降雨强度每分钟为10.4mm，2小时总降雨量约为70mm。

前已述及，南昌市20年一遇和50年一遇最大一日暴雨量分别为186mm和248.6mm。由于南昌之前没有权威的长历时雨型资料，而《规划》编制时间紧迫，为了选择合适的长历时雨型，编制中根据南昌已有记录的2012年5月12日特大暴雨降雨雨型进行比例放大处理。南昌2012年5月12日每分钟自动统计降雨资料显示，该日降雨量为152.8mm，由于降雨异常集中，市区朝阳中路、京山老街、老福山、孺子路、南京西路等地和江铃、解放西路等立交桥出现较严重积水，积水点46处，积水总面积约$12\times10^4m^2$，水深大多在0.2～1m，最深处超过2m。2012年5月12日的降雨雨型较具有代表性，《规划》将该日数据进行比例放大处理，作为设计雨型。设计的50年一遇的24h暴雨雨型如图18-2。

（2）集水区的面积划分与参数设置　根据排水区DEM数字高程图、检查井和管道位置自动划分集水区，修正不合理的集水区，连接各集水区和检查井。

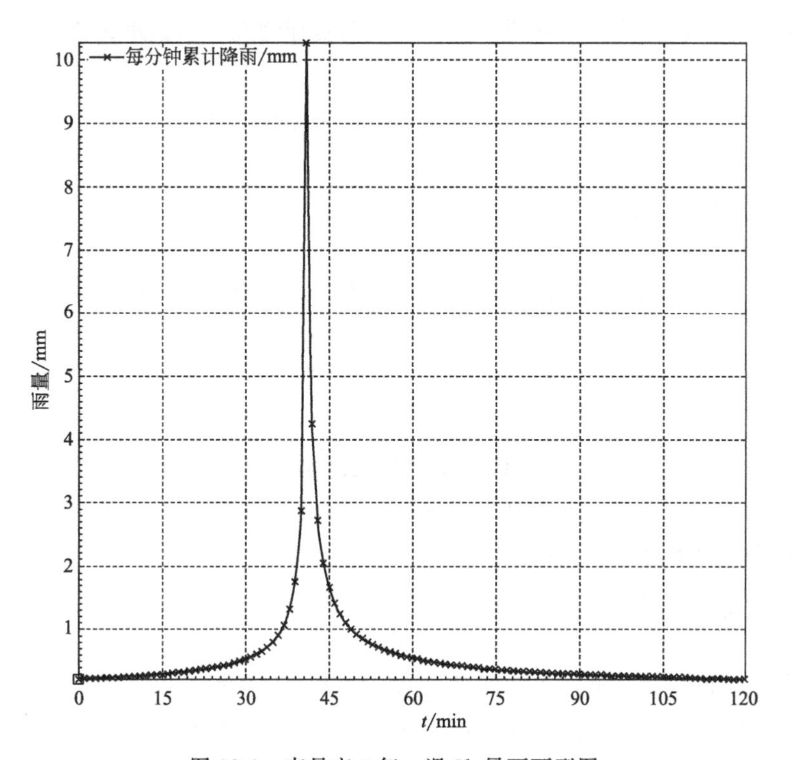

图 18-1　南昌市 3 年一遇 2h 暴雨雨型图

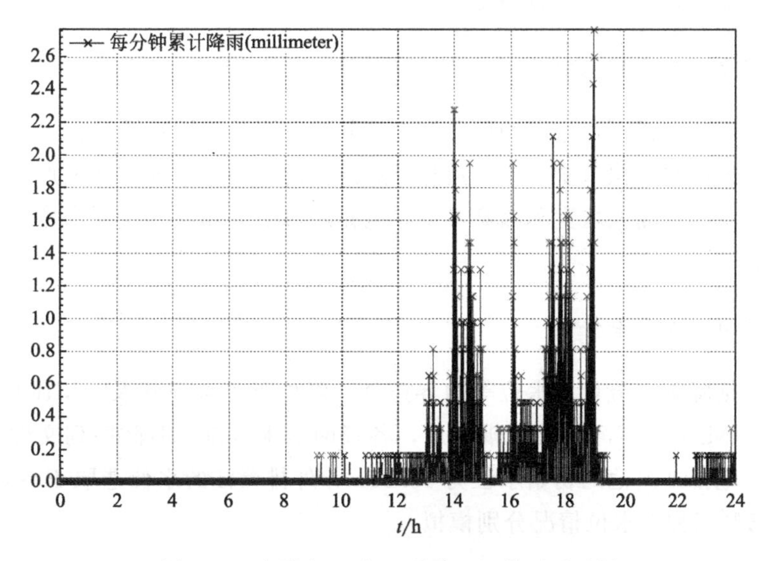

图 18-2　南昌市 50 年一遇的 24h 暴雨雨型图

由于青山湖排水区内高度城市化，选用 URBAN 中的时间面积（*T-A*）法作为区域降雨径流模型，*T-A* 模型包括 5 个参数：集水时间（s）、初损（mm）、水文衰减系数、不透水面积率（%）、T-A 曲线类型。根据实际情况，各集水区集水时间根据地表流速 0.3m/s 自行计算，初损取 1mm，水文衰减系数取 0.9，不透水面积率自动提取屋面、道路等的面积，曲线类型选用面积随时间增加的正三角形类型。

18.3.2 河道模型

MIKE 11 模型主要是建立河网、河道断面、水工建筑物、边界条件等数据文件。

18.3.2.1 河网文件

在青山湖排水区水系 CAD 地形图中勾勒出水系位置泓线，通过 ArcGis 软件生成 Shape 文件，将其导入到 MIKE 11 模型中生成河网文件。编辑定义各河道名称、流向，并确定上下游连接关系。

18.3.2.2 河道断面

输入各河道断面数据，包括河道形状、河床标高和河道糙率等，将各断面对应的里程位置作为水位计算点，在水位计算点之间插入里程桩号作为流量计算点，控制河道断面间距不大于 150m，在特殊位置（如有水工构筑物、管道排出口等）前后加密断面数据，以满足计算精度。

18.3.2.3 水工构筑物

排水区内的玉带河水系中的西支和南支各有一道拦水固定堰，青山湖末端设有电排站，模型中水工构筑物处应为流量计算点，而不能作为水位计算点。固定堰选用宽顶堰公式，需输入堰宽和堰高参数。电排站参数需输入开停泵水位、时间、水泵流量等。

18.3.2.4 边界条件

主要包括降雨、流量、水位等边界条件。降雨条件前已述及。MIKE URBAN 管网模型和 MIKE 11 河道模型耦合后，各管网出水口流量时间序列文件自动作为边界条件。电排站前池的初始水位为 16.00m，外排赣江的水位选取 $P=1\%$、$P=2\%$、$P=5\%$三种洪水位情况分别模拟。

18.3.3 二维地表漫流模型

根据南昌市青山湖排水区 1∶1000 的地形图构建数字高程模型（DEM）。

为了获得合理的积水模拟数据，需将现有建筑、水系范围内的地面标高拔高处理。

18.3.4　模型耦合

降雨在地面、管网、河道中流动，单独的模型无法完整的反应降雨的全过程流动情况，需要将三者动态地联系起来，MIKE FLOOD 平台总共有 6 种连接形式，将 MIKE URBAN、MIKE 11 和 MIKE 21 相互连接耦合起来，从而精确模拟地面二维坡面流、排水管网流、明渠流、各种水工构筑物水流的相互影响情况。

18.3.5　模型检验

青山湖排水区的排涝模型建立好后，需要对其合理性检验，把雨量站自动统计的 2012 年 5 月 12 日的暴雨雨型输入模型，进行耦合模拟，将模拟结果与 2012 年 5 月 12 日发生暴雨时的积水历史记录进行对比，对比结果显示，积水范围、深度、时段等数据吻合得较好，青山湖排水区的京山老街、老福山、孺子路和南京西路以及江铃立交、解放西路立交等都有积水，积水面积、积水深度与实际情况都基本相同。经过检验，建立的排涝模型合理，可以使用。

18.4　现状排水能力评估

现状排水能力分析一般采用短历时降雨条件，《规划》中分别采用了 1 年、2 年、3 年和 5 年四个重现期标准降雨条件进行了模拟，模拟是在 MIKE FLOOD 平台，将 MIKE URBAN 和 MIKE 21 二者耦合，并考虑地面最大积水深度为 3cm，其模拟结果如表 18-1。

表 18-1　南昌市青山湖排水区现状排水能力模拟结果

排水分区	管道总长度/km	小于 1 年一遇的管网/km	1～2 年一遇的管网/km	2～3 年一遇的管网/km	3～5 年一遇的管网/km	大于等于 5 年一遇的管网/km
青山湖排水区	237	98.8	104.0	18.7	8.2	7.3

排水区内管道总体有 41.7%不能满足 1 年重现期，另外有 2 座立交雨水泵站没有满足 3 年重现期。

18.5 内涝风险评估

18.5.1 内涝风险等级划分

《大纲》中推荐按低、中、高三个级别评估风险等级，但未提出具体的等级判别标准。《规划》做出了明确，结合南昌市实际情况，根据不同的积水深度和积水时间对人、车出行及人身安全造成的影响程度划分出不同的风险等级，详见表18-2，以此标准通过模拟获得各个内涝区域的风险等级平面图，从而统计出易涝点的个数和不同风险等级区域的面积。

表18-2 内涝风险等级划分表

序号	积水深度与时间	影响	危险性
1	$H<150$mm，时间1h	人行道行走不受影响，对生产生活基本没有影响	无
2	$150\text{mm}\leqslant H<270$mm，时间1h	人行道行走受影响，但机动车辆可以行走	低
3	$270\text{mm}\leqslant H<500$mm，时间1h	对地面交通造成一定影响，但对人的安全没有影响	中
4	$H\geqslant500$mm，时间1h	对人的安全产生影响	高

18.5.2 内涝风险评估

内涝风险分析一般采用长历时降雨条件，《规划》中采用了50年一遇24h暴雨雨型进行了模拟，模拟同样在MIKE FLOOD平台，将MIKE URBAN、MIKE 11和MIKE 21三者耦合。经模拟和统计，南昌市青山湖排水区易涝点个数为53个，内涝低风险区面积0.08km²，内涝低中风险区面积0.1km²，内涝高风险区面积0.12km²。现状青山湖电排站排涝能力基本满足50年一遇标准。

18.5.3 主要内涝成因分析

① 管网排水能力不足：如青山湖以北的江纺路、青山北路附近片区，积水深度普遍大于0.3m。从江纺路管道断面图可以看出瞬时最大积水深度达到1.2m。积

水原因主要是管网不完善，现有管道断面偏小，青山北路溢流口排水能力小。规划方案中通过完善管网，扩大管道断面，加长溢流堰等措施后再模拟可以解决该片内涝问题。

② 局部地势低洼：主要积水点为阳明东路以北的住宅区、南京西路和贤士一路交口附近、北京西路省政府大院内、文教路省图书馆附近、东侧住宅区等。其主要积水原因为局部地势比周围偏低。提高地面标高、低洼地增设调蓄池和新增排水管等措施后再模拟，不再积水。

③ 立交泵站标准偏低：南京西路立交、北京西路立交、解放路立交由于建设较早、标准偏低，解放路立交最大积水深度达 4.5m。增大水泵装机，扩大出水管断面后再模拟，不再出现内涝风险。

18.6 系统规划

18.6.1 规划期限

规划基准年为 2012 年，规划期限为 2020 年。

18.6.2 规划目标

根据《大纲》要求和南昌市实际情况，确定以下规划目标。

① 降雨低于雨水管渠设计重现期标准时，地面积水小于 3cm。

② 降雨低于城市内涝防治标准时，城市不出现积水深度大于 27cm、面积超过 $200m^2$、积水时间大于 1h 的内涝灾害。

③ 发生超过城市内涝防治标准的降雨时，超标准雨通过排泄通道泄流，根据气象预报，提前做好内涝预案工作，包括调蓄水位降低、低洼路段交通组织、人员疏散等，确保城市运转基本正常，不造成重大财产损失和人员伤亡。

18.6.3 规划标准

① 老城区改造后雨水综合径流系数控制在 0.55。

② 有内涝风险区域内雨水管渠，重现期不满足 1 年的，本次规划改造大于等于 3 年。其它区域内不满足 1 年的，待以后城区道路改造、小区改造、低洼旧城改造以及架空线入地等其他管线等改造时，逐步改造为 3 年。

已建下穿立交重现期采用 10 年，新建下穿立交为 20 年。隧道重现期采用

20年。

③ 南昌市是省会城市，治涝标准确定为50年一遇一日暴雨不发生内涝风险。

18.6.4 规划方案

通过对现有排水系统调查、模拟评估现有排水能力和内涝风险情况，查找出问题和原因，采用控制雨水径流、改造现有排水系统、新增管网、调蓄设施、整治河道等手段，再经水力模型模拟，寻求最优规划方案，达到排涝规划目标。

18.6.4.1 雨水径流控制

(1) 径流量控制 《规划》中将渗透铺装地面、下凹式绿地、生态植草沟、雨水调蓄池、人工湿地等雨水渗、滞、蓄设施与自然洼地或水塘相结合，形成具有“城在湖中，湖在城中”的南昌城市特色的雨水渗蓄系统，并提出了相应的控制指标，通过以上措施使青山湖排水区改造后雨水综合径流系数由现有的0.63减小到0.55。

(2) 径流污染控制 控制初期雨水是城市雨水径流污染控制的一项主要举措，《规划》中沿玉带河增设截流、调蓄箱涵31.8km，箱涵最大断面$B \times H = 9\text{m} \times 2.5\text{m}$，使区域初期雨水调蓄容积扩大到$25 \times 10^4 \text{m}^3$，总体实际截流倍数由原来的2提高到5以上，通过河道模型（MIKE 11）水质模拟，玉带河、青山湖能达到Ⅳ类水体标准。

18.6.4.2 管网系统规划

(1) 排水体制 青山湖排水区现状主要以截流式合流制为主，《规划》近期采用分流制和截流式合流制并存的排水体制，远期改造成分流制排水体制。

(2) 排水管渠及泵站 为解决青山湖排水区积水点较多，面积较大，通过完善管网、改扩建主要排水通道、改造溢流口、加大泵房装机容量等，经过模拟校核，需新增管网长度125.4km，改建管网长度69.5km，管渠断面为DN600～$B \times H = 9\text{m} \times 2.5\text{m}$，扩大南京西路、北京西路、坛子口、解放西路四处下穿立交雨水泵站装机规模。改扩建的主要排水通道有青山北路、永外正街、叠山路、北京西路、香江路、解放西路六条主下水道。

(3) 防涝系统规划 现状青山湖排水区已形成了比较完善的涝水排泄系统，防涝设施主要有青山湖电排站、青山闸、青山湖调蓄区以及涝水汇集沟渠。涝水汇集渠主要有玉带河（包括玉带河总渠、西支、东支、南支和北支），涝水通过青山闸自排（赣江水位低时）或青山湖电排站电排（赣江水位高时）出江。区域内雨水调

蓄容积达 $300\times10^4\,m^3$，调蓄水面占排水区域面积达到了约 6%。经过模拟，电排站排涝流量、调蓄容积，河道断面、控制水位均满足规划五十年一遇排涝标准要求。考虑现状部分河段有淤积现象，《规划》要求对淤积河段进行清淤，充分发挥河道过水能力。

18.6.4.3 规划方案模拟结果

把规划方案输入到模型系统中，对各排水区域排水（雨水）排涝系统规划成果采用丹麦 DHI 公司开发的 DHI MIKE 系列软件进行内涝风险再评估，各排水区排水（雨水）排涝规划图均无内涝风险。

18.7 结论

① 城市雨水排涝规划在全国范围全面开展，经过对南昌市青山湖排水区排水系统水力模型模拟分析，查找出内涝问题和原因，通过采取控制雨水径流、改造现有排水系统、新增管网、调蓄设施等手段，并反复模拟，寻求最优规划方案，达到了排涝规划目标。

② 利用水力模型辅助排水防涝规划，是行业技术发展的趋势之一，《规划》在水力模型软件应用方面介绍了一些主要技术内容。

③ 根据南昌市的实际特点，在降雨雨型、风险等级划分、规划标准、规划目标等方面，提出了具体的数据指标，并阐述了主要规划方案，为类似项目提供一些参考。

第19章 水力模型在南昌市红谷滩中心区排涝（水安全）规划中的应用案例

海绵城市建设应统筹低影响开发雨水系统、城市雨水管渠系统及超标雨水径流排放系统。以上三个系统并不是孤立的，也没有严格的界限，三者相互补充、相互依存，均是海绵城市建设的重要基础元素。换言之，城市排涝也是海绵城市建设的重要内容之一。

目前很多城市的防洪排涝能力不足，难以满足城镇快速发展的需求。针对这种形势，党中央、国务院做出了一系列安排部署，出台了相关条例和标准，提出了城市防洪排涝能力建设的目标和要求。南昌作为江西省的省会城市，内涝问题一直存在，亟需做好内涝隐患的整改，现针对红谷滩内涝点做出合理的内涝综合治理方案，运用 MIKE FLOOD 软件建立模型并进行模拟分析，提出内涝解决方案。

19.1 城市排涝规划的背景

自 2014 年汛期以来，全国各地内涝频发。7 月 8 日，宿迁发生暴雨，导致内涝；7 月 10 日，昆明发生持续强降雨，市内多条道路节点被淹；8 月 7 日，沈阳一场暴雨，导致多个地区积水严重；8 月 18 日，淮北持续降雨形成几十年一遇的城市内涝，造成多处道路积水严重；8 月 29 日，广东地区发生特大强降雨，潮汕潮南区 10 个镇出现内涝，灾情严重；这些“城市看海”“马路划船”等新闻报道不断、屡见不鲜。为了加强城市排水防涝设施建设，提高城市防灾减灾能力和安全保障水平，保障人民群众的生命财产安全，2013 年 3 月 25 日，国务院办公厅发文《关于做好城市排水防涝设施建设工作的通知》（国办发〔2013〕23 号）提出“全面评估城市排水防涝能力和风险，各地制定城市排水防涝设施建设规划。”力争用 5 年时间完成排水管网的雨污分流改造，用 10 年左右的时间，建成较为完善的城市排水防涝工程体系。2013 年 9 月 6 日，国务院发文《关于加强城市基础设施建设的意见》（国发〔2013〕36 号）文件明确提出“完善城市防洪设施，健全预报预警、指挥调度、应急抢险等措施，全面提高城市排水防涝、防洪减灾能力，用 10 年左右时间建成较完善的城市排水防涝、防洪工程体系。”2018 年住房城乡建设部强调加快推进城市排水防涝补短板工作。

19.2 南昌市红谷滩排涝规划的目的及意义

南昌作为典型的南方城市，在快速发展的大环境下，城市也面临巨大的环境与资源压力，城区暴雨呈现突发、多发态势，局部极端天气时有发生，积水事件几乎年年发生，严重影响城市正常运行，也给市民正常出行造成困扰。道路积水成为汛期城市运行的主要灾种，成为影响城市安全运行的突出问题。红谷滩作为南昌市的新区，其内涝问题更是不忍直视，尤其是丰和立交、卫东立交，严重内涝，造成交通瘫痪，影响恶劣。因此，排涝规划工作刻不容缓。

19.3 应用 MIKE FLOOD 软件建立耦合模型

19.3.1 MIKE 软件简介

MIKE 系列软件是丹麦水资源及水环境研究所（DHI）的产品，DHI 的产品经过大量的实践验证，可靠性处于世界领先地位。MIKE URBAN 是在地理信息系统（GIS）基础上开发出来用于模拟城市给水排水管网系统的建模软件。其中，排水管网模拟模块能够有效地模拟雨水在管道中的流动。MIKE FLOOD 是一个耦合的水力模型，能够完整模拟一维地下排水管网系统水流过程和二维地表漫流过程。MIKE FLOOD 综合了地下管网水力模拟（MIKE URBAN CS）和城区地表漫流模拟（MIKE 21），可以模拟出城区内涝区域，以及在不同暴雨事件下各个内涝区的积水程度。

19.3.2 一维城排水管网系统模型建立

利用 MIKE URBAN 建立城市排水管网系统的动态模型，包括了降雨径流模型和管网水力模型。降雨径流模型由降雨模拟和集水区汇流过程模拟两部分组成。管网水力模型是雨水汇入管道后对水流流态和水质等的模拟，管网水力模型可以有效地模拟雨污水管道流动。

19.3.2.1 降雨径流模型的建立

建立降雨径流模型的目的是生成降雨流量过程线，其为管网水力模型提供了上游边界条件。首先，定义降雨过程。降雨过程的数据可由实测数据拟合得到，也可以设定适当的雨型参数，利用暴雨强度公式来推求，这称为合成暴雨模型。暴雨强度公式则是该种方法的基础。暴雨强度公式主要有暴雨选样方法、频率分布线型、相应统计参数、暴雨公式的形式和公式参数等组成。因此这些要素决定了暴雨强度公式的精确度。利用暴雨强度公式，结合雨型模拟方法，如芝加哥模型等即可得出设计重现期的降雨过程线。其次，进行划分、定义城市集水区。给雨水管网系统的网管分配到合理的汇水范围。集水区是人为划分的多边形，用来模拟实际降雨过程中的地表径流流入各个雨水井的过程。最后，进行此区域雨水管网系统的集水区的参数块布置，将参数块与雨水管网的雨水检查井相连接。

19.3.2.2 管网水力模型建立

城市管网水力模型的建立，MIKE URBAN 管流模块能够较为准确、客观地描述管网内的各种要素及水流流态，如横截面形状、检查井、水流调节构件、检查井以及集水区的各种水头损失。首先，将管网系统的各种构成要素进行抽象化处理，分别将管段等抽象为线，检查井等抽象为点，再把这些线和点组成结构图。管网信息复杂而繁多，包括管网拓扑结构数据，如管段、泵、阀门、检查井等，边界条件数据，例如降雨数据和排水口水位信息，各个地区土地用途以及泵站服务区和排水管网的服务区。因此，按照模型的精度要求，对管网信息进行适当地简化处理。详细的模型要素见表 19-1。

表 19-1 排水管网系统的数据分类

数据种类	排水设施
节点	检查井、泵站、阀门、出水口、调节池
管段	管道、明渠

模型的运行工况是初始条件和边界条件共同决定的。

19.3.2.3 排水管网系统模型的校核和运行

影响模型校核的重要因素之一就是其参数的初步设定。模型参数的初设可以参照以往的建模经验，若初设值接近最佳值，校核工作量可大大减少；若初设值远离最佳值，则需反复校核。

模型的各个参数数值完成初步设定之后，依次调整某模型参数的数值而保持其他模型参数值不变，将每次调整后的模型运行结果数据进行对比，根据对比结果，得出最灵敏的一个参数，并对其优先校核。校核所需数据的获取一般有 2 种方法。第一种方法是流量校核。流量是所建立的排水管网模型里最重要的一个参数，因此，校核一般采用流量校核，其中包含了均值流量、管道流量过程线等。第二种方法是对比水位数据进行参数校核。具体见表 19-2。

表 19-2　排水管网水力模型校核数据列表

数据类别	模拟值与检测值
节点	平均流速、瞬时流量
管段	水位、流量过程线

分别在初始条件、实测值和边界条件相同的情况下，实测流量数据的管段或节点越多，校核过程中参数率定的精确度就越高。当模型运行的时间步长和时间步长程度不同时，可以通过插值的方式来弥补。在模型运行输出结果数据后，软件可能会出现错误报告或警告报告。此时应根据相应的提示信息查找错误的原因，并纠正。模型成功运行后，提取具有实测数据的管段或节点的模型运行值，与实测值进行对比，来确定参数调整的方向。修改参数之后，再次运行模型，并再次与实测值进行对比。如此反复，直到运行的结果和实测数据的曲线重合的较为完好。

19. 3. 2. 4　二维城市地表漫流模型的建立

二维地表漫流模型的建立是在 MIKE 21 模块中完成的。建立地表漫流模型的关键步骤是创建并优化计算区域网格，进而建立地表高程模型，设置边界条件，以及初始条件等运行模拟设置。现分别讨论如下。

(1) 创建二维网格　二维网格是模型建立的基础。MIKE 21 提供了两种网格类型供建模者选择：矩形网格和三角形网格。矩形网格的特点是数值计算量小，但对于不规则边界的模拟很难精准；三角形网格的特点是利用三角形的大小和数量的灵活组合，很容易实现对不规则边界的模拟表达，但数值计算量相对较大。现以三角形网格为例来介绍二维网格的创建过程。在计算区域划分好的三角形网格中，通过差分方法在建好的网格节点处算得高程值，用于模拟地表的地理情况。因此，网格的精度，以及其与实际地表相符的程度是模型最终可靠运行的重要基础。网格文件的生成和设置都是在后缀名为. mdf 的网格定义文件中进行的，其信息包括计算区域的范围和各个点的坐标值、地表高程信息、边界条件的类别和编号、显示地表高程信息的分辨率等等。后缀名为. mesh 的网格文件由设置好的. mdf 网格定义文件生成导出，它是一个 ACSII 文件，用于后续输入到二维模拟文件中。这里需要介绍一下构成网格的几何要素，即节点、顶点、多线段和多边形。多线段由节点和顶点构成，其中节点是多线段开始和结束的点；而顶点是多线段贯穿途中的点。一个封闭的多线段构成了一个多边形，并且由于封闭的特点，它的节点仅一个。多边形的构成既可以由一条封闭的多线段构成，也可以由多条彼此相连的多线段构成。首先要在 MIKE 21 模块中的网格生成器（mesh generator）中建立新的网格定义文件. mdf，并指定其坐标系统。为了定义计算区域，需要加载一个计算区域描述几何边界的数据文件。这是一个需要单独准备的后缀名为. xyz 的 ASCII 文件，其中包括各边界点的坐标值和高程值，每一个边界点都有一个标识数据值：1或0。其中，除最终边界点的标识是0之外，其余均应为1。加载几何边界数据文件之后，即可在边界区域内生成一个无高程信息的网格，网格的密度及单元三角形的角度可以通过生成参数来调整。此外，需要设置各个边界的边界条件。边界类型由一个名为“a”的字段属性区分，其默认值是1，表征此边界是水陆边界，亦即闭边界。其他开边界条件可以设置成2或者以上的数字，来定义其各自的类别。开边界既可以是水位边界，即由水位随时间空间的变化数据序列构成的边界条件，也可为流量边界，即由流量随空间时间的变化数据序列来构成。

在导入高程数据之前，要检查网格的生成质量，例如三角形的角度不可过大，边界附近的三角形网格不可过小，等等。通过应用平滑处理可以对生成的网格进行优化，如此，则可以避免相邻三角形的大小、偏斜度等出现太大差别，在网格密度不同的区域过渡更平缓。

(2) MIKE 21模型运行设置　基于上一小节建立的二维网格，模拟区域就可以被定义为整个二维网格的区域。在MIKE 21的模型设置文件中，首先要设置的即是这个二维网格，它是由网格生成器导出的以.mesh为后缀名的网格文件。它定义了模拟的区域，该区域的高程信息，离散化的三角形网格。其次，要设定边界条件，即定义模型与外界相连通的部分的水力交互信息。边界条件按照水力值的类型划分，可以分为流量边界条件和水位边界条件。按照其变化的维度划分，则可以分为常数边界条件，仅随空间变化不随时间变化的边界条件；仅随时间变化不随空间变化的边界条件；随时间空间都变化的边界条件。

此外，需要设置模型运算的时间间隔，即设定时间步长。模型的空间离散化是通过模型网格的各个节点实现的，而时间离散化则是通过设定时间步长来实现的。不过在MIKE 21中由建模者指定的时间步长，并非计算时间步长，而是计算结果输出的步长，即各个计算模块计算频率综合之后的时间间隔值。对于运算模块的选择，本书主要涉及水量模拟的研究，因此要选择水动力模块，其用于模拟在不同的边界和其他外部条件下计算得到的模拟区域内各点随时间变化的水流变化。水动力模块的初始条件有三类可供选择：常数，随空间变化的水位值，随空间变化的流速值。运行该模块的运算稳定性由CFL数（courant-friedrich levy number）来控制。理论上，CFL数小于1时，模型的运行稳定，但由于计算CFL数的各个量是近似推求得到的，故理论的CFL数是难以计算精确的。因此在实际模型运行的CFL数计算中，即使其小于1，模型仍存在不稳定的可能。为了解决这一问题，可以将用于判定模型运行稳定性的CFL临界数值适当降低，比如降到0.8。如果CFL数过大，则可以通过减小时间步长来降低CFL数。对模型区域的降雨模拟共分为三类：无降雨、净降雨和设定降雨。其中，净降雨指的是降雨量减去蒸发值。选定降雨选项后要设置降雨强度（又称为降雨率）。有三种类型可供选择：不随时间和空间变化的常降雨强度；仅随时间变化的降雨强度；随时间和空间变化的降雨强度。其他计算模块的设定，诸如温度盐度模块、波浪潮汐模块、风立场模块等不在本项目的研究范围内，限于篇幅，不在此赘述。

如果两个模块单独运行成功，没有模型稳定性等方面的问题，则可在 MIKE FLOOD 耦合模拟平台上连接一维排水管网模型 MIKE URBAN CS 和二维地表漫流模型 MIKE 21，即创建城市连接耦合模型，将 MIKE URBAN 的雨水井与相应地理位置的 MIKE 21 地表位置关联起来。在雨水井节点信息的连接全部完成后，需要定义各个城市连接属性参数，包括连接类型、最大流量、入口面积、入流算法、Qdh 因数等。在各个参数和模块数据输入准确无误后，即可运行 MIKE FLOOD 耦合模型，模拟相应的工况了。

19.4 红谷滩排水防涝现状简介

19.4.1 道路竖向

红谷中大道以东区域的地面标高在 24.0～25.0m。红谷中大道以西区域的城市主地面在 19.5～21.5m。

19.4.2 排水现状

本项目研究范围为红谷滩中心区域排水区：东至赣江中大道，西至丰和联圩，南至南斯友好路，北至庐山南大道所围区域。排水区域面积约为 9.40km^2。该区域雨水分两个子排水区域。

① 红谷中大道以东区域：约 2.47km^2，雨水由市政排水管道汇集直排赣江；

② 红谷中大道以西区域：约 6.93km^2（包括红谷十二庭 0.21km^2），雨水由市政排水管道汇集排入丰和电排站前池，最终由丰和闸或丰和电排站电排入乌沙河。

经统计，本区域现状市政管渠总长约 78.5km，设计重现期均为 $P=1$ 年。

此外，区域内丰和立交下（南斯友好北侧丰和大道西侧）有现状雨水泵站一座，该泵站建设时间为 1997 年，设有 4 台泵，总装机容量为 111kW（3 台 22kW 和 1 台 45kW），总抽排能力为 3000m^3/h。

19.4.3 排涝现状

研究区域红谷中大道以西区域均属乌沙河治涝区，红谷中大道以东区域涝水均为直排赣江。

区内现状电排站说明如下。

① 丰和电排站。老丰和电排站位于庐山南大道与碟子湖大道交叉口西北角，新丰和电排站位于省儿童医院红谷滩分院西南侧，新、老丰和电排站同时承担区域排涝任务，并共用调蓄水面，排水范围为南昌大桥北引桥以北，丰和联圩以东（含红谷十二庭用地），庐山南大道以南地区，区域汇水面积为6.93km^2（扣除直接汇入赣江的2.47km^2）。其中，老丰和电排站装机容量930kW，排水流量7.36m^3/s；新丰和电排站装机容量1000kW，排水流量9.3m^3/s。两座电排站总装机容量为1930kW，总排涝流量为16.66m^3/s，总调蓄水面积为0.067km^2，电排站起排水位16.500m，最高调蓄水位17.500m。

② 卫东电排站。卫东电排站位于老乌沙桥以南、红谷十二庭以北（在建怡园路立交西南侧），该电排站共设两台泵，总装机300kW，总排水流量2.66m^3/s。

19.5 现状模拟并提出问题

19.5.1 排水防涝系统模拟结果

本研究采用 MIKE FLOOE 及 MIKE URBAN 水力软件建立城市管网、河道及二维地形模型，以 50 年一遇特大暴雨作为边界条件进行模拟，得到如下成果。

红谷滩区域在50年一遇暴雨的情况下，红谷中大道以西区域可能会出现大面积的积水，而且积水范围和程度较为严重，尤其是丰和立交及卫东立交两处均为1级风险区。

19.5.2 内涝原因分析

针对上述模拟结果，分析如下。

(1) 丰和电排站排涝能力严重不足　丰和电排站最高水位如图 19-1。

新、老丰和电排站总装机容量为1930kW，总排涝流量为16.66m^3/s，总调蓄水面0.067km^2，电排站起排水位16.500m，最高调蓄水位17.500m。按照现状装机及调蓄水面模拟得到电排站前池最高水位，如图 19-2 所示：当发生 50 年一遇降雨时，雨水先进入丰和电排站前池调蓄，再由电排站电排入乌沙河，丰和电排站全功率运行，在总调蓄水面为0.067km^2，泵站排水能力不足时，使得电排站前池内水位升高较大，电排站前池最高水位将达19.69m，其水位高于红谷滩（红谷中大

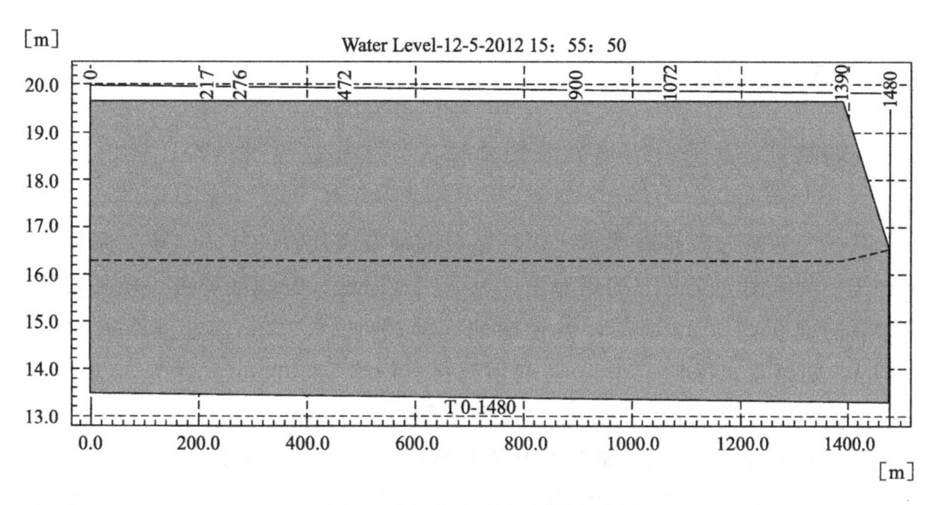

图 19-1　丰和电排站前池最高水位

道以西区域）多处现状地面标高，区域内的雨水管道水位将受前池水位的顶托，由此可见，红谷滩（红谷中大道以西区域）内的积水主要原因之一是现状丰和电排站装机不足或调蓄区面积较小，无法满足排除红谷滩（红谷中大道以西区域）内 50 年一遇（最新室外排水设计规范要求）的暴雨量的要求，上游的雨水管道水位受电排站前池水位顶托，导致区域内地势低洼处积水，尤其是丰和立交及卫东立交处严重内涝。

（2）立交泵站排水标准偏低　丰和立交泵站于 1997 年设计，原设计规范排水标准偏低。而近些年，极端暴雨天气增多，原设计排水标准已不能满足最新室外排水设计规范要求。故现状立交泵站排水能力不足也是导致丰和立交内涝的重要原因。

（3）区域地势整体东高西低　红谷滩中心区整体地势为东高西低，尤其是丰和立交和卫东立交两处下穿路段是整个区域最薄弱的点。受河道水位顶托，丰和立交泵站抽排出去的雨水又顺着地势倒流回来，其他区域雨水受水位顶托难以顺利排出，也顺着地势流入丰和立交及卫东立交。从整个雨水排水管网看，整个区域成了一个地下连通管系，涝水便在低点聚集。

19.6 内涝解决方案

由上述内涝原因分析可知，要解决红谷滩内涝问题，首先要提升下游电排站排涝、蓄涝（调蓄水面）能力，其次要进一步提升关键节点（如丰和立交泵站）的排涝能力。现分别说明如下。

19.6.1 电排站提升方案

经现场踏勘，结合红谷滩现状用地情况、工程建设等情况，提出以下两个方案。

方案一：为增大电排站调蓄水面，结合海绵城市建设的技术。该方案将在建怡园路立交、黄家湖立交下方的用地设计为下凹式绿地，经现场调查，较易实施为下凹式绿地的面积约 0.125km^2，设计绿地底标高约 16.500m，电排站最高水位为 17.500m，则调蓄水深约 1.0m，可利用调蓄容积约 125000m^3。此外，利用现状卫东电排站前池的调蓄容积 12000m^3（调蓄面积约 0.012km^2）。

在保持现有丰和电排站排水能力及调蓄容积，并增加上述下凹式绿地调蓄容积与卫东电排站前池容积的前提下，通过模拟可知，若要满足 50 年一遇排涝标准（最新室外排水设计规范要求），仍需增加约 19m^3/s 的排水能力。故本方案需新建或扩建电排站一座。关于电排站站址，提出两种方案：①新建电排站与新丰和电排站合建（即省儿童医院红谷滩分院附近），该方案的优点是有利于电排站统一管理，缺点是该处用地紧张，且与新丰和电排站结构衔接难度较大。②重建卫东电排站（位置见图 9-6），该方案的优点是可有效利用现状卫东电排站前池，缩短了红谷滩中心区南部的排水距离，分散了碟子湖大道 $B \times H = 6000\text{m} \times 1500\text{m}$ 雨水箱涵的排水压力，更有利于解决城市内涝，该方案缺点是不利于电排站统一管理。考虑本研究重点在于解决红谷滩内涝，推荐方案②作为新建电排站的选址方案。

综上所述，需新建卫东电排站一座，设计排水流量 19m^3/s，设 8 台泵，考虑两台能排干管道与调蓄池（暴雨时，腾空库容），其中两台扬程 9m（单泵功率 280kW），其余六台扬程 7m（单泵功率 240kW），总装机容量 2000kW。

采用方案一后，红谷滩中心区电排站排涝能力可由现状的 16.66m^3/s 提升至 35.66m^3/s，有效调蓄水面可由现状的 0.067km^2 增加至 0.204km^2，新增卫东电排站装机 2000kW。

方案二：与方案一的区别在于，为尽量减小装机容量，节省后续维护管理的费用，减少泵站启停次数，方案二进一步增加了调蓄水面。经现场踏勘，翠苑路以北碟子湖大道以西 0.009km^2 的现状绿地，别克 4S 店及雪弗兰 4S 店之间约 0.007km^2 用地（现状为钢棚房）可改造为下凹式绿地（图 19-2）。此外，碟子湖大道以西、会展路以北、枫生高速以东区域约有 0.076km^2 用地为在建绿地，该在建绿地与国家大力提倡的海绵城市建设方针不符，本方案将该区域改为下凹式绿地。本方案在方案一的基础上可进一步增加 0.092km^2 的用地作为下凹式绿地，其有效调蓄水面可增加至 0.204km^2 + 0.092km^2 = 0.296km^2。通过模拟可知，若要满足

50 年一遇排涝标准，仍需增加约 11.60m³/s 排水能力，本方案新建卫东电排站（位置同方案一），设计排水流量 11.60m³/s，设 4 台泵，考虑两台能排干管道与调蓄池（暴雨时，腾空库容），其中两台扬程 9m（单泵功率 320kW），另外两台扬程 7m（单泵功率 280kW），装机容量 1200kW。

图 19-2 会展路以北、碟子湖大道以西在建绿地

采用方案二后，红谷滩中心区电排站排涝能力可由现状的 16.66m³/s 提升至 28.26m³/s，有效调蓄水面可由现状的 0.067km² 增加至 0.296km²，新增卫东电排站装机 1200kW。

方案一、方案二优缺点对比见表 19-3。

表 19-3 方案一与方案二的优缺点对比

方案	优点	缺点	投资估算/万元
方案一	占地相对较小	调蓄水面相对较小，泵站装机容量大，不利于电排站安全运行	9800（不包括征地费用）
方案二	调蓄水面更广，电排站装机容量小，有利于电排站安全运行	占地相对较大，维护管理量更大	9300（不包括征地费用）

由表 19-3 可知，方案二和方案一初期投资相差不大，但方案二更符合海绵城市建设的方针，故推荐方案二作为电排站提升改造方案。

19.6.2 丰和立交内涝解决方案

根据最新《室外排水设计规范 GB 50014—2006》（2016 年版），立交排水泵站

排水标准应能满足 $P=30$ 年一遇暴雨，原设计标准为 $P=4$ 年。故需新增丰和立交雨水泵站。

在丰和立交东北角新增雨水泵站一座，与西北角的现状雨水泵站对称布置，两座泵站总排水能力应能满足 $P=30$ 年一遇暴雨。

由于详细地形资料尚未补齐，难以对立交进行精确模拟，初步采用大致的控制点建立模型进行模拟分析，结果显示，要满足 30 年一遇特大暴雨的排水标准，总排水能力需由现状的 0.83m^3/s（即 3000m^3/h）提升至约 2.05m^3/s（即 7380m^3/h），拟建雨水泵站设 4 台水泵，单泵流量 1100m^3/h，功率 45kW。针对泵站出水，提出如下两个方案。

方案一：泵站出水管沿丰和南大道往南敷设至学府大道景观水体，管径 DN1200，管材采用钢管，管长约 860m，投资估算约 800 万元。

方案二：泵站出水管沿南斯友好路往东敷设，排至赣江，管径 DN1200，管材采用钢管，管长约 1400m，投资估算约 950 万元。

方案一与方案二相比，可节省管长 540m，费用更省；但方案一的受纳水体为红角洲水系，该方案会对红角洲排涝有较大冲击，而方案二受纳水体为赣江，安全性得到保障。综合考虑丰和立交的重要性及红角洲的发展，本次推荐方案二作为泵站出水管的敷设方案。

19.6.3 卫东立交内涝解决方案

卫东立交最低点路面标高约 18.750m，只要下游电排站最高水位能按设计要求控制在 17.500m 以下，卫东立交则可通过重力自排，无需新建排涝泵站。

19.7 方案校核

按照上述电排站提升方案及丰和立交内涝解决方案对模型进行修改，并以 50 年一遇降雨时间序列曲线作为边界条件重新模拟。结果表明，电排站提升改造后，电排站前池最高水位均控制在 17.500m 左右，同时卫东立交处基本无积水，说明卫东立交确实没必要新建雨水泵站。扩建丰和立交雨水泵站后，丰和立交风险等级也降至最低风险等级（积水深度$<$0.15m）。

19.8 结语

要准确分析城市内涝原因并提出合理解决方案，应全局把握整个排涝分区降雨全过程的水位、流量动态。传统的推理公式法和水利上常用的平局排除法均难以满足上述要求。有条件的地区建议采用数学模型法进行分析。以南昌市红谷滩中心区为研究对象，采用 MIKE 系列水力模拟软件建立耦合模型，以 50 年一遇 24h 降雨时间序列曲线作为降雨边界条件进行模拟，通过内涝风险评估、原因分析提出了相应的解决方案。

在方案设计过程中灵活运用了海绵城市理念，在紧张的城市用地中发掘潜力，提出了切实可行的实施方案。

参考文献

[1] 城市黑臭水体是怎么形成的 [J]. 环境经济，2015，(z3)：38.

[2] 贾粟. 我国黑臭水体的分布特征 [J]. 山东工业技术，2018，(4)：31.

[3] 梁益聪. 碳素纤维生态草在城市黑臭水体修复中的应用研究 [D]. 广西大学环境工程，2014.

[4] 廖伟伶，黄健盛，丁健刚，等. 我国黑臭水体污染与修复技术研究现状 [J]. 长江科学院院报，2017，34 (11)：153-158.

[5] 林长喜，吴晓峰，曲风臣，等. 我国城市黑臭水体治理展望 [J]. 化学工业，2017，35 (5)：65-68.

[6] 王纪洪. 江西：提速整治全省城市黑臭水体 [J]. 城乡建设，2018，(6)：79.

[7] 严崇. 岳阳市王家河黑臭水体治理技术研究 [D]. 湖南大学建筑与土木工程，2017.

[8] 杨飞，杜聪，张毅敏，等. 城市黑臭河道的成因及其整治技术研究进展 [C]. 厦门：中国环境科学学会科学与技术年会，2017.

[9] 杨洪芳. 上海城区水体黑臭主要影响因子及治理案例比较研究 [D]. 上海：上海师范大学，2007.

[10] 张大伟，赵冬泉，陈吉宁，等. 芝加哥降雨过程线模型在排水系统模拟中的应用 [J]. 给水排水，2008，34 (增刊)：354-357.